蒂莫西·J. 奥利里(Timothy J. O'Leary)

[美] 琳达·I. 奥利里(Linda I. O' Leary)　　　著

丹尼尔·A. 奥利里(Daniel A. O' Leary)

任向民　张艳威　郑舒心　姜德迅　杨玲　李欣　刘磊　张锡琨 译

计算机科学基础
Computing Essentials

清华大学出版社

北京

北京市版权局著作权合同登记号　图字：01-2017-8426

Timothy J. O'Leary，Linda I. O'Leary，Daniel A. O'Leary
Computing Essentials 2017，First Edition
ISBN：978-1-259-56365-2

Copyright © 2017 by McGraw-Hill Education.

All Rights reserved. No part of this publication may be reproduced or transmitted in any form or by any means，electronic or mechanical，including without limitation photocopying，recording，taping，or any database，information or retrieval system，without the prior written permission of the publisher.

This authorized Chinese translation edition is jointly published by McGraw-Hill Education and Tsinghua University Press Limited. This edition is authorized for sale in the People's Republic of China only，excluding Hong Kong，Macao SAR and Taiwan.

Copyright © 2020 by McGraw-Hill Education and Tsinghua University Press Limited.

版权所有。未经出版人事先书面许可，对本出版物的任何部分不得以任何方式或途径复制或传播，包括但不限于复印、录制、录音，或通过任何数据库、信息或可检索的系统。

本授权中文简体字翻译版由麦格劳-希尔（亚洲）教育出版公司和清华大学出版社有限公司合作出版。此版本仅限在中华人民共和国境内（不包括中国香港、澳门特别行政区和台湾地区）销售。

版权 © 2020 由麦格劳-希尔（亚洲）教育出版公司与清华大学出版社有限公司所有。

本书封面贴有 McGraw-Hill 公司防伪标签，无标签者不得销售。
版权所有，侵权必究。举报：010-62782989，beiqinquan@tup.tsinghua.edu.cn。

图书在版编目（CIP）数据

计算机科学基础/（美）蒂莫西・J.奥利里（Timothy J. O'Leary），（美）琳达・I.奥利里（Linda I. O'Leary），（美）丹尼尔・A.奥利里（Daniel A. O'Leary）著；任向民等译.—北京：清华大学出版社，2021.3
（清华计算机图书译丛）
书名原文：Computing Essentials
ISBN 978-7-302-57161-2

Ⅰ．①计…　Ⅱ．①蒂…　②琳…　③丹…　④任…　Ⅲ．①计算机科学　Ⅳ．①TP3

中国版本图书馆 CIP 数据核字（2020）第 256990 号

责任编辑：袁勤勇
封面设计：常雪影
责任校对：胡伟民
责任印制：杨　艳

出版发行：清华大学出版社
　　　　　网　　　址：http://www.tup.com.cn，http://www.wqbook.com
　　　　　地　　　址：北京清华大学学研大厦 A 座　　　　　邮　　编：100084
　　　　　社 总 机：010-62770175　　　　　邮　　购：010-83470235
　　　　　投稿与读者服务：010-62776969，c-service@tup.tsinghua.edu.cn
　　　　　质量反馈：010-62772015，zhiliang@tup.tsinghua.edu.cn
　　　　　课件下载：http://www.tup.com.cn，010-83470236
印 装 者：三河市金元印装有限公司
经　　销：全国新华书店
开　　本：185mm×260mm　　　　　印　　张：20.25　　　　　字　　数：505 千字
版　　次：2021 年 4 月第 1 版　　　　　印　　次：2021 年 4 月第 1 次印刷
定　　价：59.80 元

产品编号：077662-01

译 者 序

Computing Essentials 2017 由美国麦格劳-希尔（McGraw-Hill）出版公司出版。该英文版教材得到了我国很多高等学校使用，使用效果普遍反映较好，受到用书学校师生的广泛好评。本书是该书的中文翻译版本。

本书系统地介绍计算机科学与技术领域的基本知识和概念，并结合计算机技术的发展向读者介绍全新的理论和前沿技术，介绍各种新概念、新技术、新术语、新设备等。

"计算机导论"或"信息技术基础"是高校计算机、软件工程、信息管理及相关专业的专业基础课之一，其课程教学的主要任务是使学生了解计算机基本理论和知识及其应用，了解学科专业方向及前沿，培养专业兴趣，为后续的专业课程打下基础。本书内容完全符合该课程的教学任务要求。

全书由 13 章和 1 个附录组成，主要内容包括：

- 信息技术、互联网和个人，包括信息系统、人员、软件、硬件、数据、互联互通与移动互联网等；
- 互联网、万维网和电子商务，包括互联网和万维网、互联网访问、Web 实用程序、通信、搜索工具、电子商务、云计算、物联网等；
- 应用软件，包括应用软件概述、通用应用程序、专用应用程序、移动应用程序、套装软件等；
- 系统软件，包括系统软件概述、操作系统、移动操作系统、桌面操作系统、实用工具等；
- 系统单元，包括系统单元概述、系统主板、微处理器、存储器、扩展槽和扩展卡、总线、端口等；
- 输入输出设备，包括输入和输出的概念、键盘、定位指向设备、扫描设备、图像捕捉设备、显示器、打印机、音频输入输出设备、输入输出组合设备、人体工程学等；
- 辅助存储器，包括存储的概念、硬盘、固态存储、光盘、云存储、大容量存储设备等；
- 通信和网络，包括通信、通信信道、连接设备、数据传输、移动互联网、网络类型、网络体系结构、组织网络等；
- 隐私、安全和伦理，包括网络身份、有关隐私的主要法律、网络犯罪、保护计算机安全的措施、版权和数字版权管理、剽窃等；
- 信息系统，包括组织机构信息流、事务处理系统、管理信息系统、决策支持系统、行政支持系统、专家系统等；
- 数据库，包括数据组织、数据库管理系统、数据库类型、数据库使用与问题等；
- 系统分析与设计，包括初步调查、系统分析、系统设计、系统开发、系统实现、系统维护等；
- 程序开发和语言，包括程序和程序开发、程序规范、程序设计、程序代码、程序测试、程序文档、程序维护、计算机辅助软件工程和面向对象编程、编程语言的发展等。

- 术语,对各章中关键术语进行解释。

本书各章都提供了非常有特色的专题来帮助读者学习,开阔眼界,思考未来发展:

- 概念检查,以要点方式罗列重要概念,提示用户掌握并自我测试。
- 专业术语,重申在本章给出的术语。
- IT 职业生涯,每一章都着重介绍在 IT 领域中最有前途的职位,包括这些职位的名称,应履行的责任,教育要求和薪水范围。帮助读者了解正在学习的知识是如何与将来的职业生涯关联的。
- 未来展望,每一章的结尾都简要地讨论与本章知识内容相关的一些最新技术进步,强调随时掌握信息的重要性。
- 让 IT 为你所用,介绍如何使用最新的技术、产品来提高工作效率,改善生活。
- 隐私,介绍由 IT 技术发展所带来的隐私问题,引导读者正确地保护自己的隐私,同时不要侵犯他人隐私。
- 伦理,介绍由 IT 技术发展所带来的伦理问题,引导读者以符合伦理的方式使用 IT 技术和产品。
- 环境,介绍 IT 技术对环境的影响以及如何正确地使用 IT 技术和产品来保护环境。

本书既可作为高校计算机、软件工程、信息管理及相关专业"计算机导论"或"信息技术基础"课程教材,同时也可以作为采用原版英文教材教学的中文补充教材。对于学生计算机基础知识比较好的学校,也可以使用本书作为"大学计算机"通识课程的教材。

本书由任向民、张艳威、郑舒心、姜德迅、杨玲、李欣、刘磊、张锡琨翻译。由任向民和张艳威统稿和定稿。

非常感谢清华大学出版社的大力支持和帮助。本书翻译过程中参阅了大量网络文献资料,在此,向文献的作者以及给予本书帮助的人员表示衷心的感谢。

由于译者的时间仓促和水平有限,翻译内容难免有欠妥之处,敬请广大专家、读者不吝批评指正。

译　者

2020 年 2 月

目 录

第1章 信息技术、互联网和个人

为什么阅读本章

未来的计算机和数字技术将会给人们带来令人兴奋的挑战和机遇。强大的软件和硬件系统正在改变人们和组织机构在日常生活和互联网上的互动方式。

本章将介绍每个人为这个日新月异的数字世界做好准备而需要了解的一些知识和技能,其中包括:

- 信息系统——技术关键部分是如何交互的。
- 高效且有效——如何最大限度地利用技术。
- 隐私、伦理和环境——如何实现技术与人员的融合。
- 互联互通和云计算——互联网、万维网和无线革命如何改变着我们的交流和互动方式。

学习目标

在阅读本章之后,你应该能够:

① 解释信息系统的各个部分:人员、文档、软件、硬件、数据和互联网。
② 区别系统软件与应用软件。
③ 区分三种不同的系统软件。
④ 定义和比较通用软件、专用软件和移动应用软件。
⑤ 识别 4 种类型的计算机和 5 种类型的个人计算机。
⑥ 描述不同类型的计算机硬件,包括系统单元、输入、输出、存储和通信设备。
⑦ 定义数据和描述文档、工作表、数据库和演示文稿。
⑧ 解释计算机的互联互通、无线革命、互联网、云计算和物联网。

1.1 引　　言

本章我们将讨论一些最令人兴奋的计算机技术方面的新发展,包括智能手机、平板计算机和云计算等。首先在本章开始,将对本书进行概述,并展示本书的一些特别之处。

本书的目的是帮助读者成为一个非常高效且有效的计算机用户。这包括如何使用移动应用程序和应用软件,所有类型的计算机硬件(包括诸如智能手机、平板计算机和笔记本计算机的移动设备)和互联网。要成为一个非常高效且有效的计算机用户还必须充分了解技术对隐私和环境的潜在影响,以及个人和组织的道德作用。

要有效和高效地使用计算机,需要知道信息系统的各个部分:人员、文档、软件、硬件、数据和互联网。还需要了解无线革命、移动互联网和万维网,并认识到信息技术在个人和职业生涯中的作用。

1.2　信　息　系　统

提及个人计算机时,或许人们只是想到了设备的本身。换句话说,想到的仅仅就是屏幕或键盘。然而,事实不仅仅如此。看待个人计算机的方式,也是信息系统的一部分。信息系统包括如下部分:人员、文档、软件、硬件、数据和互联网,如图1-1所示。

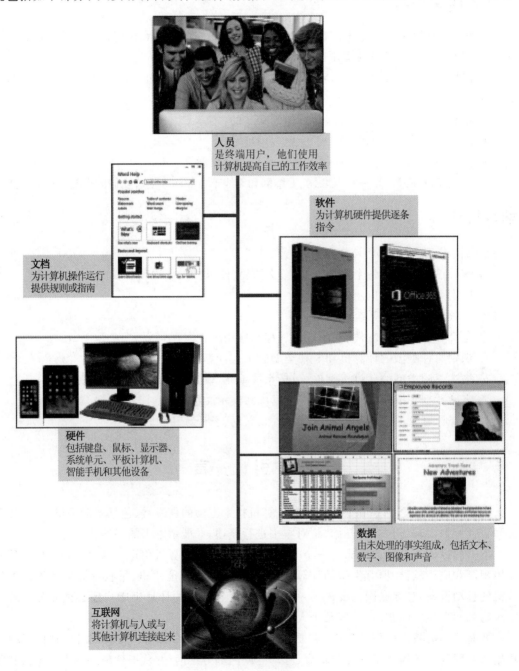

图 1-1　信息系统的组成

- **人员**：人员作为信息系统的一部分，往往容易被忽视。然而，这恰巧是个人计算机的目的所在——使终端用户更富有成效。
- **文档**：文档是当人们使用软件、硬件和数据时应遵守的规则或指南。这些文档通常是记录在计算机专家编写的手册中。软件和硬件制造商为他们的产品提供手册。这些手册以印刷或电子形式提供。
- **软件**：程序是由告诉计算机如何完成其工作的一步一步指令组成的。软件也叫程序或程序集。软件的目的是将数据（未处理的事实）转换成信息（处理过的事实）。例如，一个工资程序会指示计算机计算你一周工作的时间（数据），然后乘以你的工资率（数据）来确定你一周的工资（信息）。
- **硬件**：处理数据来产生信息的设备称为硬件。它包括智能手机、平板计算机、键盘、鼠标、显示器、系统单元和其他设备。硬件由软件控制。
- **数据**：包括文本、数字、图像和声音等在内的原始的、未经处理过的事实称为数据。加工过的数据产生信息。如在前面使用的工资程序例子，数据（工作小时数和工资率）被处理（乘以），从而产生了信息（每周工资）。
- **互联网**：几乎所有的信息系统都通过使用互联网提供了一种连接他人和计算机的方式。这种互联互通的方式极大地扩展了信息系统的能力和实用性。

☑ **概念检查**

■ 信息系统由哪些部分组成？

■ 什么是程序？

■ 数据和信息有什么区别？

1.3　人　　员

人员当然是任何信息系统中最重要的部分。我们的生活每天都被计算机和信息系统所触动。很多时候，这种联系是直接而明显的，例如我们使用文字处理程序创建文档或连接到互联网（见图 1-2）。其他时候，这种联系并不明显。

图 1-2　人和计算机

本书中,配有各种各样的专题,旨在帮助读者成为一个高效的终端用户。这些专题包括"让 IT 为你所用""提示""隐私""环境""伦理"以及"IT 职业生涯"。

- **让 IT 为你所用**。本书中,为读者提供了许多有趣和实用的 IT 应用程序。一些让 IT 为你所用的话题内容参见图 1-3。

- **提示**。我们都可以从一些提示或建议中获益。本书中,读者会发现许多提示,这些提示使计算更安全、更高效、更有效,包括保持计算机系统平稳运行的基本知识,以及如何在浏览网页时保护用户的隐私等。随后的章节会给出提示的部分列表,请参见图 1-4。

- **隐私**。当今最关键的问题之一是如何保护我们个人信息的隐私。在本书中,你都可以在"隐私"专题栏中找到有关于保护我们隐私的信息。

- **环境**。比以往任何时候都更重要的是当今我们必须意识到我们对环境的影响。在这一章和后面的章节里,你可以在"环境"专题栏中找到相关的重要的环境信息。

- **伦理**。大多数人同意我们应该做出符合伦理的行为。也就是说,我们应该遵循一套指导我们日常生活的符合伦理的准则。然而,对于某些特定环境下的符合伦理的准则,人们往往不能达成一致的看法。在这本书中,在许多符合伦理专题中将呈现各种不同的符合伦理或不符合伦理的情况供读者思考。

- **IT 职业生涯**。人的一生中最重要的决定之一就是确定自己终生的工作或职业。也许有人打算成为一名作家、艺术家或工程师,有人可能会成为一名信息技术(IT)专业人员。后面的每一章都重点介绍了在信息技术领域中的某一具体职业。此专题给出了工作阐释、预期的工作要求与教育要求、当前的工资标准和晋升机会等。

应用程序	说明
免费防病毒程序	通过安装和使用免费防病毒程序来保护您的计算机。详见第7页
在线娱乐	使用您的计算机来观看您喜欢的电视节目、电影和其他视频内容。见第22页
谷歌文档	创建、协作和访问任何地方的文档,并提供免费的在线办公套件。见第67页
网络视频电话工具	几乎可以在任何地方,与朋友和家人面对面交流,仅仅需要一点点费用或者不需要任何费用。见第140页
云存储	通过使用免费工具和云技术发送大文件。见第162页

图 1-3　让 IT 为你所用:应用程序

环境

你知道吗,仅去年一年,垃圾填埋场就有超过 1000 万吨的材料被从垃圾填埋场转移回收,这一成功在很大程度上是由于全国人民的自愿参与,他们把"减少、再利用和再循环"作为个人的承诺。这包括回收旧计算机、手机、打印机和显示器。你参与回收意味着更少的一次性产品、更清洁的水和更清洁的空气。但是回收可能有一天也会在经济上得到回报。很多人现在认为垃圾是一种资源,我们不应该填埋垃圾,而是应该回收垃圾。想象一下这样一个未来,垃圾清理员会给你一张支票,感谢你为环保所做的贡献。

提示

你是否充分利用了你的计算机? 这里只是一些提示,使你的计算更安全、更高效、更有效。

① 低电量。发现笔记本计算机的电池供电时间比过去少了吗? 这里有一些方法可以让电池续航更久。见第 110 页。

② 语言翻译。你与不会说英语的人沟通有困难吗? 如果是,谷歌翻译可能正是你所需要的。见第 129 页。

③ 丢失文件。你有没有从闪存中意外删除或丢失重要文件? 这里有一些建议可能会帮到你。见第 159 页。

④ 保护身份。身份盗用是一个日益严重的问题,如果你是身份被盗用的受害者,可能会遭受经济上的损失。一些保护身份的步骤方法见第 211 页。

⑤ 无线网络。你是否使用笔记本计算机连接到学校、咖啡店、机场或酒店的无线网络? 如果是,重要的是要注意保护你的计算机和隐私。一些建议在第 186 页。

图 1-4　书中的部分提示

☑ 概念检查

■ 信息系统的哪一部分是最重要的?

■ 描述如何让 IT 为你所用、提示和隐私等专题。

■ 描述环境、伦理和 IT 职业。

1.4　软　　件

正如我们所提到的,软件是程序的另一个名称。程序是告诉计算机如何将数据处理成用户想要的形式的指令集合。在大多数情况下,软件概念和程序概念是可互换的。软件主要有两种类型:系统软件和应用软件。可以把应用软件看作用户所用的那种。把系统软件当作计算机使用的那种。

1.4.1　系统软件

用户主要与应用软件进行交互。系统软件使应用软件能够与计算机硬件进行交互。系统软件是帮助计算机管理自身内部资源的"后台"软件。

系统软件不是单一程序。更确切地说,它是程序的集合,包括以下内容:

- **操作系统**是协调计算机资源,提供用户与计算机之间的接口,运行应用程序的程序集合。智能手机、平板计算机和许多其他移动设备使用嵌入式操作系统,嵌入式操作系统也称为实时操作系统(RTOS)。台式计算机使用诸如 Windows 10 或 Mac OS 等单机操作系统(见图 1-5 和图 1-6)。网络中的计算机使用网络操作系统(NOS)。

- **实用程序**执行与计算机资源管理相关的特定任务。每台计算机系统应该拥有的最重要的实用程序之一，就是防病毒程序。防病毒程序保护计算机系统免受病毒或恶意程序的攻击。病毒或恶意程序经常经互联网存储到用户计算机中并可能损害软件和硬件，危及个人数据的安全和隐私。如果计算机上没有安装防病毒程序，则需要安装一个。要了解如何在计算机上安装免费防病毒程序，请参见第 7 页中的"让IT 为你服务：免费防病毒程序"。

图 1-5　Windows 10

图 1-6　Mac OS X

1.4.2　应用软件

应用软件可以被描述为最终用户软件。应用软件有三种类型：通用应用程序、专用应用程序和移动应用程序。

通用应用程序几乎被广泛地应用在所有的职业领域。一个高效且有效的终端用户必须知道这个程序类型。一些最知名的应用程序如图 1-7 所示。

专用的应用程序包括数以千计的程序，这些程序更侧重于特定的学科和职业。其中最著名的两种是图形和网页制作程序。

移动应用程序，也被称为 App，是主要用于移动设备，如智能手机和平板计算机的小程序。有超过 50 多万的 App。最流行的移动应用程序用于社交网络、玩游戏、下载音乐和看视频。

类型	说明
浏览器	链接到网站和显示网页
文字处理器	准备书面材料
电子表格	分析和总结数值数据
数据库管理系统	组织和管理数据和信息
演示图形	传达信息或说服他人

图 1-7　通用应用程序

1.5　让 IT 为你所用：免费防病毒程序

你或你所认识的人是否有过由于间谍软件感染而使计算变慢的体验？更糟糕的是，也许是恶意软件窃取了重要的个人信息或导致整个系统故障。大多数这类问题可以通过在计算机内存中随时运行最新的防病毒程序来避免。如果计算机还没有这些防病毒程序，下面的操作将展示如何下载和安装免费的防病毒程序。（请注意，由于网站正在不断变化，下面展示的一些内容可能已经变化了。）

1. 开始

首先，确保计算机没有运行防病毒或安全套件。如果有，请确保完全卸载该程序，即使使用期限已过期。现在，请按照以下步骤安装 AVG，这是一个流行的免费防病毒程序：

① 访问 http://free.avg.com 并单击下载按钮。用户将被要求确认是否需要免费版本，然后重定向到下载站点。

② 运行安装文件并按照提示操作。

③ 如果你被问到你喜欢安装哪种产品，选择 basic protection。

2. 使用 AVG

一般来说，防病毒程序会自动监视系统中的恶意软件并自动更新。然而，也可以随时手动下载更新，为全系统扫描设置时间表，并更改软件的各种组件的基本设置。

① 单击 Scan now，在计算机上运行完整扫描。

② 在右边，单击带有白色齿轮的按钮，查看扫描选项，在那里用户可以设置自动扫描的时间表。

③ 单击后退箭头回到主屏幕，在那里可以单击程序中的各种元素来配置它们。例如，单击 Web 就可以打开一个功能，用于检测跟踪在线活动的 cookies。

☑ 概念检查

■ 描述两种主要的软件。

■ 描述两种类型的系统软件。

■ 定义和比较通用应用程序、专用应用程序和移动应用程序。

1.6 硬　　件

计算机是一种电子设备,可以按照指令接收输入、处理输入和产生信息。本书主要关注个人计算机。然而,几乎可以肯定的是,人们都至少会间接地接触到其他类型的计算机。

1.6.1　计算机类型

计算机有 4 种类型:超级计算机、大型计算机、中型计算机和个人计算机。

- **超级计算机**是最强大的计算机。这些机器是大型组织机构使用的专用的、高容量的计算机。超级计算机通常用于处理超大量的数据,例如用来分析和预测世界各地的气候模式。IBM 的蓝色基因超级计算机是世界上运行速度最快的计算机之一。(参见图 1-8)。

图 1-8　超级计算机

- **大型计算机**要放置使用专用线路的空调房间内。虽然不像超级计算机那样强大,但大型计算机具有很高的处理速度和数据存储能力。例如,保险公司使用大型计算机来处理数以百万计保险客户的信息。
- **中型计算机**,也称为服务器,其处理能力不如大型机计算机,但比个人计算机强大。最初中型公司或大公司的各部门使用中型计算机来满足它们各自的处理需求,如今,中型计算机被最广泛地应用于支持或服务终端用户,以满足其特定的需求,如从数据库中检索数据或提供应用程序的访问。
- **个人计算机**(也称为 PC)是功能最弱,但使用最广泛、成长速度最快的计算机类型。个人计算机有 5 种类型:台式机、笔记本计算机、平板计算机、智能手机和可穿戴设备。台式机体积大小适合放在桌子上或桌旁,但体积还是相对大而无法随身携带(参见图 1-9)。笔记本计算机,也称 notebook,便携、轻巧,适合放置在大多数公文包中(参见图 1-10)。平板,也被称为平板计算机,比笔记本计算机更小、更轻、功能更弱。像笔记本计算机一样,平板计算机有一个平面屏幕,但通常没有标准键盘(参见图 1-11)。相反,平板计算机通常使用显示在屏幕上的虚拟键盘,并且是触控。

图 1-9 台式机

图 1-10 笔记本计算机

智能手机是使用最广泛的手持计算机。智能手机是具有与互联网无线连接和处理能力的手机(参见图 1-12)。其他移动计算机包括像苹果公司的手表等可穿戴设备(参见图 1-13)。

图 1-11 平板计算机

图 1-12 智能手机

图 1-13 可穿戴设备

1.6.2 个人计算机硬件

个人计算机系统的硬件由各种不同的设备组成。这种物理设备分为 4 种基本类型:系统单元、输入/输出、辅助存储和通信。由于在本书后面将详细讨论硬件,此处简要概述这 4 种基本类型。

- **系统单元**:系统单元是容纳计算机系统的大部分电子元件的容器。系统单元的两个重要组成部件是微处理器和存储器(参见图 1-14)。微处理器控制和操作数据以产生信息。存储器是数据、指令和信息的存储区域。一种类型的存储器是随机存取存储器(RAM),存储当前正在处理的程序和数据。这种类型的存储器有时被称为临时存储,因为如果计算机的电力中断,其内容通常会丢失。
- **输入/输出**:输入设备将人们能够理解的数据和程序转换成计算机可以处理的形式。最常见的输入设备是键盘和鼠标。输出设备将计算机处理过的信息转换成人们可以理解的形式。最常见的输出设备是显示器,也称为监视器。
- **辅助存储**:与存储器不同的是,即使计算机系统的电源已经关闭,辅助存储仍可以保存数据和程序。最重要的辅助存储媒体有硬盘、固态存储器和光盘。

硬盘通常用于存储程序和非常大的数据文件。使用坚硬的金属盘和在盘片上移动的读/写头,数据和信息是用磁盘表面的磁电荷存储的。相反,固态存储没有任何移动部件,更可靠,所需功耗也较少。它以电子方式存储数据和信息,与 RAM 相似,却消除了 RAM 的不稳定性(参见图 1-15)。光盘使用激光技术存储数据和程序。光盘有三种类型:紧凑格式光盘(CD)、数字通用(或视频)光盘(DVD)和蓝光光盘(BD)。

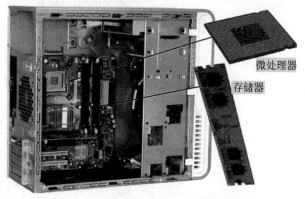

图 1-14　系统单元

图 1-15　固态存储

- 通信:在过去,个人计算机系统与其他计算机系统进行通信是不常见的。现在,使用通信设备,个人计算机通常能够与隔壁办公室或远到地球的另一端的其他计算机系统通过互联网进行通信。调制解调器是一种广泛使用的通信设备,它可以把音频、视频和其他类型的数据转换成一种在互联网上可以传输的形式。

☑ 概念检查

- ■ 4 种类型的计算机都是什么?
- ■ 描述 5 种类型的个人计算机。
- ■ 描述个人计算机硬件的 4 种基本类型。

1.7　数　　　据

数据是原始的、未经处理的事实,包括文本、数字、图像和声音。正如我们前面提到的,处理过的数据变成了信息。数据一旦当以电子方式存储在文件中时,就可以直接用作系统单元的输入。

4 种常见的文件类型(参见图 1-16)是:

- **文档文件**:由文字处理程序创建,用于保存文档,如备忘、学期论文和信函。
- **电子表格文件**:由电子表格程序创建,用于分析预算和预测销售。
- **数据库文件**:通常由数据库管理程序创建,包含组织好的高度结构化数据。例如,员工数据库文件可能包含所有员工的姓名、社会保险号码、职务和其他相关信息。
- **演示文稿文件**:由演示图形程序创建以保存演示资料。例如,文件可能包含听众讲义、演讲者笔记和电子幻灯片。

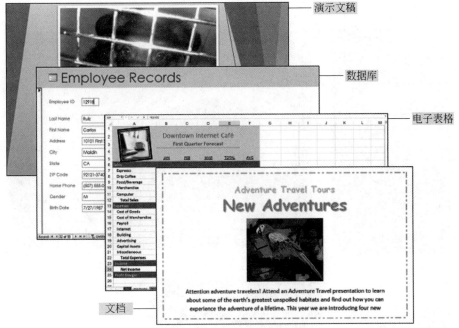

图 1-16　4 种文件类型：文档、电子表格、数据库、演示文稿

1.8　互联互通和移动互联网

互联互通是个人计算机与其他计算机共享信息的能力。互联互通概念的核心是网络。网络是连接两台或多台计算机的通信系统。世界上最大的网络是互联网。它就像一条巨大的高速公路，把个人与整个世界数百万的人和组织连接起来。万维网为互联网上可以获得的许多资源提供了多媒体接口。

互联网推动了计算机的发展，并对我们日常的生活产生了巨大影响。事实上，技术变革正以越来越快的节奏加速加快。与互联网一起，云计算、无线通信和物联网三个因素正在推动科技对我们生活的影响。

- **云计算**利用互联网和万维网将许多计算活动从用户的计算机上转移到互联网上的计算机。并非单纯依靠计算机，用户现在可以通过互联网连接到云，并访问功能更强大的计算机、软件和存储器。
- **无线通信**改变了我们彼此通信的方式。平板计算机、智能手机和可穿戴设备等无线通信设备的快速发展和广泛使用，使许多专家预言——无线应用只是无线革命的开端，这场革命将极大地影响我们通信和使用计算机技术的方式。
- **物联网**(IoT)是互联网持续不断发展的结果，它允许嵌入电子设备的日常物品通过互联网发送和接收数据。它可以将所有类型的设备连接起来，包括从计算机到智能手机，到手表，再到任何数量的日常设备。

无线通信、云计算和物联网正在推动移动互联网的发展。它们将极大地影响整个计算机产业，以及人们与计算机和其他设备进行交互的方式。随后的章节将详细讨论每一项内容。图 1-17 展示了部分移动设备。

图 1-17　无线通信设备

☑ **概念检查**

● 定义数据。列出 4 种常见类型的文件。

● 定义互联互通和计算机网络。

● 什么是云计算、无线革命、物联网？

1.9　IT 职业生涯

如前所述,随后的每一章都将重点介绍信息技术领域的某一种具体职业。每一章都提供具体职务说明、薪资范围、晋升机会等。关于这些职业的部分列表,请参见图 1-18。

职业	说明
网站管理员	开发和维护网站和万维网资源。请参阅第41页
软件工程师	分析用户的需求并创建应用软件。请参阅第66页
计算机技术支持专家	为客户和其他用户提供技术支持。请参阅第89页
计算机技术员	修理和安装计算机部件和系统。请参阅第112页
技术文档工程师	编写指导手册、技术报告和其他科技文档。请参阅第143页
网络管理员	创建和维护计算机网络。请参阅第191页

图 1-18　信息技术领域职业

1.10　未来展望：使用和理解信息技术

本书的目的是帮助读者使用和理解信息技术。我们要帮助读者熟练掌握信息技术，并为读者提供一个知识基础，以便读者能够了解技术在当今是如何使用的，并预测技术在未来将如何发展。这将使读者受益于 5 个重要的信息技术发展。

1. 互联网和万维网

互联网和万维网被认为是 21 世纪最重要的两项技术，了解如何高效、有效地利用互联网浏览、交流和检索信息是一项必备技能，这些内容将在第 2 章中介绍。

2. 强大的软件

现在可用软件完成任务的数量不仅超乎想象，而且帮助用户的方式也无穷无尽。用户可以创建专业的文档，分析海量的数据，创建动态的多媒体网页，等等。今天的雇主希望他们的雇员能够有效且高效地使用各种不同类型的软件。通用的、专门的和移动的应用程序将在第 3 章中介绍，系统软件将在第 4 章中介绍。

3. 强大的硬件

个人计算机现在比过去强大得多。智能手机、平板计算机和无线网络等通信技术正在极大地改变着连接到其他计算机、网络，特别是互联网的方式。然而，尽管专业设备发生了迅速的变化，但它们的基本功能仍未改变。要想成为一个高效和有效的终端用户，应该专注于这些功能。第 5～8 章为读者解释需要了解的硬件。

4. 隐私、安全和道德

那么人呢？专家一致认为，作为整体社会的人类，我们必须警惕科技对我们的生活产生潜在的负面影响。具体来说，我们需要意识到技术如何影响我们的个人隐私和环境。此外，我们需要理解组织和个人道德的角色和重要性。这些关键问题融合到本书的每一章，并在

第 9 章中有详细的论述。

5. 组织机构

几乎所有的组织机构都依靠其信息系统的质量和灵活性来保持竞争力。作为一个组织机构的成员或雇员，用户无疑将参与这些信息系统。为了使用、开发、修改和维护这些系统，用户需要了解信息系统的基本概念，并知道如何安全、高效和有效地使用计算机。这些概念在本书中都有介绍。

1.11 小   结

1. 信息系统

思考个人计算机的方式就是要认识到它是信息系统的一部分。一个信息系统包含如下几个部分：

- **人员**是系统的基础组成部分。信息系统的目的是使得人们或终端用户更有效率。
- **文档**是使用软件、硬件和数据时应遵循的规则或准则。它们通常记录在由计算机专业人员编写的手册中。
- **软件**(程序)提供分步指令来控制计算机将数据转换成信息。
- **硬件**由物理设备组成。它由软件控制，并处理数据来生成信息。
- **数据**由未处理的事实内容组成，包括文本、数字、图像和声音。信息是计算机处理加工过的数据。
- **互联网**允许计算机连接和共享信息。

要有效且高效地使用计算机，需要了解信息技术(IT)，包括软件、硬件、数据和互联互通。

2. 人员

人员是信息系统中最重要的部分。本书包含了以下几个类型的专题来展示人们是如何使用计算机的。这些特性包括：

- **"让 IT 为你所用"**专题呈现了几个有趣和实际的应用。主题包括数字视频编辑和工作机会寻找。
- **"提示"**专题为很多实际问题提供了各种各样的建议。如怎样提高缓慢的计算机性能以及如何在网络上保护隐私。
- **"隐私"**专题探讨对个人隐私的威胁，并提出保护自己的方法。
- **"环境"**专题讨论了重要的相关环境问题。计算机和其他技术的影响比以往任何时候都更加重要。
- **"伦理"**专题提供了各种不同的"符合伦理/不符合伦理"的情况供读者思考。
- **"IT 职业生涯"**呈现了职位描述、就业需求、教育要求、薪水范围和晋升机会。

为了高效且有效地使用计算机，需要了解信息系统的基本部分：人员、文档、软件、硬件、数据和互通互联。还需要了解互联网和万维网，并认识到技术在自己的职业生涯和个人生活中的作用。

3. 软件

软件，也叫程序，由系统软件和应用软件组成。

（1）系统软件

系统软件使应用软件能够与计算机硬件交互。

- 操作系统协调资源，提供接口，并运行应用程序。有嵌入式（也称实时，real-time，RTO）、独立和网络三种类型操作系统。
- 实用工具（实用程序）执行特定任务来管理计算机资源。

（2）应用软件

应用软件包括通用、专用和移动应用程序。

- 通用应用程序：广泛应用于几乎所有职业领域；程序包括浏览器、文字处理器、电子表格、数据库管理系统和演示图形。
- 专用应用程序：更多地关注具体的学科和职业；程序包括图形和网页制作。
- 移动应用程序（mobile apps，mobile applications）：为移动设备设计的应用程序；最流行的应用是短信、互联网浏览和连接社交网络。

4. 硬件

硬件由电子设备组成，可以按照指令接收输入、处理输入和产生信息。

（1）计算机类型

计算机类型有 4 种：超级计算机、大型计算机、中型计算机（服务器）和个人计算机（PC）。个人计算机可以是台式计算机、笔记本计算机、平板计算机、智能手机和可穿戴设备。

（2）个人计算机硬件

硬件设备有 4 种基本类型。

- **系统单元**包含电子电路，包括微处理器和存储器。随机存取存储器保存当前正在处理的程序和数据。
- **输入/输出设备**是人和计算机之间的转换器。输入设备包括键盘和鼠标。最常见的输出设备是计算机显示器（监视器）。
- **辅助存储器**存储数据和程序。典型的媒介包括硬盘、固态存储和光盘（CD、DVD 和蓝光）。
- **通信设备**允许个人计算机与其他计算机系统通信。调制解调器改变音频、视频和其他类型的数据，以便在互联网上传输。

5. 数据

数据是一些未经处理的原始事实。常见的文件类型包括：

- **文档文件**：由文字处理器创建。
- **电子表格文件**：由电子表格程序创建。
- **数据库文件**：由数据库管理程序创建。
- **演示文稿文件**：由演示图形程序创建。

6. 互联互通与移动互联网

互联互通给予了终端用户使用远超他们的台式机的资源的能力。互联互通概念的核心是连接两台或多台计算机的网络或通信系统。互联网是世界上最大的计算机网络。万维网为互联网上可用的资源提供了多媒体接口。

与互联网一起,还有三种因素正在推动技术对我们生活的影响:

- 云计算使用互联网和万维网将许多计算机活动从用户的计算机转移到互联网上的计算机。
- 无线革命改变了我们通信和使用计算机技术的方式。无线设备包括平板计算机、智能手机和手表等。
- 物联网(IoT)是互联网持续不断发展的结果。允许嵌入电子设备的日常物品通过互联网发送和接收数据。

7. IT 职业生涯

参见图 1-18。

1.12 专 业 术 语

笔记本计算机(notebook computer)

笔记本计算机,膝上型计算机(laptop computer)

病毒(virus)

操作系统(operating system)

超级计算机(supercomputer)

程序(program)

存储器,内存(memory)

大型计算机(mainframe computer)

独立操作系统,单机操作系统(stand-alone operating system)

服务器(server)

辅助存储(secondary storage)

个人计算机(personal computer)

工作表文件(worksheet file)

固态存储(solid-state storage)

光盘,光碟(optical disc)

键盘(keyboard)

紧凑格式盘片(compact disc,CD)

可穿戴设备(wearable device)

蓝光光盘(Blu-ray disc,BD)

连通,连通性,互联互通(connectivity)

平板计算机(tablet)

平板计算机(tablet computer)

嵌入式操作系统(embedded operating systems)

人员(people)

软件(software)

实时操作系统(real-time operating system, RTOS)

实用软件,实用程序(utility)

输出设备(output device)

输入设备(input device)

鼠标(mouse)

数据(data)

数据库文件(database file)

数字式通用盘片(digital versatile disc, DVD)

数字视频盘片(digital video disc,DVD)

随机访问存储器(random-access memory, RAM)

台式计算机(desktop computer)

调制解调器(modem)

通信设备(communication device)

通用应用程序(general-purpose application)

万维网(Web)

网络(network)

网络操作系统(network operating systems,

NOS)

微处理器(microprocessor)

文档文件(document file)

无线革命(wireless revolution)

无线通信(wireless communication)

物联网(IoT,Internet of Things)

系统单元(system unit)

系统软件(system software)

显示器(display)

显示器(monitor)

信息(information)

信息技术(information technology,IT)

信息系统(information system)

演示文稿,演示文件(presentation file)

移动应用程序(mobile app (application))

因特网(Internet)

应用软件(application software)

硬件(hardware)

硬盘(hard disk)

用户文档,过程(procedures)

云计算(cloud computing)

智能手机(smartphone)

中型计算机(midrange computer)

终端用户(end user)

专用应用程序(specialized application)

1.13　习　　题

一、选择题

圈出正确答案的字母。

1. 键盘、鼠标、显示器和系统单元是:

　　a. 硬件　　　　　　b. 输出设备　　　　c. 存储设备　　　　d. 软件

2. 协调计算机资源,提供接口和运行应用程序的程序叫作:

　　a. 应用程序　　　　b. 操作系统　　　　c. 存储系统　　　　d. 工具程序

3. 浏览器是哪个选项的实例?

　　a. 通用应用程序　　b. 专用程序　　　　c. 系统应用程序　　d. 工具程序

4. 尽管没有超级计算机功能强大,这个类型的计算机有着巨大的处理速度和数据存储能力。

　　a. 大型计算机　　　b. 中型计算机　　　c. 笔记本计算机　　d. 平板计算机

5. 苹果公司的智能手表 Watch 是什么类型的计算机?

　　a. 笔记本计算机　　b. 智能手机　　　　c. 平板计算机　　　d. 可穿戴设备

6. 随机存储器(RAM)属于下列哪个选项中的一个类型?

　　a. 计算机　　　　　b. 存储器　　　　　c. 网络　　　　　　d. 辅助存储

7. 不像存储器,即使是连接计算机系统的电源关闭,这种类型的存储设备仍能够存储数据和程序。

　　a. 主存储器　　　　b. 随机存储器　　　c. 只读存储器　　　d. 辅助存储器

8. 由文字处理器创建的文件类型,如备忘录、学期论文和信件。

　　a. 数据库　　　　　b. 文档　　　　　　c. 演示文稿　　　　d. 工作表

9. 使用互联网和万维网把许多计算机的活动从用户计算机转移到互联网上的计算机。

　　a. 云计算　　　　　b. 高清晰度　　　　c. 网络　　　　　　d. 固态存储

10. 世界上最大的网络是：

    a. 脸书　　　　　b. 互联网　　　　　c. 超级计算机　　　　　d. 万维网

二、匹配题

将左侧以字母编号的术语与右侧以数字编号的解释按照相关性进行匹配,把答案写在画线的空格处。

a. 台式机　　　　____1. 由告诉计算机如何进行工作的一步步指令组成。

b. 调制解调器　　____2. 程序的另一个名称。

c. 网络　　　　　____3. 使应用软件能够与计算机硬件交互。

d. 输出　　　　　____4. 一种小到可以放在桌子上或旁边,但又大到不能随身携带

e. 演示文稿　　　　　　　的计算机类型。

f. 程序　　　　　____5. 组成计算机系统的可以容纳大多数电子元件的容器。

g. 软件　　　　　____6. 将在计算机中加工过的信息转换成人们可以理解的形式

h. 固态　　　　　　　　　的设备。

i. 系统软件　　　____7. 与硬盘不同,这种类型的存储没有任何移动部件,更可靠,

j. 系统单元　　　　　　　并且功耗更小。

                ____8. 最广泛使用的通信设备。

                ____9. 一种文件类型,它可能包含听众讲义、演讲者笔记和电子

                    幻灯片。

                ____10. 连接两台或多台计算机的通信系统。

三、开放式问题

回答下列问题。

1. 解释信息系统的各个部分。人员在这个系统中扮演什么角色？

2. 什么是系统软件？系统软件包含哪些类型的程序？

3. 请给出通用应用程序、专用应用程序和移动应用程序的定义,并比较。介绍几种不同类型的通用应用程序和专用应用程序。

4. 描述不同类型的计算机。最常见的类型是什么？个人计算机有哪些类型？

5. 什么是互联互通？什么是计算机网络？什么是互联网和万维网？什么是云计算、无线革命和物联网？

四、讨论

1. 让 IT 为你所用

养成与技术应用保持同步的习惯是一个人成功的关键之一。在接下来的章节中,我们将介绍许多被称为"让 IT 为你所用"专题。这些部分将讨论今天一些最有趣和最有用的应用程序。它们包括第 2 章中的在线娱乐、第 6 章中的 skype 和第 7 章中的云存储。选择一个你认为最有用、最有趣的,然后回答下面的问题：①你为什么选择此应用程序？②你是否使用过此应用程序？如果使用,何时使用,以及如何使用？如果没有,你是否计划在不久的将来使用？③转到包含所选应用程序的章节,并找到该应用程序在"让 IT 为你所用"节中的位置,查看并简要描述其内容。④你觉得这部分内容有用吗？为什么有用或为什么没有用呢？

2. 隐私

隐私是当今社会面临的最关键的问题之一。在接下来的章节中,在"隐私"专题中将介绍各种隐私问题。这些问题包括在第 3 章中提到的在用户不知情或不同意的情况下跟踪智能手机和平板计算机用户位置的应用程序。第 8 章中政府和组织网络获取未经授权的个人详细信息,以及在第 9 章中在使用诸如 Facebook 社交网站时对个人隐私的保护。选择一个你觉得最有趣的网站,然后回答下面的问题:①你为什么选择这个问题?②你对这个问题是否有了解或经历?如果是,请描述你的了解或经历。如果不是,对于保护你的隐私,你认为这个问题很重要吗?③转到包含你所选择的问题章节,找到"隐私"专题,阅读并描述其内容。④你觉得这些内容会发人深省吗?为什么会或为什么不会呢?

3. 环境

几乎每个人都同意,当今环境保护比以往任何时候都更重要。在接下来的章节中,在"环境"专题中将介绍各种环境主题。包括第 2 章中的电子邮件的好处,第 4 章中减少能源消耗的操作系统,以及第 6 章中回收旧喷墨墨盒。选择一个你认为最有趣的,然后回答下面的问题:①你为什么选择这个题目?②你是否对这个题目有了解或有经历?如果有,请叙述你的了解或经历;如果没有,你认为这个题目对保护环境很重要吗?③转到包含你选定的题目章节,找到"环境"专题,阅读并描述其内容。④你觉得这些题目会发人深省吗?为什么会或为什么不会呢?

4. 伦理

计算机伦理是指在我们的社会中,在道德上可以接受的使用计算机的准则。在接下来的章节中,在"伦理"专题中将介绍各种伦理问题。这些问题包括第 3 章中的图像编辑,第 6 章中未经授权使用网络摄像机,以及第 8 章中未经授权监视或窃听互联网活动。选择一个你认为最有趣的问题,然后回答下面的问题:①你为什么选择这个问题?②你对这个问题是否有了解或经历?如果有,请描述你的了解或经历;如果没有,你认为这个问题对个人或组织很重要吗?③转到包含你所选问题的章节,找到"伦理"专题,阅读并描述其内容。④你觉得这些问题会发人深省吗?为什么?

第 2 章　互联网、万维网和电子商务

为什么阅读本章

互联网已经改变了世界,并将继续对我们日常的生活产生惊人的影响。例如,汽车很快能够自行驾驶,从而避免交通事故和拥堵,并自动调整个人日程,甚至还能做更多事情。

本章将介绍每个人为这个日新月异的数字世界做好准备而需要了解的一些知识和技能,其中包括:

- 影响——互联网技术如何改变世界。
- 硬件——如何将你的生活与互联网连接,包括 Wi-Fi、智能手机和平板计算机。
- 应用程序——如何使用社交网络、流媒体技术和云计算实现领先。

学习目标

在阅读本章之后,你应该能够:

① 解释互联网和万维网的起源。

② 解释如何通过服务提供商和使用浏览器访问万维网。

③ 比较不同的网络应用工具,包括插件、过滤器、文件传输程序和网络安全套件。

④ 比较不同的互联网通信,包括电子邮件、短信、即时消息、社交网络、博客、微博、网络广播、播客和维基。

⑤ 描述搜索工具,包括搜索引擎和专用搜索引擎。

⑥ 评估网上信息的准确性。

⑦ 识别电子商务,包括 B2C、C2C、B2B 和安全问题。

⑧ 描述云计算,包括客户、互联网和服务提供商的三方交互。

⑨ 讨论物联网(IoT)和互联网的持续发展,使日常物品能够发送和接收数据。

2.1　引　　言

想和一个城市的朋友、另一个州的朋友,甚至是另一个国家的朋友交流吗? 寻找失散已久的朋友? 寻找旅游或娱乐信息? 也许你正在研究一篇学期论文或探索不同的职业路径。你从哪里开始? 对于这些和其他与信息相关的活动,大多数人都使用互联网和万维网。互联网是由计算机和数据线连接而成的网络,连接了数以百万计的人和组织。它是数字革命的基础,让全世界的人几乎即时地共享文字、图像和任何数字文件。万维网提供了一个易于使用的互联网资源接口。它已经成为我们所有人使用的日常工具。

要有效且高效地使用计算机,需要了解互联网和万维网上可用的资源。此外,你需要知

道如何访问这些资源，如何有效地进行电子通信，如何快速找到信息，如何理解电子商务，以及如何使用网络应用程序。

2.2　互联网和万维网

互联网起源于 1969 年，当时美国资助的一个名为"高级研究计划署网络"（ARPANET）的国家计算机网络项目。互联网是一个把全球许多较小网络连接在一起的大型网络。Web 称为万维网（World Wide Web，WWW），1991 年推出。在万维网出现之前，互联网上都是文本——没有图形、动画、声音或者视频。万维网融入了这些元素，并为互联网上可用的资源提供了一个多媒体接口。

第一代万维网，即 Web 1.0，专注于链接现存的信息。这一代创建的搜索程序提供到包含特定单词或短语的网站的链接，如"谷歌搜索"。2001 年，第二代 Web 2.0 开始支持更动态的内容创建和社会交互。脸书（Facebook）是最著名的 Web 2.0 应用程序之一。Web 3.0 是当前的一代。它专注于自动为用户准备个性化内容的应用程序。例如，谷歌 Google 现在使用来自万维网的数据（例如，个人计划活动的日历、天气预报、交通报告等），搜索数据之间的相互关系（例如，天气和交通对个人每日上下班计划的影响），并自动向用户显示相关信息（例如，向个人的智能手机发送关于预期的恶劣天气和/或交通延误的早间消息），参见图 2-1。

图 2-1　万维网 3.0 应用程序

互联网和万维网很容易混淆，但它们不是同一回事。互联网是物理网络。它由电线、电缆、卫星和用于连接到网络的计算机之间交换信息的规则组成。连接到这个网络通常称为在线。互联网连接了世界上数百万台计算机和资源。万维网（Web）是互联网上可用资源的多媒体界面。每天都有超过 10 亿的来自于世界上各个国家的用户在使用互联网和万维网。他们在做什么呢？最常见的用途如下。

- **通信**是到目前为止最受欢迎的网络活动。任何人都可以和他的家人及来自于世界任何地方的朋友交换电子邮件、照片和视频。人们可以找到老朋友，结交新朋友，可以参加和倾听各种特别感兴趣的话题的讨论和辩论。
- **购物**是增长最快的互联网应用之一。人们可以在网上浏览商店，寻找最新的时尚，寻找便宜货，购买商品。
- **搜索**信息从来没有这么方便过。人们可以直接从家里的计算机访问一些世界上最大的图书馆，可以找到本地、国家和国际的最新新闻。
- **教育**或**网络学习**是另一个迅速兴起的网络应用。人们几乎可以选择任何科目的课程。有些课程只是为了乐趣而设，还有一些课程是为高中、大学和研究生院的学分课程而设置的。有些课程是免费的，有些课程则需要付费。
- **娱乐**选项几乎是无止境的。人们可以找到音乐、电影、杂志和计算机游戏。人们将会发现现场音乐会、电影预告、图书俱乐部和交互式在线游戏。要了解有关在线娱乐的更多信息，请参见下面的"让 IT 为你所用：在线娱乐"。

使用互联网和万维网的第一步是连接到互联网上，或者获得允许访问互联网。

☑ 概念检查

- 互联网和万维网有什么区别？
- 描述一下互联网和万维网的起源。什么是三代万维网？
- 列出和描述最常见的互联网和万维网的五种用途。

2.3 让 IT 为你所用：在线娱乐

数以百万计的人经常使用计算机观看自己喜爱的电视节目、电影和其他视频内容，你是其中的一员吗？许多人已经切断了有线电视或卫星电视提供商的"连线"，转而使用在线内容。这既简单又方便。通常情况下，内容是通过订阅或付费服务提供的。用户在电视或计算机（包括平板计算机和智能手机）上观看内容。

订阅服务：提供付费访问的视频库。付费以后，人们可以随意选择和观看任意数量的视频。

按需付费服务：提供网上访问的图书馆的特定标题的内容，并收费。

观看视频内容：许多人都有联网电视可以直接接收来自互联网的内容。大多数蓝光光盘播放器和许多游戏机也提供了这种访问。人们也可以购买专门设备，它可以将电视连接到上述服务。

许多观众使用他们的计算机和浏览器来显示视频内容。此外，许多服务还为通过平板计算机和智能手机观看提供移动应用程序（App）。

2.4　互联网访问

互联网和电话系统是类似的——人们可以将计算机连接到互联网，就像将电话机连接到电话系统一样。一旦接入互联网，计算机就成了一个巨型计算机的延伸——可以延伸到世界各地。若已经连接到互联网上，就可以使用浏览器程序来搜索网络资源了。

2.4.1　提供商

最常见的接入互联网方式是通过互联网服务提供商（ISP），这些提供商已连接到互联网上，并为个人提供一条途径或连接来访问互联网。

最常见的商业互联网服务提供商使用电话线、电缆或无线连接。在美国最知名的提供商包括 AT&T、Comcast、Sprint、T-Mobile 和 Verizon。

正如我们将在第 8 章中讨论的，用户使用包括 DSL、电缆和无线调制解调器在内的各种连接技术之一连接到 ISP。

2.4.2　浏览器

浏览器是用来对网络资源进行访问的程序。该程序将用户连接到远程计算机；打开和传输文件；显示文本、图像和多媒体。浏览器也是提供连接互联网和万维网文档的简单界面的一种工具。4 个知名的浏览器是 Apple Safari、Google Chrome、Microsoft Edge 和 Mozilla Firefox（参见图 2-2）。

> ◀)) 提示
>
> 你是否充分利用了你的网页浏览器？下面是一些建议，让你更快、更有效率。
>
> 1. **书签/收藏栏**：大多数浏览器在地址栏下方都有书签或收藏栏。在这里添加 5 或 10 个最常访问的网站。下次要访问这些站点时，从书签/收藏栏列表中选择它，而不用输入站点的 URL。
>
> 2. **快捷键**：键盘快捷键通常比使用鼠标快。使用以下方法：F5（刷新），Alt＋左箭头（后退），Ctrl＋T（新选项卡），Ctrl＋W（关闭选项卡），Ctrl＋Enter（将 "www" 和 ".com" 添加到你在地址栏中输入的任何域名中）。
>
> 3. **扩展/附加**：许多浏览器，如 Chrome 和 Firefox，允许用户安装小型第三方程序，这些程序可以扩展或添加浏览器的功能。这些程序可以执行各种任务，从轻松访问云服务到便捷捕获网上信息。
>
> 4. **配置设置**：所有浏览器都有一个设置或选项页，它提供了许多节省时间的选项。例如，可以设置启动浏览器时应该打开的所有网页，或者可以配置帮助你快速填写网页表单的自动完成选项。

浏览器要连接到资源，必须指定资源的位置或地址。这些地址称为统一资源定位器（URL）。所有 URL 至少有两个基本部分。

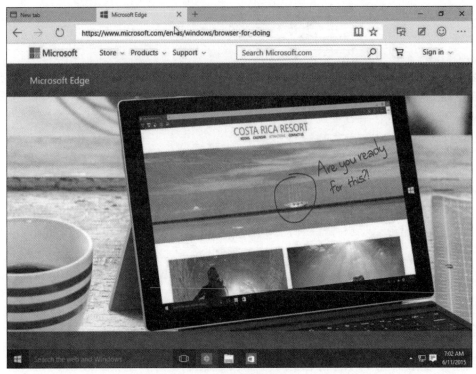

图 2-2　浏览器

- 第一部分表示用来连接资源的协议,如第 8 章所讨论的,协议是计算机间数据交换的规则,协议 https 用于网络通信,是最广泛使用的互联网协议之一。
- 第二部分用来表示域名。它指明了资源所在的特定地址。在图 2-3 中,域名被标识为 www.mtv.com。域名中在点(.)后面的最后一部分是顶级域(TLD),也称为网页后缀,它通常标识组织的类型。例如,.com 表示一个商业站点,参见图 2-4。

图 2-3　URL 的基本组成

域名	类型
.com	商业
.edu	教育
.gov	政府
.net	网络
.org	组织

图 2-4　传统顶级域名

　　一旦浏览器连接到网站,文档文件就会被发送回用户的计算机。该文档通常包含超文本标记语言(HTML)——一种用于显示网页的标记语言。浏览器解释 HTML 格式指令,并将文档显示为网页。例如,当浏览器第一次连接到互联网时,它打开浏览器设置中指定的网页。网页显示有关网站的信息以及连接到包含相关信息的其他文档(文本文件、图形图像、音频和视频剪辑)的引用和超链接或链接。

　　有多种技术用于提供高交互性和动感的网站。这些技术包括:

- **级联样式表**(CSS)是由控制网页外观的 HTML 文档引用的单独文件或插入行。CSS 有助于确保相关网页具有一致的表现或外观。Netflix 使用 CSS 可视化地连接其所有网页。
- **JavaScript** 是 HTML 文档中常用的一种语言，用来触发交互功能，例如打开新的浏览器窗口和检查在线表单中输入的信息。Microsoft 搜索引擎 Bing.com 使用 JavaScript 使其网站更具交互性，并帮助用户在搜索栏中输入内容时自动填充搜索请求。
- **Ajax** 是 JavaScript 的一种高级用法，用于创建快速反应的交互式网站。谷歌地图使用 Ajax 实现地图的快速加载，并具有动态性和交互性。
- **Applet** 是可以快速下载并由大多数浏览器运行的程序。它们用于显示图形、提供交互式游戏等。例如，雅虎的许多在线游戏都是 Java 小程序。

如今，通过智能手机和平板计算机等各种移动设备接入互联网已经很普遍了。称为移动浏览器的专用浏览器被设计出来专门用在这些便携设备上。与通常显示在大屏幕上的传统网络浏览器不同，移动浏览器显示在非常小的屏幕上，需要专门的导航工具来方便地查看网页内容。例如，苹果公司的 iPhone，使用户能够用两个手指"捏"或"拉伸"屏幕，以缩放网页内容，参见图 2-5。

图 2-5　放大网页内容

☑ 概念检查

■ ISP、浏览器和移动浏览器的功能是什么？

■ URL、HTML、网页、超链接、CSS、JavaScript、Ajax 和 Applet 是什么？

2.5　Web 实用程序

实用工具是使计算更容易的程序。Web 实用程序是专门的实用程序，可以使互联网和万维网的使用更容易和更安全。其中一些实用程序是与浏览器相关的，它们要么成为了浏览器的一部分，要么是由浏览器执行的。另一些程序是为了保护孩子远离危险，免受不良网站内容的影响。文件传输实用程序允许用户快速地将文件复制到计算机上或从用户的计算机中复制到互联网上。互联网安全套件用于加强安全和保护隐私。

2.5.1　插件程序

插件程序是自动启动并作为浏览器一部分运行的程序。许多网站要求用户有一个或多个插件才能完全体验其内容。一些广泛使用的插件包括：

- 来自 Adobe 的 Acrobat 阅读器——用于查看和打印各种标准表格和其他以 PDF 特殊格式保存的文档。
- 来自 Adobe 的 Flash 播放器——用于观看视频、动画和其他媒体。
- 来自 Apple 的 QuickTime——用于播放音频和视频文件，参见图 2-6。
- 来自微软的 Windows 媒体播放器——用于播放音频文件、视频文件等。

图 2-6　在 Apple.com 网站用 QuickTime 播放器播放电影

当今的许多浏览器和操作系统已经包含了一些这样的应用程序。其他的应用程序则必须在使用前通过浏览器安装。要了解有关插件以及如何下载插件的详细信息,请访问图 2-7 中列出的一些站点。

插件	来源
Reader	get.adobe.com/reader
Flash Player	get.adobe.com/flashplayer
QuickTime	www.apple.com/quicktime
Silverlight	www.microsoft.com/silverlight

图 2-7　插件网站

2.5.2　过滤器

过滤器阻止对选定站点的访问。互联网是一个有趣和多面的舞台,但并不是互联网的所有方面都适合所有用户,特别是父母担心孩子在互联网上不受限制地漫游。过滤程序允许父母和组织机构屏蔽选定的站点并设定时间限制(参见图 2-8)。此外,这些程序还可以监视使用情况并生成详细的报告,记录花在互联网上的总时间和分别花在各个网站上的时间。欲了解一些最知名的过滤器,请参见图 2-9。

2.5.3　文件传输工具

使用文件传输工具软件,用户可以从专门配置的服务器将文件复制到自己的计算机上。这称为下载。用户也可以使用文件传输工具软件将文件从自己的计算机复制到互联网上的另一台计算机上。这称为上传。三种流行的文件传输类型是**文件传输协议**(FTP)、**基于**

图 2-8　Norton 在线家庭过滤器

过滤器	网站
Net Nanny	www.netnanny.com
Qustodio Parental Control	www.qustodio.com
AVG Family Safety	familysafety.avg.com
Norton Online Family	onlinefamily.norton.com
McAfee Family Protection	www.mcafeefamilyprotection.com

图 2-9　过滤器

Web（Web-based）**的文件传输服务**和**比特流**（BitTorrent）。

* **文件传输协议**（FTP）和**安全文件传输协议**（SFTP）允许用户通过互联网高效地将文件复制到自己的计算机上和将文件从自己的计算机复制到互联网上，并且经常用于将更改的内容上传到由互联网服务提供商托管的网站。FTP 已经使用了几十年，仍然是最流行的文件传输方法之一。
* **基于 Web 的文件传输服务**利用网络浏览器上传和下载文件。这不需要安装任何定制的软件。一种流行的基于网络的文件传输服务是 Dropbox.com。
* **比特流**通过许多不同的计算机分发文件传输，以提高下载效率。这与其他传输技术不同，其他传输技术将文件从互联网上的一台计算机复制到另一台计算机上。单个文件可能位于许多独立计算机上。当用户下载该文件时，每台计算机都向用户发送大文件的一小部分，这使得比特流非常适合传输非常大的文件。不幸的是，比特流技术经常被用于分发有版权的音乐和视频的未经授权的副本。

有关网络实用程序的总结，请参见图 2-10。

网络应用程序	说明
插件程序	自动启动并作为浏览器的一部分运行
过滤器	屏蔽选定站点的访问，设置时间限制
文件传输	从服务器上上传和下载文件
互联网安全套件	安全和隐私保护的实用程序集

图 2-10　网络应用程序

✒ 伦理

　　大多数人认为，通过使用过滤互联网上暴力和性内容的软件来保护幼儿免受此类内容的侵害是道德的和审慎的。一些年长孩子的父母安装了计算机监控软件，记录孩子的所有互联网活动。他们相信这是必要的，因为他们需要知道自己的孩子在网上在做什么。你认为父母这么做是合乎道德的吗？

2.5.4　互联网安全套件

　　互联网安全套件是一组实用程序，目的是在用户上网时能维护自己的安全和隐私。这些程序控制垃圾邮件，防范计算机病毒，提供过滤器等。用户可以单独购买每个程序；然而，套件的成本通常要低得多。两个著名的网络安全套件是 McAfee 的互联网安全套件和赛门铁克的 Norton 互联网安全套件，参见图 2-11。

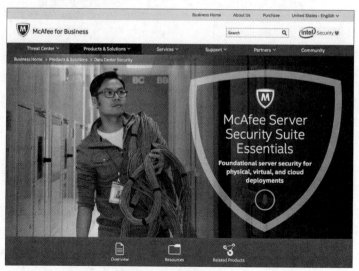

图 2-11　网络安全套件

☑ 概念检查

　　■ 什么是网络应用程序？

■ 插件和过滤器是用来做什么的？

■ 什么是文件传输工具？什么是下载？什么是上传？

■ 定义网络安全套件。

2.6　通　　信

如前所述，通信是最受欢迎的互联网活动，它的影响怎么高估都不过分。在个人层面上，朋友和家人即使远隔千里，仍旧可以保持联系。在商务层面，电子通信已成为与供应商、雇员和客户保持联系的标准方式。一些流行的互联网通信类型有电子邮件、消息传递、社交网络、博客、微博、网络广播、播客和维基。

2.6.1　电子邮件

电子邮件是电子消息在互联网上的传输。一个典型的电子邮件有三个基本元素：主题、消息和签名，参见图 2-12。主题首先出现，通常包括以下信息。

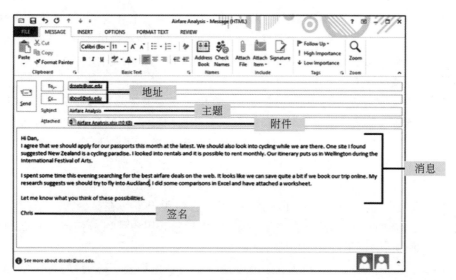

图 2-12　电子邮件的基本元素

- **地址**：电子邮件信息通常显示电子邮件接收者的地址。图 2-12 中的电子邮件消息是发送给 dones@usc.edu，其中一个副本抄送给 aboyd@sdu.edu。电子邮件地址有两个基本部分，参见图 2-13。第一部分是用户名，第二部分是域名，其中包括顶级域名。在我们的示例中，dcoats 是 Dan 的用户名，为 Dan 提供电子邮件服务的服务器

图 2-13　电子邮件地址的组成

是 usc.edu。顶级域名表示服务提供商是一个教育机构。

- **主题**：单行描述，用于呈现消息的主题。主题行通常在用户查看其邮箱时显示。
- **附件**：许多电子邮件程序允许用户附加文件，如文档和图像。如果邮件有附件，文件名通常会出现在附件行上。

接下来就是信件或**消息**。最后，签名标识邮件发送人。此信息可能包括邮件发送人的姓名、地址和电话号码。对于许多商务通信，签名还包括邮件发送人的公司名称、地址和电话号码。

🜂 环境

你知道使用电子邮件对环境有好处吗？使用电子邮件写信和附加文件可以减少通过邮件发送的纸张数量。此外，在网上管理财务和公用事业账户对环境也是有益的，因为它减少了在家里收到的纸质单据的数量。

电子邮件系统有两种基本类型：基于客户端的电子邮件系统和基于 Web 的电子邮件系统。

- **基于客户端的电子邮件系统**需要在计算机上安装一个名为"电子邮件客户端"的专门程序。在开始使用电子邮件之前，需要在计算机上运行电子邮件客户端，客户端与电子邮件服务提供商进行通信。两个应用最广泛的电子邮件客户端是苹果的 Mail 和微软的 Outlook。
- **基于 Web 的电子邮件系统**不需要在计算机上安装电子邮件程序。一旦计算机浏览器连接到电子邮件服务提供商，就会在电子邮件提供商的计算机上运行一个名为 Webmail 客户端的专门程序，然后就可以开始发送电子邮件了。这就是 Webmail。大多数互联网服务提供商提供 Webmail 服务。三个免费的 Webmail 服务提供商是谷歌的 Gmail、微软的 Hotmail 和雅虎的 Yahoo!Mail。

对于个人而言，Webmail 使用更为广泛，因为它使用户个必在每台用于访问电子邮件的计算机上安装和维护电子邮件客户端。使用 Webmail，用户可以从任何有互联网接入的计算机上访问自己的电子邮件。

电子邮件在每个人的个人和职业生涯中是一笔宝贵的财富。然而，与许多其他有价值的技术一样，电子邮件也有缺点。很多人会收到不受欢迎和来路不明的电子邮件。这种不受欢迎的邮件被称为垃圾邮件。垃圾邮件确实带来了干扰和麻烦，它也可能是危险的。例如，计算机病毒或破坏性程序常常附在来路不明的电子邮件上。第 9 章将讨论计算机病毒及其防范方法。

为了控制垃圾邮件，反垃圾邮件的法律已经加入到各国的法律体系中。例如，美国 CAN-SPAM 要求每一封与营销相关的电子邮件都提供一个可以选择退出的选项。当选择该选项时，收件人的电子邮件地址将从未来的邮件列表中删除。如果不这样做，就会遭到重罚。然而这种方法的影响极小，由于超过 50% 的垃圾邮件来自于世界各地的服务器。控制垃圾邮件的一个更有效的方法是开发和使用垃圾邮件拦截器，也称为垃圾邮件过滤器。大多数电子邮件程序提供的垃圾邮件拦截能力是有限的。也有强大的专门的垃圾邮件拦截程序，这些拦截程序很多是免费的，包括 SPAMfighter 和 Intego Personal Antispam for Mac。

◀)) **提示**

你厌倦了整理一个装满垃圾邮件的收件箱吗？下面是一些减少垃圾邮件的建议：

- 避免引人注目。许多垃圾邮件发送者从个人网页、社交网站和留言板收集电子邮件地址。在发送邮件时要小心。
- 在给出你的邮件地址时要小心。许多公司收集并向垃圾邮件发送者出售电子邮件地址。在提供你的地址之前，一定要阅读网站的隐私政策。
- 永远不要回复垃圾邮件。许多垃圾邮件都是验证活跃电子邮件地址的圈套。这些地址对垃圾邮件发送者更有价值，因为他们随后将这些地址出售给其他垃圾邮件发送者。
- 使用反垃圾邮件和过滤选项。大多数电子邮件程序和基于网络的电子邮件服务都有可配置的反垃圾邮件和过滤选项，应使用它们。

2.6.2　消息

虽然电子邮件是最早、最受欢迎的电子消息传递系统之一，但其他的消息传递系统也是紧随其后，其中最著名的两种是短消息和即时消息。

- **短消息**，又称短信或 SMS（短消息服务），是利用无线网络向另一个人发送短信的过程，短信一般少于 160 个字符，接收者在移动设备（如智能手机）上查看短信。今天，数十亿人每天发送短信。它已经成为个人之间发送简短消息的最广泛使用的方式之一。虽然短信最初仅限于字符，但现在可以使用一种称为 MMS（多媒体信息服务）的短信的变体发送图像、视频和声音。尽管这种技术很流行，也很方便，但是在错误的环境中使用它也有缺点。在开车时很多人的注意力都集中于发短信上。《汽车和司机》期刊的一项研究表明，开车时发短信比醉酒给司机带来的安全隐患更大。多国的法律禁止在开车时发短信。
- **即时消息**（IM）允许两个或两个以上的人通过直接的实时通信联系，参见图 2-14。要使用即时消息，用户可以在即时消息服务（如 Facebook 或 Google＋）中注册，然后指定一个朋友列表。每当用户连接到互联网时，用户的 IM 服务都会被通知。然后通知用户可以聊天的所有朋友，并通知用户在线的朋友。他们彼此之间可以直接来回发送消息。大多数即时通信消息程序还包括视频会议、文件共享和远程辅助等功能。许多企业经常使用这些即时消息功能。最受欢迎的即时消息服务有两种：Facebook Messenger 和 Google Hangouts。

☑ **概念检查**

■ 基于客户端的电子邮件系统和基于 Web 的电子邮件系统有什么区别？

■ 什么是短消息？什么时候短消息是一种危险的活动？

■ 什么是即时消息？它与短消息有何不同？

图 2-14　即时消息

2.6.3　社交网络

社交网络是增长最快,也是最重要的 Web 2.0 应用程序之一。社交网站专注于连接那些有共同兴趣或共同活动的人和组织。这些网站通常提供各种各样的工具使会议、通信和共享变得更为便利。有数百个社交网站,三个最著名的网站是 Facebook(脸书)、Google(谷歌)和 LinkedIn(领英)。

- **Facebook** 最初是由哈佛大学的一名学生在 2004 年为大学生推出的。到 2008 年,它是应用最广泛的社交网站。现在,它在全球拥有 10 亿用户。Facebook 提供了广泛的功能和应用,包括即时消息、照片、视频共享和游戏等。

  有三种基本类型 Facebook 用户:个人、企业和社区。

  个人创建 Facebook 个人简介,其中可能包括照片、个人兴趣列表、联系信息和其他个人信息(参见图 2-15)。一般而言,这些资料可供朋友、家庭成员和其他可能寻找旧友的人、失去联系的亲人或有共同兴趣的人使用。Facebook 个人资料很容易创建和更新。

  企业创建 Facebook 页面来推销产品和服务。政治家和艺人等公众人物经常使用 Facebook 页面来连接他们的选民和粉丝。Facebook 页面已经成为推销员、音乐家和其他名人推销自己的标准方式。

  分享共同兴趣的个人通常会创建 Facebook 小组。这些团体允许许多人在网上共享信息和讨论特定主题。通常,小组围绕主题、事件或想法组织起来。Facebook 页面被俱乐部和政治组织广泛用于协调活动和共享信息。

- **Google＋** 又称 **Google Plus**,于 2011 年推出。它融合了谷歌公司先前存在的一些服务与一些新服务。这些新服务包括根据共同兴趣或其他标准对个人进行分组的 Circles,以及允许同时与多达 10 人进行交流的 Hangouts。

  Facebook 和 Google＋提供类似的服务。Facebook 的使用时间更长,用户也更多。然而,Google＋提供与其他谷歌服务,如谷歌文档、聊天和日历等的集成。

- **LinkedIn** 成立于 2003 年,已经是面向商业的主要社交网站。尽管没有 Facebook 或 Google＋规模大,但它是最大的专注于商业专业人士的社交网站。它拥有超过 1 亿用户。LinkedIn 提供工具来维护商业联系,发展扩展的商业网络,研究个人业务,寻找工作机会等。

图 2-15　Facebook 个人资料

　　有许多社交网站,每个网站都有自己独特的功能和互动。一些最受欢迎的网站的列表参见图 2-16。

组织	网站
Facebook	www.facebook.com
Google+	plus.google.com
LinkedIn	www.linkedin.com
Instagram	www.instagram.com
Pinterest	www.pinterest.com
Tumblr	www.tumblr.com
Vine	www.vine.com

图 2-16　社交网络网站

✎ 隐私

　　你有没有在互联网上看过这些滑稽的或令人尴尬的个人视频?除非你小心,否则你可能会在其中一段视频中扮演主角。如果没有隐私设置,上传到这些网站上的图片和视频可以被浏览,并有可能被转发给所有人看。如果一个社交网络朋友把你的尴尬视频上传到 Facebook,你所有的朋友都能看到吗?父母、教师或潜在雇主会看到吗?要查看你的 Facebook 隐私设置,请访问 Facebook,并单击安全锁图标。

2.6.4　博客、微博、网播、播客和维基

除了社交网站之外，还有其他的 Web 2.0 应用程序，包括博客、微博、网播、播客和维基可以帮助普通人在网络上进行通信交流。这些通信工具提供了更大的灵活性和安全性；然而，它们的设置和维护常常更复杂。

许多人创建称为博客或网络日志个人网站，以便与朋友和家人保持联系。博客帖子首先要有时间戳，并把最新事项排在首位。通常，这些网站允许读者评论。有些博客就像包含个人信息的在线日记；其他博客则专注于某一爱好或主题，如编织、电子设备或好的书籍的相关信息。尽管大多数博客都是个人写的，但也有多人完成的团体博客。一些企业和报纸也开始用博客作为一种快速的发布方法。有几个网站提供了创建博客的工具。其中两个被广泛使用的是 Blogger 和 WordPress，参见图 2-17。

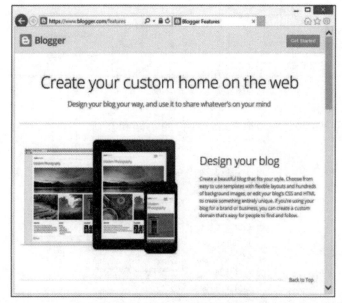

图 2-17　博客空间中创建网站

微博发表的是只需几秒钟就能写出来的短句，而不是像传统博客那样使用长篇故事或帖子。设计微博的目的是使朋友和其他联系人及时了解你的兴趣和活动。最受欢迎的微博网站推特（Twitter）可以让你从浏览器、即时消息应用程序，甚至移动电话中添加新内容。每天超过 250 个活跃用户发送 5 亿多个推特消息。推特消息也叫推文（tweets）。

网络广播和播客都通过互联网向人们的计算机传送音乐和电影等媒体内容。网络广播使用流媒体技术，在人们收听或查看文件内容时，音频和视频文件连续不断被下载到自己的计算机上。在完成网络广播之后，你的计算机上没有剩余的文件。网络广播通常会播放实时事件。例如，流行的网站 youtube.com 以及其他网站都定期在网上直播电影首映式和体育赛事。

播客不使用流媒体技术。在运行播客之前，必须下载媒体文件并将其保存到计算机中。一旦下载下来，这些文件可以随时被运行来听音乐或看电影。媒体文件也可以从计算机传

输到媒体播放器,如 iPod。播客广泛用于下载音乐、教程和教育培训。

　　维基(WiKi)是一个专门设计的网站,允许访问者使用浏览器添加、编辑或删除网站的内容。WiKi 来自夏威夷词语,意思是快(fast),它描述了通过 WiKi 软件编辑和发布的简单性。维基支持协作式写作,在协作式写作中没有单独的专家作者,而是由一群感兴趣的人随着时间的推移慢慢来构建知识。也许最著名的例子是维基百科,一本在线百科全书,由任何想要贡献的人撰写和编辑,它用 20 种语言编辑了上百万种条目(参见图 2-18)。

图 2-18　维基百科

　　创建博客和维基是网页制作的实例。我们将在第 3 章中详细讨论网页制作软件。

☑ 概念检查

　　● 什么是社交网络? 比较一下 Facebook、Google＋和 LinkedIn。

　　● 什么是博客? 微博? 推特? 推文?

　　● 网络广播和播客有什么区别? 维基是什么? 维基百科是什么?

2.7　搜索工具

　　网络可以是一个令人难以置信的资源,几乎可以提供任何能想象到的主题信息。你对音乐感兴趣吗? 写一篇关于环境的论文? 寻找电影评论? 试图找到一个失散已久的朋友? 与这些问题相关的信息来源,还有多得多的信息都可以在网上获得。

　　随着每天超过 200 亿页信息的加入,网络成为了一个庞大的相互关联的页面集合。有这么多的可用信息,找到所需要的准确信息是一件困难的事。幸运的是,一些被称为搜索服务商的组织机构运营的网站可以帮助用户查找所需要的信息。

搜索服务商维护着巨大的数据库,这些数据库与在万维网和互联网上提供的信息相关。这些数据库中存储的信息包括地址、内容描述或分类,以及出现在网页和其他互联网信息资源上的关键字。叫作网络爬虫(Spider)的特殊程序不断查找新信息并更新搜索服务商的数据库。此外,搜索服务商还提供称为搜索引擎的特殊程序,可以使用这些程序在网络上查找特定信息。

2.7.1　搜索引擎

搜索引擎是帮助用户在万维网和互联网上查找信息的专门程序。要找到信息,用户可以访问一个搜索服务商的网站并使用它的搜索引擎。图 2-19 列出了常用搜索引擎表。

要使用搜索网站,输入反映想要的信息的关键字或短语。搜索引擎将用户输入的条目与其数据库进行比较,并返回一个匹配记录列表,或包含关键字的网站。每一个命中都包括一个链接,指向所参考的网页(或其他资源),以及对该位置所包含的信息的简短讨论。许多搜索结果是大量的匹配记录。例如,如果输入关键词"音乐",会得到数十亿的匹配记录。搜索引擎根据那些最有可能包含所要求的信息的网站对匹配记录进行排序,并按顺序为用户展示列表,通常是 10 组。

由于每个搜索服务商都维护自己的数据库,一个搜索引擎返回的命中并不一定与另一个搜索引擎返回的命中相同,因此,在研究一个主题时,最好使用多个搜索引擎。

2.7.2　专用搜索引擎

专用搜索引擎专注于特定主题的网站。专门网站可以通过缩小搜索范围来节省用户的时间。图 2-20 列举了专用搜索引擎。例如,假设你正在研究一篇关于环境的论文,你可以从谷歌这样的通用搜索引擎开始,或者你可以到一个专门针对环境的搜索引擎搜索,比如 www.ecoEarth.info。

搜索服务	网站
Bing	www.bing.com
Duckduckgo	www.duckduckgo.com
Google	www.google.com
Yahoo!	www.yahoo.com

图 2-19　搜索引擎

主题	网站
Cooking	www.recipebridge.com
Research	scholar.google.com
Fashion	www.shopstyle.com
History	www.historynet.com
Law	www.findlaw.com
Medicine	www.webmd.com

图 2-20　专用搜索引擎实例

要找到其他专用的搜索引擎,请使用搜索服务,然后并输入主题和"专用搜索引擎"。例如,输入"体育 专用搜索引擎"将得到几个专门致力于体育信息的搜索引擎。

2.7.3　内容评估

搜索引擎是在网络上查找信息的优秀工具。然而,要注意如何使用所找到的信息。与报纸、杂志和教科书中大多数已发表的材料不同的是,人们在网络上找到的信息并非都受到严格的指导而具有准确性。事实上,任何人都可以在网站上发布内容。许多网站,例如wikipara.org 允许任何人发布新材料,有时是匿名的,无须进行严格的评估。

要评估在网上找到的信息的准确性,请考虑以下几点:

- **权威性**。作者是这个领域的专家吗?该网站是提供信息的官方网站,还是个人网站?
- **准确性**。在发布到网上之前,是否对信息的准确性进行了严格的审查?网站是否提供向作者报告不准确信息的方法?
- **客观性**。信息是否真实地被报道,或者作者是否持有偏见?作者是否有一个旨在说服或改变读者观点的个人意愿?
- **时效性**。信息是最新的吗?网站是否说明更新的日期?网站的链接是否可操作?如果没有,网站很可能没有被积极维护。

☑ 概念检查

- 什么是搜索服务、spiders 和搜索引擎?
- 比较搜索引擎和专用搜索引擎。
- 评估网站内容的 4 个考虑因素是什么?

2.8　电子商务

电子商务,也称 e-commerce,是指通过互联网买卖商品。电子商务增长迅速和使用广泛,部分原因在于它为买方和销售者提供了诱因。从买方的角度来看,只要有互联网连接就可以在白天或晚上的任何时间,在任何地点购买商品和服务。从卖方的角度来看,可以消除拥有和经营一家零售店相关的成本。另一个优势是减少库存。传统商店在其商店中保持货物库存,并定期从仓库中补充这些库存。有了电子商务,就没有库存,产品直接从仓库出货。

虽然电子商务有众多优点,但也有缺点。其中一些不利因素包括无法提供即时交货,无法"试用"预期购买的商品,以及与在线支付安全有关的问题。尽管这些问题正在解决,但很少有观察人士认为电子商务将完全取代实体企业。很明显,两者将共存,电子商务将继续增长。

就像任何其他类型的商业一样,电子商务涉及两个方面:企业和消费者。电子商务有三种基本类型:

- **企业对消费者**(B2C)商务包括向一般公众或终端用户销售产品或服务。它是增长最快的电子商务类型。无论是大还是小,美国几乎每一家现有的公司都提供某种类型的 B2C 支持,以作为连接消费者的另一种手段。因为不需要大量投资来创建传统零售店和保持庞大的营销和销售人员,电子商务允许初创公司与规模更大的老牌公司竞争。三种应用最广泛的 B2C 应用是在线银行、金融交易和购物。亚马逊是使用最广泛的 B2C 网站之一。
- **消费者对消费者**(C2C)商务涉及个人销售给个人。C2C 通常以分类广告或拍卖的电子版形式出现。网络拍卖与传统拍卖类似,只是买家和卖家几乎不碰面。卖家在网站上发布产品描述,买家以电子方式提交出价。就像传统的拍卖一样,有时出价变得非常有竞争性和热情。最广泛使用的拍卖网站之一是 eBay.com。关于一些最受欢迎的拍卖网站的列表,参见图 2-21。

组织	网站
QuiBids	www.quibids.com
eBay	www.ebay.com
uBid	www.ubid.com

图 2-21　拍卖网站

- **企业对企业**(B2B)商务涉及一个企业的产品或服务销售给另一个企业,体现了一种典型的制造商和供应商之间的关系。例如,家具制造商需要木材、油漆和清漆等原材料。

☑ 概念检查

■ 什么是电子商务?

■ 电子商业的一些优点和缺点是什么?

■ B2C、C2C 和 B2B 之间有哪些不同?

电子商务面临的两个最大挑战是:①发展快速、安全和可靠的货款支付方式;②提供方便的方式提交所需信息,如邮寄地址和信用卡信息。

两种基本支付方式是信用卡支付和数字现金支付:

- 信用卡购买比支票购买更快、更方便。然而,信用卡欺诈是买卖双方都关心的问题。我们将在第 9 章讨论这一问题以及其他与互联网有关的隐私和安全问题。
- 互联网上数字现金与传统现金等价。买家从第三方(一家专门从事电子货币业务的银行)购买数字现金,然后使用它购买商品,参见图 2-22。卖家通过第三方将数字现金转换成传统货币。虽然不像信用卡购买那样方便,但数字现金更安全。关于数字现金提供商的列表,请参阅图 2-23。

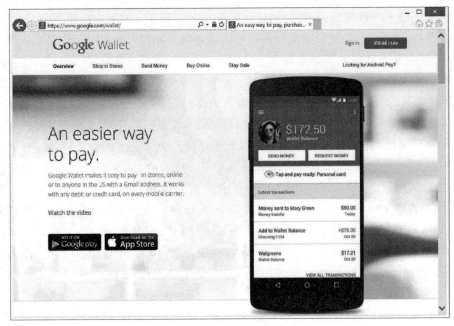

图 2-22　谷歌钱包数字现金

组织	网站
Amazon	payments.amazon.com
Google	wallet.google.com
Serve	www.serve.com
PayPal	www.paypal.com

图 2-23　数字现金提供商

☑ **概念检查**

▪ 什么是电子商务？B2C？C2C？B2B？

▪ 电子商务面临的两个最大挑战是什么？

▪ 两个基本支付选择是什么？

▪ 数字现金是什么？它是如何使用的？

2.9　云　计　算

通常，应用程序由个人或组织机构拥有，并存储在其计算机系统的硬盘上。正如第1章所讨论的，云计算使用互联网和万维网将这些计算机活动从用户的计算机转移到互联网上的其他计算机。

虽然有些人认为云计算只是一个旨在推广新产品的营销术语，但许多人则认为云计算是一种新的计算模式，可以让用户不必拥有、维护和存储软件和数据。它通过互联网连接从任何地方提供对这些服务的访问。几家知名公司正在积极追求这一新概念。这些公司包括谷歌（Google）、IBM、英特尔（Intel）和微软（Microsoft）等。

云计算的基本组件是客户、互联网和服务提供商（参见图 2-24）。

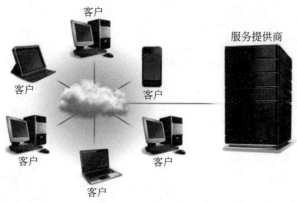

图 2-24　云计算

• 客户是指意欲访问数据、程序和存储的公司和终端用户。当与互联网的连接可用时，这种访问可以随时随地进行。最终用户不需要购买、安装和维护应用程序和数据。

- 互联网提供了客户和服务提供商之间的连接。决定云计算效率的两个最关键的因素是：①用户访问互联网的速度和可靠性；②互联网提供安全可靠的数据和程序传输的能力。
- 服务提供商是拥有可以连接到互联网计算机的组织，它们愿意提供对软件、数据和存储的访问。这些服务提供商可能收费，也可能是免费的。例如，Google Drive 应用程序提供对类似于 Microsoft 的 Word、Excel 和 PowerPoint 等的程序的免费访问，如图 2-25 所示。

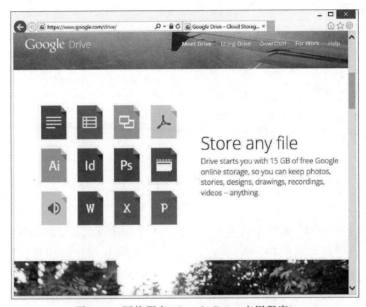

图 2-25　网络服务（Google Drive 应用程序）

在接下来的章节中，将介绍更多通过云计算提供的服务，以及与云计算相关的安全和隐私问题。

概念检查

- 什么是云计算？
- 云计算的三个基本组成部分是什么？
- 决定云计算效率的两个最关键的因素是什么？

2.10　物　联　网

互联网越来越成为我们生活的一部分。正如第 1 章所讨论的，物联网（IoT）是互联网的不断发展，它允许嵌入电子设备的日常物品通过互联网发送和接收数据。这些日常用品包括智能手机、可穿戴设备，甚至咖啡机。例如，Fitbit 是一个手环，它监测健康数据，并把数据发送到智能手机或个人网页，如图 2-26 所示。

Web 3.0 应用程序可以访问 Fitbit 数据，将该数据与网络上的其他数据相结合，对数据进行处理,并将信息发送回另一个设备。例如,苹果公司的 Health App 应用程序是一个 Web 3.0 应用程序,可以访问 Fitbit 数据,与其他相关的健康数据相结合,分析数据,并通过智能手机向用户报告。这些报告提供用户的健康信息,包括心率、每天走的步数,以及每天消耗的卡路里估计等,参见图 2-27。

图 2-26　Fitbit 智能手环

图 2-27　苹果公司的 Health 移动应用程序

☑ **概念检查**

◼ 什么是物联网?

◼ 什么是 Fitbit 和苹果公司的 Health 应用程序? 它们是如何一起工作的?

◼ 讨论 Fitbit 和苹果公司的 Health 应用程序是如何使用物联网的例子。

2.11　IT 职业生涯

前面已经介绍了互联网、万维网和电子商务,本节将介绍网站管理员(Webmaster)的职业生涯。

网站管理员开发和维护网站和资源。这项工作可能包括公司网站的备份、更新资源或开发新资源。网站管理员经常参与网站的设计和开发。一些网站管理员监控网站流量,并采取措施鼓励用户访问网站。网站管理员还可以与营销人员合作,增加网站流量,并可能参与网络推广活动的开发。

雇主寻找具有计算机科学或信息系统专业本科或专科学历的应聘者,他们要具备通用编程语言和 Web 开发软件的知识。具备 HTML 和 CSS 知识是必不可少的。那些拥有使用网页制作软件和程序(如 Adobe Illustrator 和 Adobe Flash)经验的人通常会被优先考虑。

良好的沟通和组织技能对这一职位来说是至关重要的。

网站管理员的年薪可达 59 000 至 82 000 美元。在许多公司,这一职位相对较新,而且具有流动性。随着技术的进步和公司对网络的日益重视,这一领域的经验可能带来晋升到管理层的机会。

2.12　未来展望：全新的汽车仪表盘

汽车仪表盘将成为一种强大的互联网连接的计算设备。

当你的车自动驾驶时,你是否经常希望能够在车上进行网上购物或制订晚餐计划?你是希望你的汽车使用互联网来建议更好的路线,还是根据你的喜好制定音乐列表?车辆内的一台计算机已经控制了你的汽车的许多功能。这台计算机负责各种安全和诊断功能。如今,汽车已经开始接入互联网,为驾驶导航、流媒体音频和手机连接提供服务。汽车将自动驾驶并无缝地融入我们的数字生活。展望未来,技术使得制造的汽车更好,并将继续发展以改善我们的生活。

苹果(Apple)和谷歌(Google)已经与汽车制造商建立了合作关系,将 iPad 或 Android 设备置于汽车主控制台的中心。汽车可以像现代智能手机那样连接到 Wi-Fi 接入点或 4G 网络来进入互联网。这些发展让汽车能够提供许多通常需要智能手机才能完成的服务,但与智能手机相比更安全、更完整。

直接的好处之一是快速获取信息。司机可以实时获取交通数据、天气、商店营业时间等。此外,还可以访问你希望拥有的所有移动应用程序。例如潘多拉电台(Pandora)服务,它允许用户从自己创建的电台播放免费的、广告支持的音乐。另一个好处是你的乘客或孩子可以娱乐。一些车辆包括面向后座的屏幕,允许父母为孩子播放 DVD。

连接互联网的车辆在支付了在线流视频服务费用后,孩子们就可以在车里访问巨大的卡通和电影库。事实上,有了像桌面一样的界面,你的孩子可以根据他或她的心情预先选择电影或选择教育游戏。

现在,当你开车的时候,用指尖操作的工具具有分散注意力的风险。毫无疑问,为了防止事故的发生,必须内置安全功能。幸运的是,已经有一项技术可以防止司机碰触仪表板:语音识别。

就像苹果的 Siri 彻底改变了个人与 iPhone 互动的方式一样,类似的系统也被安装在新的仪表板上。司机通过使用车辆的控制器,只需说出他们的需求即可获得他们所需要的信息。而且,这个计算机系统使用现有的技术来识别语音和向用户说话。这将让司机在开车上班时候就能收听电子邮件、社交网络的更新,以及今天的新闻和天气。

一些公司已经采取了一些措施来实现这项技术。福特在它的一些汽车上使用了语音识别,其功能称为 Sync with MyFord touch。奥迪在其新的 A7 车型中增加了 3G/4G 连接。然而,真正的突破将出现于安全驾驶的同时,你可以像使用笔记本计算机一样高效地完成工作。听写软件的进步总有一天会让用户很容易地口授回复电子邮件。传感器的改变和自动驾驶将允许用户减少放在驾驶上的注意力而将更多的注意力投入到工作上。谷歌和梅赛德斯目前正在测试自动驾驶汽车,自动驾驶汽车或许在未来十年内可以使用。如果确实如此的话,你愿意为下一辆车的升级买单吗?当你在笔记本计算机或平板计算机上工作时,让汽车自动驾驶,你会感到舒服吗?

2.13　小　　结

1. 互联网和万维网

(1) 互联网

于 1969 年通过 ARPANET 网推出,互联网由实际的物理网络组成。

(2) 万维网(World Wide Web,WWW)

于 1991 年推出,它为互联网资源提供了一个多媒体界面。万维网三代: Web 1.0(现有信息)、Web 2.0(内容创建和社会互动)和 Web 3.0(自动个性化内容)。

(3) 常见用途

互联网和万维网最常见的用途包括:

通信——最受欢迎的互联网活动。

购物——增长最快的网络活动之一。

搜索——访问图书馆和本地、国内和国际新闻。

教育——网上学习或参加在线课程。

娱乐——音乐、电影、杂志和计算机游戏。

2. 互联网访问

一旦连接到互联网,一台计算机就好像是一个遍布世界各地的巨型计算机的延伸。

(1) 提供商

互联网服务提供商连接到互联网,为个人提供访问互联网的路径。连接技术包括 DSL、电缆和无线调制解调器。

(2) 浏览器

浏览器提供对万维网资源的访问。一些相关的术语是:

- URL——万维网资源的位置或地址;其两部分是协议和域名;顶级域(TLD)或网络后缀标识组织类型。
- HTML——显示网页的 HTML 命令。

提供交互式动画网站的技术包括级联样式表(控制网页外观),JavaScript(触发交互功能)、Ajax(创建快速响应交互网站)和 Applet(显示图形、提供交互式游戏等)。

移动浏览器在便携式设备上运行。

为了高效和有效地使用计算机,需要了解互联网和万维网上的可用资源,能够访问这些资源,能够进行有效的电子通信,高效地找到信息,了解电子商务,并使用 Web 实用程序。

3. Web 实用程序

Web 实用程序是一种专门的实用程序,它使互联网和万维网的使用变得更容易和更安全。

(1) 插件程序

插件自动加载并作为浏览器的一部分运行。许多网站需要特定的插件才能充分体验它们的内容。一些插件包含在当今的许多浏览器中,其他插件必须安装。

(2) 过滤器

家长和组织使用过滤器来阻止某些站点并监视互联网和万维网的使用。

(3) 文件传输实用程序

文件传输实用程序将文件复制到(下载)用户的计算机或从用户计算机复制到别处(上传)。有三种类型:

- 文件传输协议(FTP)和安全文件传输协议(SFTP)允许用户在互联网上高效地复制文件。
- 比特流(BitTorrent)在许多不同的计算机之间分发文件。
- 基于 Web 的文件传输服务利用 Web 浏览器上传和下载文件。

(4) 互联网安全套件

互联网安全套件是一个实用程序集,旨在保护用户在互联网上的隐私和安全。

4. 通信

(1) 电子邮件

电子邮件(electronic mail)是电子消息的传输。电子邮件系统有两种基本类型:

- 基于客户端的电子邮件系统使用安装在计算机上的电子邮件客户端程序。
- 基于 Web 的电子邮件系统使用 Web 邮件客户端,该客户端位于电子邮件提供商的计算机上。这就是所谓的 Web 邮件。

典型的电子邮件有三个基本元素:标题(包括地址、主题和附件)、消息和签名。

垃圾邮件是不受欢迎的和来路不明的电子邮件,它可能包含附加在来路不明的电子邮件上的计算机病毒或破坏性程序。垃圾邮件拦截器,也被称为垃圾邮件过滤器,是识别和消除垃圾邮件的程序。

(2) 消息

虽然电子邮件使用最广泛,但还有另外两种消息传递系统:

- 短消息,又称短信和 SMS(短消息服务),是一种发送简短电子消息的过程,短信通常少于 160 个字符。开车时发短信是非常危险的。
- 即时消息(IM)支持朋友之间的实时通信。大多数即时消息程序还包括视频会议功能、文件共享和远程辅助。

(3) 社交网络

社交网络把个人联系在一起。许多网站支持各种不同的活动。最著名的三个网站是 Facebook(脸书)、Google+(谷歌)和 LinkedIn(领英)。

- Facebook 提供对 Facebook Profiles、Facebook Pages 和 Facebook groups 的访问。
- 谷歌提供了访问圈子和群聊。
- LinkedIn 是一个面向商业的社交网站。

(4) 博客、网络广播和维基

其他帮助个人在网络上交流的网站有博客、微博、网播、播客和维基。

- **博客**(Web 日志)通常是与朋友和家人保持联系的个人网站。有些就像网上的日记。企业、报纸等也使用博客作为快速发布消息的方法。

- **微博**，与传统的博客不同，微博使用短句，只需几秒钟就能写出来。推特(Twitter)是最受欢迎的微博网站。一个推特消息被称为推文。
- **网络广播**通过互联网传送媒体内容。使用流媒体技术(在用户收听或查看文件内容时不断下载音频和视频文件)，在网络广播结束时，用户的计算机上不会留下任何文件。
- **播客**，像网络广播一样，提供媒体内容，但不使用流媒体技术。在可以访问内容之前，必须下载整个媒体文件并将其保存到用户的计算机上。
- **维基**是一个允许访问者使用浏览器添加、编辑或删除站点内容的网站。维基通常用于支持协作写作。维基百科是最受欢迎的维基之一。

5. 搜索工具

搜索服务商维护与网站内容相关的大型数据库。网络爬虫(Spiders)是更新这些数据库的程序。

（1）搜索引擎

搜索引擎是帮助寻找信息的专门程序。使用时，要输入关键字或短语，运行后会显示一个命中列表或指向引用的链接。

（2）专用搜索引擎

专用的搜索引擎专注于主题特定的网站。

（3）内容评估

要评估网上所发现信息的准确性，应考虑以下几点：

- 权威性。作者是专家吗？该网站是官方网站，还是仅仅呈现个人或某组织机构的观点？
- 准确性。信息是否经过严格审查？网站是否提供向作者报告不准确信息的方法？
- 客观性。信息是否真实，作者是否有偏见？作者是否有一个旨在说服或帮读者形成观点的个人议程？
- 时效性。信息是最新的吗？是否指定网站更新的日期？网站的链接是否可操作？

6. 电子商务

电子商务，或称 e-commerce，是指通过互联网买卖商品。以下为其三种基本类型：

- 企业对消费者(B2C)商务，涉及从企业到公众的销售。
- 消费者对消费者(C2C)商务，涉及个人之间的销售。网络拍卖类似于传统拍卖，只是买家和卖家很少碰面。
- 企业对企业(B2B)商务，涉及从一个企业到另一个企业的销售，通常是制造商与供应商的关系。

电子商务面临的两大挑战是：

- 安全可靠的支付方式。通常有两种类型：信用卡和数字现金。
- 提供所需信息的方便方法。

7. 云计算

云计算利用互联网和万维网将许多计算机活动从用户的计算机转移到互联网上的其他计算机。

云计算有三个基本组件：
- 客户是希望访问数据、程序和存储的公司和终端用户。
- 互联网提供了客户和服务提供商之间的连接。两个关键因素是用户访问的速度和可靠性以及互联网提供安全可靠访问的能力。
- 服务提供商是拥有连接到互联网的计算机的组织机构，它们愿意提供对软件、数据和存储的访问。

8. 物联网

物联网(IoT)是互联网的持续发展，允许嵌入电子设备的日常物品，包括智能手机、可穿戴设备，甚至咖啡机通过互联网发送和接收数据。例如：
- Fitbit 是一种物联网设备(手环)，可以监测健康数据，并将数据发送到智能手机或个人网页。
- 苹果公司的 Health App 是一个 Web 3.0 应用程序，它可以访问 Fitbit 的数据，并将它与其他相关的健康数据结合起来，分析数据，然后通过智能手机向用户报告。

苹果公司的 Health App 报告提供了用户的健康信息，包括心率、每天走的步数和每日消耗卡路里的估计值。

9. IT 职业生涯

网站管理员开发和维护网站和网络资源。具有计算机科学或信息系统专业本科或专科学历，且必须具备通用编程语言和 Web 开发软件知识。年薪为 5.9 万～8.2 万美元。

2.14　专业术语

Google 公司推出的社交网站与服务(Google+)	第二代万维网(Web 2.0)
Google 公司推出的社交网站与服务(Google Plus)	第三代万维网(Web 3.0)
	第一代万维网(Web 1.0)
Web 电子邮件(webmail)	电缆(cable)
Web 电子邮件客户端(webmail client)	电子货币(digital cash)
安全文件传输协议(secure file transfer protocol,SFTP)	电子商务(e-commerce)
	电子商务(electronic commerce)
比特流(BitTorrent)	电子邮件(electronic mail)
标题(header)	电子邮件(e-mail)
病毒(virus)	电子邮件客户端(e-mail client)
播客(podcast)	顶级域名(top-level domain (TLD))
博客(blog)	短消息服务(short messaging service,SMS)
插件(plug-in)	短信(texting)
超文本标记语言(Hypertext Markup Language,HTML)	短信(text messaging)
超文本链接(hyperlink)	多媒体消息服务(multimedia messaging service,MMS)
地址(address)	附件(attachment)

高级的、解释型的编程语言(JavaScript)

高级研究项目代理网络(Advanced Research Project Agency Network, ARPANET)

谷歌环聊(Hangouts)

过滤器(filter)

互联网安全包(Internet security suite)

互联网服务提供商(Internet service provider, ISP)

基于客户端的电子邮件系统(client-based e-mail system)

基于 Web 的电子邮件系统(web-based e-mail system)

基于 Web 的文件传输服务(web-based file transfer services)

级联样式表(cascading style sheets, CSS)

即时消息(instant messaging, IM)

垃圾邮件(spam)

垃圾邮件过滤器(spam filter)

垃圾邮件拦截器(spam blocker)

脸书(社交网站)(Facebook)

脸书群组(Facebook groups)

脸书页面(Facebook Pages)

脸书中的个人资料(Facebook Profiles)

链接(link)

领英社交网站(突出专业性)(LinkedIn)

浏览器(browser)

流媒体技术(streaming)

朋友,网友(friend)

匹配记录(hit)

签名(signature)

圈子,社交圈(Circles)

商家(企业)对商家(企业)的电子商务(business-to-business, B2B)

商家(企业)对消费者的电子商务(business-to-consumer, B2C)

上传,上载(uploading)

社会网络(social networking)

手机浏览器,移动浏览器(mobile browser)

数字用户线路(DSL)

搜索服务(search service)

搜索引擎(search engine)

统一资源定位(uniform resource locator, URL)

推特(Twitter)

推文(tweet)

万维网(web)

万维网(World Wide Web, WWW)

网络工具(web utility)

网站管理员(webmaster)

网络广播(webcasts)

网络日志(web log)

网上拍卖(web auction)

网页(web page)

网页后缀(web suffix)

微博(microblog)

维基(wiki)

维基百科(Wikipedia)

位置(地址)(location)

文件传输协议(file transfer protocol, FTP)

无线调制解调器(wireless modem)

物联网(Internet of Things, IoT)

下载(downloading)

消费者对消费者电子商务(consumer-to-consumer, C2C)

消息(message)

小程序(applets)

协议(protocol)

因特网(Internet)

域名(domain name)

云计算(cloud computing)

在线(online)

在线学习(e-learning)

蜘蛛程序、网络爬虫(spider)

主题(subject)

专用搜索引擎(specialized search engine)

2.15 习 题

一、选择题

圈出正确答案的字母。

1. 连接世界各地计算机的网络。
   a. ARPANET   b. 互联网   c. 局域网   d. 万维网

2. 计算机之间交换数据的规则。
   a. 数字用户线路   b. 协议   c. Web   d. 万维网

3. 使用文件传输实用软件，可以将文件从互联网上专门配置的服务器中复制到用户的计算机。这就是所谓的：
   a. 下载   b. 过滤   c. 博客   d. 上传

4. 拥有共同兴趣的个人社区通常会创建 Facebook：
   a. clients   b. groups   c. Pages   d. Profiles

5. 不需要在用户的计算机上安装电子邮件程序的电子邮件账户类型为：
   a. 基于博客   b. 基于客户   c. 基于实用程序   d. 基于 Web

6. 最受欢迎的微博网站。
   a. 领英网   b. 谷歌＋   c. 推特   d. 维基百科

7. 使用一个关键字，搜索引擎返回一个相关网站的列表，这个列表称为：
   a. 博客   b. 匹配记录   c. 博客   d. 击打

8. 互联网上与传统现金等价的是。
   a. 数字现金   b. 电子商务   c. 文件传输   d. 互联网美元

9. 互联网的持续开发，允许物品通过互联网发送和接收数据。
   a. 超文本标记语言   b. 物联网
   c. 搜索引擎   d. 万维网 2.0

10. 云计算的三个基本组件是客户机、互联网和_____。
    a. 级联式表   b. 服务提供商   c. 流媒体   d. 万维网 3.0

二、匹配题

将左侧以字母编号的术语与右侧以数字编号的解释按照相关性进行匹配，把答案写在画线的空格处。

a. 聊天   ____ 1. 最受欢迎的互联网络活动。

b. C2C   ____ 2. 最普遍的上网方式是通过( )。

c. 交流   ____ 3. 通过互联网传送电子消息。

d. 电子邮件   ____ 4. 两种流行的即时通信服务是谷歌的 Talk 和脸书的( )。

e. 互联网   ____ 5. 一个面向商业的社交网站。

f. 互联网服务提供商   ____ 6. 博客的另一个名字。

g. 领英网   ____ 7. 发布只需要几秒钟就能写完的短句。

h. 微博
i. 搜索服务
j. 网络日志

_____ 8. 维护与万维网和互联网上提供的信息相关的大型数据库。

_____ 9. 涉及个人对个人销售的电子商务。

_____ 10. 云计算的基本组件是客户端、服务提供商和（　　　　）。

三、开放式问题

回答下列问题。

1. 讨论互联网和万维网，包括它们的起源、三代万维网以及最常见的用途。

2. 描述如何访问 Internet。什么是提供商？定义浏览器，并讨论 URL、HTML、CSS、JavaScript、Ajax、Applet 和移动浏览器。

3. 什么是网络实用程序？讨论插件、过滤器、文件传输实用程序和网络安全套件。

4. 讨论互联网通信，包括基于客户和 Web 的电子邮件、即时通信和短信、社交网络、博客、微博、网络广播、播客和 WiKi。

5. 定义搜索工具，包括搜索服务。讨论搜索引擎和专用搜索引擎。描述如何评估网站的内容。

6. 描述电子商务，包括企业对消费者、消费者对消费者、企业对企业的电子商务和安全。

7. 讨论物联网。描述 Fitbit 和苹果公司的 Health 应用程序是如何与 Web 3.0 应用程序交互的例子。

8. 什么是云计算？描述云计算的三个基本组成部分。

四、讨论

1. 让 IT 为你所用：在线娱乐

回顾一下 2.3 节"让 IT 为你所用：在线娱乐"，然后思考如下问题：①你目前是否订阅了 Netflix、Hulu plus 或其他允许你观看电影和电视节目的服务？如果有，哪些？如果没有，你打算在将来使用吗？为什么？②你最常使用的设备是什么？从网络上观看视频内容，你会考虑购买像 Roku 这样的专用流媒体设备吗？为什么？③你是否曾想过要取消或"切断"当前的有线电视或卫星服务？为什么？

2. 隐私：社交网络

当 Facebook 好友发布包含你的图片、视频或文本时，谁能查看这篇文章？浏览第 33 页的"隐私"专题，并思考如下问题：①谁应该负责确保社交网站上的隐私？阐述你的观点。②你认为大多数人都知道自己在 Facebook 上的隐私设置吗？你曾经检查过你的设置吗？为什么？③调查并总结 Facebook 或 Google 等社交网站的默认安全设置。

3. 伦理：过滤和监控

家长可以使用内容过滤器和监控软件来限制或监控孩子的网络行为。检查第 28 页的"伦理"专题，并思考如下问题：①父母为子女过滤或监控互联网内容是否合乎道德？你的回答是否取决于孩子的年龄？阐述你的观点。②父母是否应该告知他们的孩子互联网活动正在被过滤，或者被监控？为什么？③你觉得过滤或监控软件是保护孩子的最好方法吗？阐述你的观点。

4. 环境：电子邮件

回顾第 30 页中的"环境"专题，然后思考以下问题：①当涉及向朋友和家人发送信件、节日贺卡和邀请函时，你是否主要使用电子邮件或邮政邮件？你选择电子邮件或邮政邮件的原因是什么？②你有没有觉得有使用电子邮件不合适的情况？③你是否已经在你的金融机构和公用事业公司签署了无纸化账单？为什么？④翻阅你上周或两周收到的所有纸质邮件。有什么是你可以通过电子邮件或在网上看到的吗？如果有，举几个例子。

第 3 章 应 用 软 件

为什么阅读本章

应用软件的性能和能力正在爆发式增长。我们可以期待的应用程序超出我们想象,并且完全可以用我们的声音、手势和思想来控制这些应用程序。

本章将介绍每个人为这个日新月异的数字世界做好准备而需要了解的一些知识和技能,其中包括:

- 通用应用程序——如何创建文档、分析数据、制作演示文稿和组织信息。
- 专用应用程序——如何使用图形程序编辑图像和创建网页以及如何定位和使用移动应用程序。
- 软件套件——如何使用软件套件和基于云的应用程序。

学习目标

在阅读本章之后,读者应该能够:

① 认识通用应用程序。
② 描述文字处理器、电子表格、演示文稿程序和数据库管理系统。
③ 认识专用应用程序。
④ 描述图形程序、网页制作程序和其他特定的专业应用程序。
⑤ 描述移动应用程序和应用商店。
⑥ 认识软件套件。
⑦ 描述办公套件、云套件、专业套件和实用工具套件。

3.1 引　　言

就在不久前,训练有素的专家才能完成的很多操作,现在人们可以用一台个人计算机就可以完成。以前,市场分析师使用计算器来预测销售;平面设计师手工创作设计;数据处理人员创建电子文件并存储在大型计算机上。现在,人们可以用一台个人计算机和恰当的应用软件就能完成所有这些任务,甚至还有其他许多任务。

把个人计算机想象成一个电子工具。有些人可能认为自己不擅长打字、计算、组织、展示或管理信息。然而,个人计算机可以帮助每个人完成所有这些工作,甚至更多的工作。完成上述所有工作只是需要正确类型的软件。

要高效且有效地使用计算机,用户需要了解通用应用程序软件,包括文字处理器、电子表格、演示文稿程序和数据库管理系统的功能。用户还需要了解集成软件包和软件套件。

3.2　应用软件概述

正如我们在第 1 章中所介绍的,有两种类型的软件:系统软件和应用软件。系统软件与终端用户、应用软件和计算机硬件一起协作处理大部分技术细节的工作。应用软件可以描述为终端用户软件,用于完成各种任务。

应用软件可分为三类。一类是通用应用程序,包括文字处理程序、电子表格、演示文稿和数据库管理系统。另一类是专门的应用程序,这些程序应用范围更窄,且用于特定的学科和职业,此类程序的数量数以千计。第三类是移动应用程序,是通常为智能手机和平板计算机设计的附加功能或程序。

3.2.1　用户界面

用户界面是应用程序中允许用户控制程序并与程序交互的部分。根据应用程序的不同,用户可以使用鼠标、指针、键盘或声音与应用程序进行通信。大多数通用应用程序使用鼠标和图形用户界面(GUI)。图形用户界面显示称为图标的图形元素,用来表示熟悉的对象。鼠标控制屏幕上的指针,指针用于选择对象如图标。用户界面的另一个功能是使用窗口来显示信息。窗口只是一个能够包含文档、程序或消息的矩形区域。不要将"窗口"这个术语与微软 Windows 操作系统的各种版本(即程序)混淆。一次在计算机屏幕上可以打开和显示多个窗口。

大多数传统软件程序使用系统菜单、工具栏和对话框,参见图 3-1。

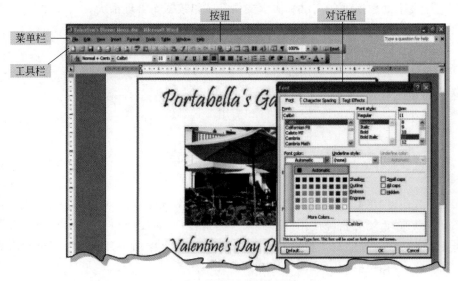

图 3-1　传统图形用户界面

- **菜单**提供通常在屏幕顶部的菜单栏中显示的命令。
- **工具栏**通常出现在菜单栏下面,包含称为按钮的小图形元素,为快速访问常用命令提供快捷方式。
- **对话框**提供附加信息,要求用户输入。

许多应用程序,特别是 Microsoft 应用程序都使用一个称为功能区 GUI 的界面,以便更容易地查找和使用应用程序的所有功能;这个 GUI 使用的是功能区、选项卡和图库组成的系统(参见图 3-2)。

- **功能区**通过将常用的命令组织到一组选项卡中来替换菜单和工具栏。这些选项卡显示与用户正在执行的任务最相关的命令按钮。
- **选项卡**用于将功能区划分为主要活动区域。然后将每个选项卡组织到包含相关项目的组中。一些选项卡(称为上下文选项卡)仅在需要时出现,并显示用户将要执行下一个操作。
- **图库**简化了从选择列表中进行选择的过程。这是通过在选择之前以图形方式显示备选项的效果来完成的。

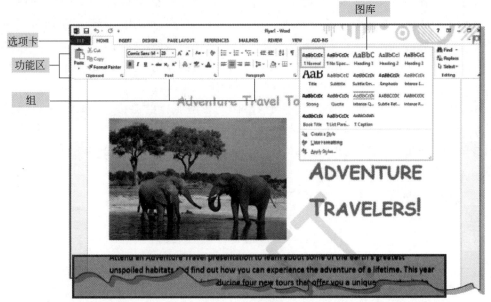

图 3-2　功能区 GUI

3.2.2　基本特征

大多数应用程序提供了多种特性,使文档的输入/显示、编辑和格式化变得容易。一些最常见的特性包括:

- 拼写检查器——查找拼写错误的单词。
- 对齐——使数字和字符居中、右对齐或左对齐。
- 字体和字号(可能使用字符效果)——指定输入数字和文本的大小和样式。
- 字符效果——提供各种不同的字体,如粗体或斜体。
- 编辑选项——提供编辑文本的简单方法,如剪切、复制和粘贴。

☑ **概念检查**

▇ 列出三类应用软件。

■ 什么是图形用户界面？什么是窗口、菜单、工具栏和对话框？

■ 什么是功能区 GUI？什么是功能区、选项卡和图库？

■ 讨论应用程序中最常见的一些特征。

3.3　通用应用程序

如前所述，通用应用程序包括文字处理器、电子表格、演示图形和数据库管理系统等。

3.3.1　文字处理器

文字处理器创建文本文档，是使用最灵活和最广泛的软件工具之一。各种类型的人和组织机构都使用文字处理器创建备忘录、信函和传真。组织机构用它创建时事通讯、说明书和手册，向客户提供信息。学生和研究人员使用文字处理器创建报告。

Microsoft Word 是使用最广泛的文字处理器。其他流行的文字处理程序包括 Apple Pages、Google Docs、Corel WordPerfect 和 OpenOffice Writer。

Adventure Travel Torus 是一家专门从事假期冒险旅行的旅行社，假设有人已经接受了该旅行社的广告协调员的职位。该职位的主要职责是创建和协调公司的促销宣传材料，包括传单和旅行报告。作为该旅行社的广告协调员怎样使用 Microsoft Word 文字处理器，参见图 3-3 和图 3-4。

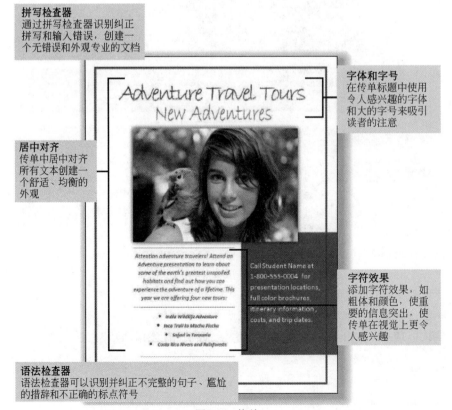

图 3-3　传单

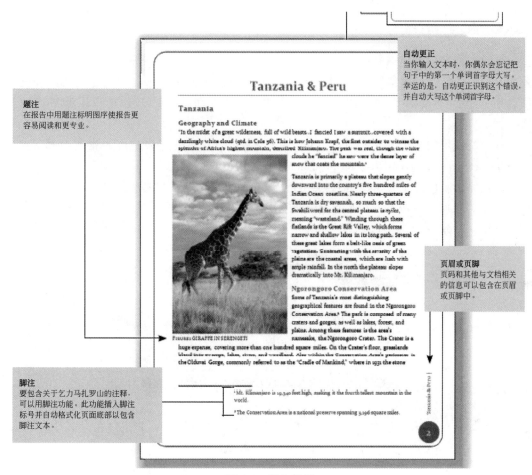

图 3-4　报告实例

1. 制作传单

第一个任务是创建促销广告传单。在与你的主管讨论传单的内容和基本结构后,你将开始输入传单的文本内容。当你输入文本时,拼写检查器和语法检查器会捕获一些拼写和语法错误。一旦输入了文本,你将校对文本,然后将注意力集中在增强传单的视觉效果方面。你可以添加照片并尝试使用不同字符和段落格式,包括字体、字号、颜色和对齐方式。

2. 创建报告

下一个任务是创建一个有关坦桑尼亚和秘鲁的报告。在研究之后,你开始撰写报告。当为报告输入文本时,你会注意到自动更正功能会自动更正一些语法和标点符号错误。你的报告包含几个图和表格。使用题注功能来记录图和表格序号,输入题注文本,并定位题注。你可以使用脚注功能来帮助添加注释,以便进一步解释或评论报告中的信息。最后,添加完页眉和页脚信息后,就可以打印报告了。

3.3.2 电子表格

电子表格是用来组织、分析和绘制数值数据图表，如预算和财务报告。曾经只有会计师才能专门使用的电子表格，现在几乎所有的行业都在广泛使用。市场营销专业人员分析销售趋势；金融分析师评估和绘制股票市场趋势图；学生和教师记录分数和计算平均学分绩点。

最广泛使用的电子表格程序是 Microsoft Excel。其他电子表格应用程序包括 Apple Numbers、Corel Quattro Pro、Google Sheets 和 OpenOffice Calc。

假设你刚刚接受了一份市区网吧经理的工作。这家网吧提供各种口味的咖啡和互联网接入。你的职责之一是为下一年制定一份财务计划。作为市区网吧的经理，看看你怎样使用 Microsoft Excel，参见图 3-5 和图 3-6。

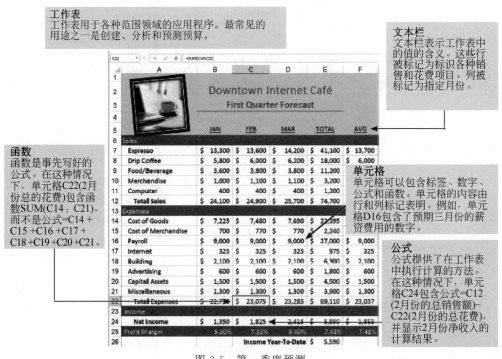

图 3-5　第一季度预测

1. 创建销售预测表

第一个项目是为网吧开发第一季度销售预测。你首先研究销售数据并与几位经理交谈。在获得销售和花费估计之后，你准备好创建第一季度预测。你开始通过插入行和列标题的描述性文本条目来构造工作表。下一步，你插入数字条目，包括公式和函数来执行计算。要测试工作表的准确性，你需要更改某些单元格中的值，并将重新计算的电子表格结果与手工计算结果进行比较。

2. 分析数据

在向雇主提交第一季度预测之后，将修改格式并扩展工作簿，包括每个季度的工作表和

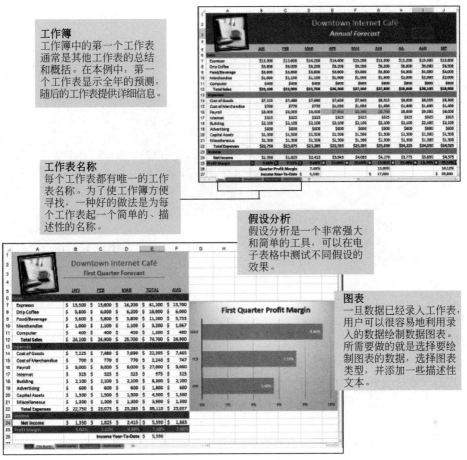

图 3-6　年度预算和分析

年度预测摘要,给出每个工作表具体名称。根据雇主的要求,执行一个"假设分析"来测试不同薪资预算的效果,并使用一个图表来增加视觉效果。

3.3.3　演示图形

研究表明当信息以视觉方式呈现时,人们会学习得更好。演示图形是将各种视觉对象组合在一起,以创造具有吸引力的、视觉上令人感兴趣的演示程序。它们是传达信息和说服人们的优秀工具。

在各种环境和情况下,人们使用演示图形程序来进行演示。例如,营销经理使用演示图形向他们的上级介绍所提出的营销策略。销售人员使用这些程序演示产品并鼓励客户购买。学生使用演示图形程序来创建高质量的课堂演示。

6 个使用最广泛的演示图形程序是 Microsoft Power Point、Apple Keynote、Google Slides、Corel Presentations、OpenOffice Impress 和 Prezi。

假设你是动物救援基金会的志愿者,动物救援基金会是当地的动物救助机构。现在要求你创建一个强大而有说服力的演示文稿来鼓励所在社区的其他成员成为志愿者。如何使用 Microsoft PowerPoint 创建演示文稿,参见图 3-7。

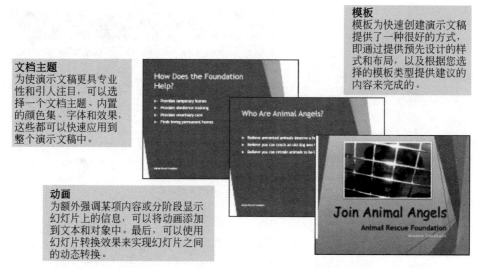

模板
模板为快速创建演示文稿提供了一种很好的方式，即通过提供预先设计的样式和布局，以及根据您选择的模板类型提供建议的内容来完成的。

文档主题
为使演示文稿更具专业性和引人注目，可以选择一个文档主题、内置的颜色集、字体和效果，这些都可以快速应用到整个演示文稿中。

动画
为额外强调某项内容或分阶段显示幻灯片上的信息，可以将动画添加到文本和对象中。最后，可以使用幻灯片转换效果来实现幻灯片之间的动态转换。

图 3-7　演示

1. 创建演示文稿

假设基金会主任要求你创建一个强大而有说服力的演示文稿，旨在鼓励来自社区的其他成员成为志愿者。第一步是与基金会主任会面来确定演示文稿的内容。然后使用PowerPoint，通过选择演示模板和文档主题来开始创建演示文稿。在输入内容之后，通过向选定的对象添加动画和使用幻灯片转换效果来增加演示的趣味性。

3.3.4　数据库管理系统

数据库是相关数据的集合，它相当于一个电子文件柜。数据库管理系统（DBMS）或数据库管理器是建立或构建数据库的程序。它还提供从数据库中输入、编辑和检索数据的工具。各种各样的人都可以使用数据库，从医院管理人员记录病人信息到警察检查犯罪记录。高等学校使用数据库用来保存学生、教师和课程的记录。所有类型的组织都需要维护员工数据库。

为个人计算机设计的 4 种使用广泛的数据库管理系统是 Microsoft Access、Apple FileMaker、Google Obvibase 和 OpenOffice Base。

假设你已经接受了生活健身俱乐部的招聘管理员的工作。如何使用 Microsoft Access，请参见图 3-8。

☑ 概念检查

● 什么是文字处理器？它们用于什么？

● 什么是电子表格？它们用于什么？

● 什么是演示图形程序？它们用于什么？

● 什么是数据库管理系统？它们用于什么？

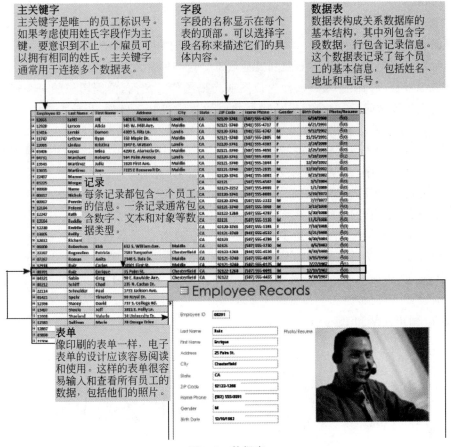

主关键字
主关键字是唯一的员工标识号。如果考虑使用姓氏字段作为主键，要意识到不止一个雇员可以拥有相同的姓氏。主关键字通常用于连接多个数据表。

字段
字段的名称显示在每个表的顶部。可以选择字段名称来描述它们的具体内容。

数据表
数据表构成关系数据库的基本结构，其中列包含字段数据，行包含记录信息。这个数据表记录了每个员工的基本信息，包括姓名、地址和电话号。

记录
每条记录都包含一个员工的信息。一条记录通常包含数字、文本和对象等数据类型。

表单
像印刷的表单一样，电子表单的设计应该容易阅读和使用。这样的表单很容易输入和查看所有员工的数据，包括他们的照片。

图 3-8　数据库

3.4　专用应用程序

通用应用程序被广泛地应用于几乎所有的专业领域，但是专用应用程序只被广泛地应用于特定的专业领域。这些程序包括图形程序和网页制作程序等。

3.4.1　图形程序

图形程序被图形艺术专业人士广泛使用，他们使用桌面排版程序、图像编辑程序、插图程序和视频编辑程序。

- **桌面排版程序**，或页面布局程序，允许用户把文字和图形混合在一起来创建具有专业质量的出版物。文字处理器专注于创建文本，并能够将文本和图形结合起来，而桌面排版程序则专注于页面设计和布局，并提供更大的灵活性。图形艺术专业人士使用桌面排版程序创建手册、新闻简讯、报纸和教科书等文档。

  流行的桌面出版程序包括 Adobe InDesign、Microsoft Publisher 和 QuarkXPress。虽然这些程序提供了创建文本和图形的能力，但通常图形艺术专业人士从其他来源

（包括文字处理器、数码相机、扫描仪、图像编辑器、插图程序和图像图库）输入这些元素。

- **图像编辑器**，也称为照片编辑器，是编辑或修改数字照片的专门图形程序。它们经常用来修饰照片以消除划痕和其他瑕疵。这些照片由数千个点或像素组成，这些点或像素合成的图像通常被称为位图或光栅图像。然而，位图图像的一个局限是，当它们被放大时，图像会变成马赛克状或边缘锯齿状。例如，当放大图 3-9 中的字母 A 时，字母的边框出现锯齿状，这一点在放大视图中可以看到。

  流行的图像编辑器包括 Adobe Photoshop、Corel PaintShop Pro、GIMP（GNU 图像处理程序）和 Windows Photo Gallery（照片库）。

- **插图程序**，也称为绘图程序，用于创建和编辑矢量图像。位图图像使用像素表示图像，而矢量图像，也称为矢量插图，使用几何形状或对象表示。这些对象是通过连接直线和曲线创建的，避免了创建位图图像时的马赛克或粗糙的边缘现象，参见图 3-10。因为这些对象可以由数学方程定义，所以它们可以简洁快速地调整大小、上颜色、添加纹理和进行操作。一个图像是几个对象的组合。插图程序通常用于平面设计、页面布局和创建清晰的艺术图像。流行的插图程序包括 Adobe Illustrator、CorelDRAW 和 Inkscape。

字母 A

扩大的视图

图 3-9　位图图像

图 3-10　矢量图像

- **视频编辑器**被用来编辑视频以提高其质量和外观。曾经只被好莱坞专业人士使用，现在通过使用智能手机和其他设备，也被广泛用于编辑拍摄高质量视频。用户可以很容易地添加特效、音乐曲目、标题和屏幕图形。

  就在几年前，视频编辑器还只是由拥有昂贵的专门硬件和软件的专业人士使用。现在，有几个免费或便宜的视频编辑器，为辅助业余视频编辑而设计。三个知名的视频编辑器是 Windows Live Movie Maker、Apple iMovie 和 YouTube 视频编辑器，作为图 3-8 的上半部参见图 3-11。

创建数据库

假设要求创建一个员工数据库来取代俱乐部记录员工数据的手工系统。创建数据库管理系统的第一步是计划。需要研究现有的手工系统，专注于数据采集的方式内容和数据是如何被使用的。下一步，使用 Microsoft Access，（使用最广泛的数据库管理系统程序之一），设计新数据库系统的基本结构或组织，包括使输入数据和使用数据库更有效的数据表。通过指定字段和主键字段来创建表结构。要使处理更快、更准确，可以创建一个表单并输入每个员工的数据，记录在表中。

图 3-11　视频编辑器

✒**伦理**

　　图像编辑软件使修改照片或视频变得很容易,以纠正各种不同的瑕疵。然而,一些专业人士可以利用这些程序来极大操纵照片或视频的内容或含义。这些更改通常是为了影响观看者的意见或情绪。支持者认为这种编辑是可以接受的,只是表达编辑意见或感觉的另外一种方式。批评者指出,这种图像和视频的操纵是不道德的,因为它故意误导观众,并且经常导致不健康的审美观。你认为呢?

3.4.2　视频游戏设计软件

　　你有没有想过设计一个视频游戏?虽然创建一个像 Skyrim 或 BioShock 一样沉浸式的 3D 世界可能一开始是不现实的,但你可以自己用正确的软件来实践和创建一些令人印象深刻的游戏。第一步是通过考虑游戏的长度和情节来设想游戏。第二步是选择正确的视频游戏设计软件。

　　电子游戏设计软件将帮助用户组织想法,并指导用户完成游戏设计过程,包括角色开发和环境设计。从免费软件到专业游戏设计师所用的昂贵软件,用户有许多软件可供选择。一些著名的免费或低价视频游戏设计软件有 YoYo GameMaker、Stencyl、Flixel 和 Unity,参见图 3-12。

3.4.3　网页制作软件

　　互联网上有 10 亿多个网站,每天都有更多的网站添加到互联网上。企业利用网站来接触新客户并推广它们的产品。个人创建称为博客的在线日记或评论。创建一个网站称为网

图 3-12　视频游戏设计软件

页制作。

几乎所有的网站都由相关的网页组成。正如我们在第 2 章中提到的，网页通常是 HTML(超文本标记语言)和 CSS(层叠样式表)文档。有了 HTML 的知识和简单的文本编辑器，人们就可以创建网页。即使不了解 HTML 的知识，也可以使用像 Microsoft Word 这样的文字处理软件来创建简单的网页。

更专业和功能更强大的软件，称为网页制作软件，通常用于创建复杂的商业站点。这些软件也称为网页编辑器和 HTML 编辑器，它们提供对网站设计和 HTML 编码的支持。一些网页制作程序是 WYSIWYG(所见即所得)编辑器，这意味着用户可以在不直接与 HTML 代码交互的情况下建立一个页面。WYSIWYG 编辑器通过 HTML 代码预览所描述的页面。广泛使用的网页制作软件包括 Adobe Dreamweaver 和 Microsoft Expression Web。

3.4.4　其他专用应用程序

其他专用的应用程序还有许多，包括会计、个人财务和项目管理应用程序。会计应用程序，如 Intuit QuickBooks 帮助公司记录和报告其财务操作。个人财务应用程序如 Quicken Starter Edition 帮助个人跟踪他们的个人财务和投资。像 Microsoft Project 这样的项目管理软件在商业领域广泛用于帮助协调和规划复杂的项目。

☑ 概念检查

■ 什么是桌面排版程序？图像编辑器？插图程序？视频编辑器？

■ 什么是视频游戏设计软件？

■ 什么是博客？网页制作软件？WYSIWYG？

3.5　移动应用程序

移动应用程序(mobile applications)是针对包括智能手机和平板计算机在内的各种移动设备的程序。有时简单地称为 App(应用程序),移动应用程序已经被广泛使用多年了。传统的应用程序包括通讯录、待办事项列表、闹钟和消息列表。随着智能手机、平板计算机和互联网无线连接的引入,移动应用程序已经爆炸式增长。现在,有许多的应用程序可用。

3.5.1　应用程序

智能手机和其他移动设备可用的移动应用程序的广度和范围都在不断扩大。仅苹果的 iPhone 手机就有超过 50 万个应用程序。其中,应用最广泛的程序用于听音乐、观看视频、社交、购物和玩游戏。

- 音乐。对许多人来说,他们的智能手机或平板计算机是他们听音乐的主要设备。移动应用程序 Pandora 提供免费的流媒体音乐,但是附有广告,定制的播放列表也是有限制的。Spotify 是另一种流媒体音乐服务,它需要每月付费,但可以直接选择想听的音乐,且没有广告。

- 视频。凭借更快的数据速度和更高的分辨率屏幕,智能手机和平板计算机正成为最受欢迎的观看电视节目、电影或视频剪辑的方式。YouTube 应用程序提供免费在线视频,如电影预告片和视频博客。Netflix 应用程序免费提供对更专业的视频的访问。

- 社交网络。移动应用程序非常适合在度假时分享照片,在你最喜欢的咖啡店"打卡",或者在最后一分钟的派对上发出邀请。Facebook 移动应用提供了 Facebook 网站的许多功能,还提供了利用移动设备的摄像头和 GPS 定位能力的附加功能。通过专注于分享照片,Instagram 应用提供了一种更专业、更艺术的风格。

- 购物。最近的一项民意调查得出的结论是,美国有一半以上的智能手机用户经常使用手机购物。通过扫描产品的条形码,购物应用程序搜索产品,并提供价格对比和产品评论。使用亚马逊的价格检查应用程序,用户所需要做的就是拍一张产品的照片。

- 游戏。智能手机和平板计算机上最受欢迎的活动之一就是玩游戏。其中一些游戏的基础部分是免费的,但包括嵌入应用程序的可选购买选项。例如,Crossy Road 游戏玩家可以帮助一个角色跨越障碍(道路、河流、草地和火车轨道),而不会受阻于诸如河流、树木、火车和汽车等障碍。玩家可以选择购买其他角色。有一些游戏是非常复杂的,也不是免费的。例如,Dragon Quest V 是一款流行的角色扮演游戏(RPG),玩家在这里创建自己的村庄,击退入侵者,并与数百万其他在线玩家结成联盟(参见图 3-13)。

图 3-13　Crossy Road 游戏

许多应用程序都是为特定类型的移动设备编写的,不能在其他类型的设备上运行。例如,为苹果 iPhone 设计的应用程序可能无法与谷歌的 Android 系统兼容。

环境

你知道使用移动设备和应用程序可以减少纸张的生产从而有利于环境吗? 很多应用程序可以让你阅读电子书籍和参考资料,否则就会用大量的纸张打印出来。此外,许多应用程序允许你写数字笔记,这样你就不用买纸质笔记本或记事本了。

3.5.2　App 商店

App 商店通常是提供访问特定移动应用程序的网站,这些应用程序可以象征性地收取费用或免费下载。其中两个最著名的 App 程序商店是苹果公司的 App Store 和 Google Play(参见图 3-14)。虽然大多数最知名的 App 商店专门为特定的移动设备系列提供应用程序,但其他不太知名的商店则为各种移动设备提供广泛的应用程序。有关一些使用广泛的 App 商店的列表,请参见图 3-15。

图 3-14　苹果公司应用程序商店

App商店	设备	网站
Apple App Store	苹果公司设备	www.apple.com/itunes/charts
Google Play	安卓设备	play.google.com/store/apps
Appszoom	安卓和苹果设备	www.appszoom.com

图 3-15　App 商店

隐私

　　你知道许多手机应用程序跟踪手机的地理位置吗？例如，iOS 的 Siri 和 Android 的 Google 现在使用智能手机的 GPS 跟踪位置，来定制与用户的互动。智能手机的位置被监视、存储，并可能用于各种不同的目的。隐私保护倡导者认为，许多人没有意识到，他们可能会以这种方式被跟踪，而且他们的活动可能会被记录下来，以便日后使用。App 开发人员认为，这样做的目的只是为了改善用户与智能手机的交互。你认为呢？

概念检查

- 什么是移动应用程序？它们用于什么？
- 描述两种类型的手机游戏应用程序。什么是 RFG？
- 什么是手机应用程序商店？它们用于什么？

3.6　套　装　软　件

　　软件套件是独立应用程序的集合，捆绑在一起并作为整体使用。常见的 4 种类型的套件是办公套件、云套件、专用套件和实用工具套件。

3.6.1　办公套件

　　办公套件，也称为办公软件套件和生产力套件，包含一般用途的应用程序，通常用于商业场合。办公套件通常包括文字处理器、电子表格、数据库管理器和演示文稿应用程序。最知名办公套件是 Microsoft Office。其他知名的还有 Apple iWork 和 OpenOffice。

3.6.2　云套件

　　云套件或在线办公套件存储在互联网上的服务器上，可在能够访问互联网的任何地方使用。使用在线应用程序创建的文档也可以在线存储，这样就可以方便地与其他人共享和协作文档。云应用程序的一个缺点是，无论何时你都要依赖服务器提供应用程序。正因如此，在使用在线应用程序时，重要的是要在计算机上备份文档，并有可用的桌面办公应用程序使用。流行的在线办公套件包括 Google docs、Zoho、Microsoft Office 365 和 Office for iPad，参见图 3-16。要了解更多关于使用最广泛的在线办公套件的信息，请参见 3.8 节"让 IT 为你所用：Google Docs"。

3.6.3　专用套件和实用工具套件

　　另外两种类型的套件应用范围更集中，它们是专用套件和实用工具套件。

- 专用套件侧重于特定的应用，包括像 CorelDRAW Graphics Suite X6 这样的图形套件，像 Moneytree Software 公司的 TOTAL Planning Suite 等财务规划套件。

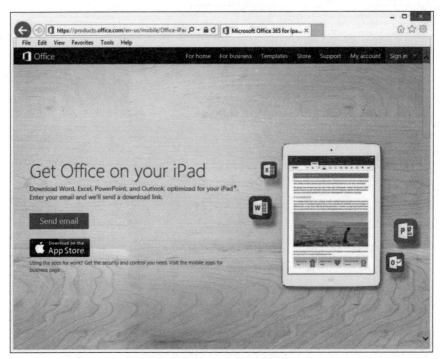

图 3-16　iPad 在线办公套件

- 实用工具套件包括旨在使计算变得更容易和更安全的各种程序。其中最著名的两个是 Norton SystemWorks 和 Norton Internet Security 套件。实用工具套件将在第 4 章中详细讨论。

☑ 概念检查

■ 软件套件是什么？购买套件有什么好处？

■ 传统办公套件与云套件或在线套件有什么不同？

■ 什么是专用套件？什么是实用工具套件？

3.7　IT 职业生涯

前面介绍了应用软件的相关知识，下面介绍软件工程师的职业生涯。

软件工程师分析用户的需求并创建应用软件。软件工程师通常有编程经验，但重点是使用数学和工程原理设计和开发程序。

大多数雇主都要求求职者具有计算机科学或信息系统的本科或专科学历，以及广泛的计算机和技术知识。实习可以为学生提供各种经历和体验，这些经验正是雇主所需要的软件工程师必要的经验。那些对网络应用有特殊经验的人可能比其他申请人更有优势。雇主通常会寻找具有良好沟通和分析能力的软件工程师。

软件工程师的年薪为 55 000～71 000 美元。起薪取决于经验和将要开发的软件类型。有经验的软件工程师也是许多其他 IT 领域高级职位的最佳人选。

3.8 让 IT 为你所用：Google Docs

你是否需要创建或与他人合作创建文档、演示文稿或电子表格吗？你需要在不同地点、不同计算机上访问文档吗？如果是这样，在线办公套件，如 Google Docs（谷歌文档）可能正是你所需要的。（请注意，Web 是不断变化的，下面给出的一些细节可能已经改变了。）

1. 创建文档

必须有一个免费的 Google 账户才能开始创建和共享文档。准备开始：

① 访问 docs.google.com 网站。如果你目前没有登录或没有 Google 账户，请单击 Sign in 登录按钮并按照相应的说明操作。

② 登录后，单击页面左上方的 Menu 按钮。选择 Docs 以查看现有的文字处理文档。

③ 单击页面右下角的 Create New Document 按钮（中间是白色的红色圆圈）。

④ 开始输入空白文档。你会注意到文档区域上方工具栏里有许多熟悉的按钮。

⑤ 单击左上角的 Untitled document（"未命名文档"）区域，系统将提示你输入文档的名称。

⑥ 关闭浏览器选项卡（或窗口）以关闭文档。

你可能已经注意到没有保存选项。这是因为当你工作的时候，文档会自动保存。

2. 共享文档

你创建的任何文档都可以与一个或多个人共享。这些人可以被授予只读访问权，或者可以允许他们编辑文档，甚至在你正在编写文档的同时他们也可以这样做。为了共享文档：

① 打开文档后，单击右上角的 Share（"共享"）按钮。

② 输入希望与你共享文档的人的电子邮件地址。

③ 在此文本框的右侧，选择这些个人对文档的权限。

④ 单击 Done（"完成"）按钮完成。

3.9 未来展望：下一代用户界面

你有没有在演示时，希望能与白板进行交互就像与计算机屏幕交互一样？能用配有不同类型笔的数字白板进行项目协作不是很好吗？传统的鼠标和键盘非常适合与计算机交互，但有时有更多的选项会更好。触摸屏和语音识别提供了新的界面方式。在未来，能够识别不同用户的更大的触摸屏将允许多个人在同一个屏幕上工作，而视频捕获技术的创新可能会让计算机离开桌面进入与人合一的领域。正像我们所展望的那样，技术已经制造了更好的界面，并将继续发展以改善我们的生活。

设计界面有几个挑战。第一个简单的事实是，个人有不同的喜好。一些人可能更喜欢通过短消息与朋友互动，而另一些人则更喜欢语音交流。因此，一个单一的界面是否会占据主导地位是值得怀疑的。第二个挑战是设计本质上要符合人体工程学；也就是说，使用时必须舒适。

由于平板计算机和智能手机都有触摸屏界面,许多人相信所有家庭和商业计算机最终都会拥有这种界面。在未来派电影中,人们用双手与一个大屏幕进行交互。这样的设置允许人们同时与多个物体进行交互。多点触摸、多手势屏幕的唯一问题是,长时间伸出手臂是不舒服的。意识到这一点,许多公司都在寻找大型的交互式表面,它们平放在桌面上就能执行同样的功能。微软公司已经开发了一款名为"像素感知"(PixelSense)的产品,它的作用就像一个大的、交互式的桌子。它对人与人之间的交互以及放在上面的物体都有反应。虽然成本阻碍它取代今天的台式机,但低头向下看给颈部所带来的压力也会阻止它长时间地使用。

PixelSense 的理想用途似乎是协作和团队合作的活动。语音识别是另一种已经可用的输入形式,但需要有很大的改进。计算机在执行特定的语音指令方面正变得越来越好,但它们无法参与日常会话或跟踪复杂的请求。人工智能领域的研究人员正在努力改进自然语言处理,以帮助计算机理解我们的写作和演讲。当它被完全开发出来后,你就可以像和别人说话一样,以相同的方式与你的计算机进行沟通。

摄像头和软件都变得足够复杂,以观察和解释我们的动作和手势。Xbox One 的 Kinect 系统能够利用身体运动与各种游戏和健身项目进行交互,包括分析和纠正瑜伽课中的动作姿势。为了与计算机沟通,麻省理工学院的研究人员也在使用摄像头来观察我们的手势和与我们交互的物体。计算机将来可能会与我们的情绪和表达方式变得很协调,使它们能够看到我们对当前操作的无奈,并采取各种纠正行动来缓解这种无奈。

计算机交互的下一步可能是所谓的"增强现实"。Microsoft HoloLens 提供了眼镜,你可以透过它看到东西,但也可以充当显示器,可以将文本和图像叠加到现实世界。通过全息透镜和复杂的身体跟踪相机,你的真实世界可能会充斥着虚拟助理、数字笔记和交互式操作手册。你将最喜欢使用哪种类型的界面?你认为触摸屏界面会取代键盘吗?你认为增强现实会成为未来的键盘和鼠标吗?

3.10 小 结

1. 应用软件

三类应用软件是通用应用软件、专用应用软件和移动应用软件。

(1) 用户界面

用户使用用户界面控制程序并与其交互。图形用户界面(GUI)使用由鼠标控制的指针选择的图标。窗口包含文档、程序或消息。配有传统 GUI 的软件程序有:

- 菜单——显示在菜单栏上的命令。
- 工具栏——包含快速访问常用命令的按钮。
- 对话框——提供附加信息或请求用户输入。

带有功能区 GUI 的软件程序有:

- 功能区——替换菜单和工具栏。
- 选项卡——将功能区划分为组。在需要时自动显示上下文选项卡。
- 图库——在选择选项之前以图形方式显示选项。

（2）常见的功能

常见的功能包括拼写检查、对齐、字体和字号、字符效果和编辑选项。

2. 通用应用程序

通用应用程序包括文字处理器、电子表格、演示图形和数据库管理系统。

（1）文字处理

文字处理器创建文本文档。个人和组织使用文字处理器创建备忘、信件和传真。组织还创建新闻简讯、手册和宣传册，向客户提供信息。Microsoft Word 是使用最广泛的文字处理程序。其他的还有 Apple Pages、Google Docs、Corel WordPerfect 和 OpenOffice writer。

（2）电子表格

电子表格组织、分析和绘制数值数据图表，如预算和财务报告。它们几乎被每个行业广泛使用。微软 Excel 是使用最广泛的电子表格程序。其他的还有 Apple Numbers、Corel Quattro Pro、Google Sheets 和 OpenOffice Calc。

为了高效有效地使用计算机，你需要了解通用应用软件和专用应用软件的功能。此外，你还需要了解移动应用程序和软件套件。

（3）演示图形

演示图形是将各种视觉对象组合在一起，以创造有吸引力的、视觉上令人感兴趣的演示文稿。它们是传达信息和说服人们的优秀工具。在各种环境和情况下，人们使用演示图形程序来使演示文稿更加有趣和专业。6 个使用最广泛的演示图形程序是 Microsoft Power Point、Apple Keynote、Google Slides、Corel Presentions、OpenOffice Impress 和 Prezi。

（4）数据库管理系统

数据库是相关数据的集合。数据库管理系统（DBMS）或数据库管理器是一种构建数据库的程序。它提供了从数据库中输入、编辑和检索数据的工具。一个组织使用数据库的目的是多方面的，包括维护员工的记录。为个人计算机设计的 4 种广泛使用的数据库管理系统是 Microsoft Access、Apple FilelMaker、Google Obvibase 和 OpenOffice Basic。

3. 专用应用程序

专用应用程序广泛应用于特定行业。它们包括图形程序、视频游戏设计软件和网页制作程序。

（1）图形程序

图形程序由艺术专业人员使用。

- 桌面排版程序（页面布局程序）混合文字和图形创建具有专业质量的出版物。
- 图像编辑器（照片编辑器）编辑由数千个点或像素组成的数字照片，形成位图或光栅图像。
- 插图程序（绘图程序）创建和编辑矢量图像。矢量图像（矢量插图）使用几何形状。
- 视频编辑器编辑视频以提高质量和外观。

（2）视频游戏设计软件

视频游戏设计软件帮助用户思考，引导用户完成游戏设计过程，包括角色开发和环境设计。

（3）网页制作程序

网络制作是创建网站的过程。个人创建名为博客的在线日记。网页制作程序（网页编辑器，HTML 编辑器）创建复杂的商业网站。有些是 WYSIWYG（所见即所得）编辑器。

4. 移动应用程序

移动应用程序（App）是针对各种移动设备的附加程序。传统应用程序包括通讯录、待办事项列表、闹钟和消息列表。近来，移动设备的能力出现了爆炸性增长。

（1）App

流行的应用程序包括音乐、视频、社交网络、购物和游戏软件。

- Pandora 和 Spotify 提供流行音乐应用程序。
- YouTube 和 Netflix 提供流媒体视频应用程序。
- Facebook 和 Instagram 提供社交网络应用程序。
- Crossy Road 和 Dragon Quest V 是流行的游戏应用。Crossy Road 包括嵌入式可购买的选项，这种选项包括购买其他角色的能力。Dragon Quest V 是一个角色扮演游戏（RPG），玩家创建自己的村庄，对抗入侵者，并与数百万在线玩家结成联盟。

（2）App 商店

App 商店通常是提供访问特定 App 的网站，这些 App 象征性地收取费用或免费下载。最著名的两家商店是苹果公司的 App Store 和谷歌公司的 Google Play。大多数知名 App 商店专门为特定的移动设备系列提供应用程序，而其他不太知名的商店则为各种各样的移动设备提供 App。

5. 套装软件

套装软件是整体销售的单个应用程序包集合。

- 办公套件（办公软件套件或生产力套件）包含专业级别的应用程序。
- 云套件（在线办公套件）存储在服务器上，可通过互联网获得。
- 专用套件侧重丁特定的应用程序，如图形程序。
- 实用工具套件包括各种旨在使计算更容易和更安全的程序。

6. IT 职业生涯

软件工程师分析用户的需求并创建应用软件。他们要求具有计算机科学或信息系统本科或专科学历，以及计算机和技术方面的广泛知识。年薪为 55 000 美元至 71 000 美元。

3.11　专　业　术　语

App 商店（app store）

按钮（button）

办公软件套件（office software suite）

办公套件（office suite）

博客（blog）

菜单（menu）

菜单栏（menu bar）

插图程序，绘图程序（illustration program）

超文本标记语言编辑软件（HTML editor）

窗口（window）

带状功能区（ribbon）

带状图形用户界面（Ribbon GUI）

电子表格（spreadsheet）

对话框（dialog box）

工具栏（toolbar）

工具套件（utility suite）

功能区（ribbon）

光栅（raster）

绘图程序（drawing program）

角色扮演游戏（role playing game，RPG）

排版软件（page layout program）

软件工程师（software engineer）

软件套件（software suite）

上下文选项卡（contextual tab）

生产力套件（productivity suite）

矢量插图（vector illustration）

矢量图像（vector image）

视频编辑器，视频编辑软件（video editor）

视频游戏设计软件（video game design software）

数据库（database）

数据库管理器（database manager）

数据库管理系统（database management system，DBMS）

所见即所得编辑软件（WYSIWYG（what you see is what you get）editor）

通用应用程序（general-purpose application）

图标（icon）

图片库（gallery）

图像编辑软件（image editor）

图形用户界面（graphical user interface，GUI）

网页编辑软件（Web page editor）

网页制作（Web authoring）

网页制作程序（Web authoring program）

位图（bitmap）

文档（document）

文字处理器（word processor）

系统软件（system software）

像素（pixel）

选项卡，标签（tab）

演示图形（presentation graphics）

移动应用程序（app）

移动应用程序，手机应用程序（mobile app）

移动应用程序，手机应用程序（mobile application）

应用程序（application software）

用户界面（user interface）

云套件（cloud suite）

在线办公套件（online office suite）

照片编辑器（photo editor）

指针（pointer）

专用软件套件（specialized suite）

专用应用程序（specialized application）

桌面排版程序（desktop publishing program）

组（group）

3.12　习　　题

一、选择题

圈出正确答案的字母。

1. 这类软件与终端用户、应用软件和计算机硬件一起处理大部分技术细节。

　　a. 应用软件　　　　b. 专用软件　　　　c. 系统软件　　　　d. 工具软件

2. 可以包含文档、程序或消息的矩形区域。

　　a. 对话框　　　　b. 表单　　　　c. 框架　　　　d. 窗口

3. 创建基于文本文档的程序。

　　a. 数据库管理系统　　b. 套件　　　　c. 电子表格　　　　d. 文字处理器

4. 组织、分析和绘制数值数据图表(如预算和财务报告)的程序。

    a. 数据库管理系统　　b. 套件　　　　　　　c. 电子表格　　　　d. 文字处理器

5. 利用这种程序的图文混排功能来创建有专业质量的出版物。

    a. 数据库　　　　　　b. 桌面排版系统　　　c. 演示文稿　　　　d. 活力

6. 由几何图形组成的图像类型。

    a. 位图　　　　　　　b. 光栅　　　　　　　c. 功能区　　　　　d. 矢量图

7. 网上的日记或评论。

    a. 位图　　　　　　　b. 博客　　　　　　　c. 超文本标记语言　d. 矢量图

8. 组合各种视听对象来创建有吸引力的、看上去很有趣的演示的程序。

    a. 数据库管理系统　　b. 演示图形　　　　　c. 电子表格　　　　d. 文字处理器

9. 通常用于创建复杂的商业网站的程序。

    a. 游戏设计程序　　　b. 绘图程序　　　　　c. 视频编辑器　　　d. 网页制作程序

10. 也被称为在线套件。

    a. 云套件　　　　　　b. 集成的套件　　　　c. 办公套件　　　　d. 实用套件

二、匹配题

将左侧以字母编号的术语与右侧以数字编号的解释按照相关性进行匹配,把答案写在画线的空格处。

a. 按钮

b. 云

c. 数据库

d. 图库

e. 图像编辑器

f. 像素

g. 电子表格

h. 商店

i. 实用工具

j. 文字处理器

____ 1. 工具栏通常出现在菜单栏下面,包括称为小图形的元素(　　　)。

____ 2. 通过在选择之前图形化地显示可选方案,简化了从可选方案列表中进行选择的过程。

____ 3. 创建基于文本文档的通用程序。

____ 4. 组织、分析和绘制数值数据图表的程序

____ 5. 相关数据的集合。

____ 6. 也称为照片编辑器,这个专门的图形程序编辑或修改数字照片。

____ 7. 图像编辑器创建的图像由成千上万个称为(　　　)的点组成。

____ 8. 提供访问专门移动应用程序的网站称为移动应用程序(　　　)。

____ 9. 一种套件类型,它存储在互联网的服务器上,并且在任何用户能上网的地方都可以获得。

____ 10. 一种专用的套件,包括各种各样的程序,旨在使计算更容易和更安全。

三、开放式问题

回答下列问题。

1. 解释通用应用程序与专用应用程序的区别,并讨论应用程序的共同特性,包括具有传统图形用户界面和带有功能区的图形用户界面的应用程序。

2. 讨论通用应用程序,包括文字处理器、电子表格、数据库管理系统和演示图形。

3. 讨论专业应用程序,包括图形程序、视频游戏设计软件、网页创作程序和其他专业应用程序。

4. 描述移动应用程序,包括流行的应用程序和应用商店。

5. 描述软件套件,包括办公套件、云套件、专业套件和实用套件。

四、讨论

1. 让 IT 为你所用：谷歌文档

你是否愿意尝试传统办公软件套件的免费替代方案? 请回顾 3.8 节"让 IT 为你所用:Google Docs"的内容,然后回答如下问题。①你目前是否使用 Google Docs? 如果是,你通常创建哪些类型的文档? 如果没有,请列出 Google Docs 可以提供的一些好处。②你是否与他人共享文档或与他人协作? 你是如何创建的? 如果你使用过,请描述如何共享文档。③使用搜索引擎或自己的研究,列出 Google Docs 和 Microsoft Office Web 应用程序之间的一些差异。你喜欢哪一个? 为什么?

2. 隐私：智能手机跟踪

如果你有一部智能手机,那么你的行踪很可能会被记录下来并存储起来。查看第 65 页的"隐私"专题,然后回答如下问题。①你认为智能手机跟踪侵犯了你的隐私吗? 如果你认为侵犯了隐私,那么哪些是可以做的? 如果你认为没有侵犯隐私,请解释你的观点。②一家跟踪你的行踪的公司是否有权向其他公司出售这些信息? 如果公司出售你的位置信息,但不透露你的身份,你的意见会改变吗? 请说明并阐述你的观点。③政府是否有权传唤应用程序制造商提供全球定位系统信息? 为什么可以或为什么不可以? ④在什么情况下,公司向政府或另一家公司披露位置数据是可以接受或合理的? 如果有,举几个例子。

3. 伦理：图像编辑

各种图像和视频编辑软件的应用使得专业人员和业余爱好者都容易改变照片和视频。有些图像或视频的编辑在使用不当时会引起道德上的问题。复习第 61 页的"伦理"专题。有些数字照片或视频的编辑已经引起了争议,对这些实例进行研究,然后回答如下问题。①你看到与改变照片或视频相关的道德问题吗? ②你认为在可接受的编辑和欺骗性或误导性的做法之间的界限是什么? ③这种编辑如何影响经常提供视觉证据的法庭? ④你是否觉得老一套的"眼见为实"需要在数字时代重新考虑? 阐明你的观点。

4. 环境：移动应用程序

你知道使用移动设备和应用程序对环境有好处吗? 回顾第 64 页的"环境"专题,然后回答如下问题。①移动设备对环境有什么帮助? ②你目前有没有在移动设备读过书? 如果有,列出几本最近阅读的书籍。如果你没有,说出三本可以获得电子书的传统教科书。③列出并简要描述三个允许你在移动设备上做笔记的移动应用程序。如果你没有移动设备,研究这些应用程序是否适合任何移动操作系统。④移动设备真的可能对环境不利吗? 请给出你的观点。

第4章 系统软件

为什么阅读本章

不远的将来,计算机就像我们身体的免疫系统一样,可以自动诊断、修复自身问题。然而现在,我们的电子产品仍存在病毒危害和软件故障的风险。

本章涵盖了为保护计算机和数据以及应对未来所需要了解的知识,包括:

- 桌面操作系统——了解操作系统如何控制、保护台式机和笔记本计算机。
- 移动操作系统——了解控制平板计算机和手机的移动操作系统主要特性。
- 实用工具软件——保护计算机免受病毒感染并执行重要的维护任务。

学习目标

在阅读本章之后,读者应该能够:

① 描述系统软件和应用软件之间的区别。

② 识别 4 类系统软件程序。

③ 解释操作系统的基本功能、特征和分类。

④ 比较不同的移动操作系统,包括 iOS、安卓(Android)和 Windows Phone。

⑤ 比较桌面操作系统,包括 Windows、Mac OS、UNIX、Linux 和虚拟化。

⑥ 解释实用工具软件和实用工具软件套件。

⑦ 识别 4 个最基本的实用工具软件。

⑧ 描述 Windows 实用工具软件。

4.1 引　　言

大部分人一想到计算机,就会想到上网冲浪、撰写论文、给朋友发邮件、在线聊天、制作演示文稿,还有很多其他有价值的应用。我们通常会考虑应用程序和应用软件。计算机及其应用程序已经成为我们每天密不可分的一部分。我们都会认同只要计算机正常工作,它的确是一个非常不错的工具。

平常的计算机活动包括加载及运行程序,协调能够共享资源的计算机网络,组织文件,保护计算机远离病毒危害,执行周期性维护以避免计算机出现性能问题,控制硬件设备确保用户间可以相互通信。我们通常不会考虑这些活动的幕后原理,这些活动通常不需要人为协调而在后台持续运行。

它就会这样一直运行下去,这就是计算机的工作方式,只要一切都完美运行。但是,如果新的应用软件与现有计算机系统不兼容无法正常运行怎么办? 如果计算机感染了病毒怎么办? 如果我们的硬盘不工作了怎么办? 如果我们买了一台新的数码相机却在我们的计算机系统上不能存储,也不能编辑图片怎么办? 如果计算机开始运行速度越来越慢,我们又该怎么办?

这些问题看起来很平常,但是却非常重要。本章包含了在计算机后台运行的许多重要活动。对这些活动有所了解可以使人们应用计算机的生活变得更简单。为了高效地使用计算机,需要了解系统软件的功能,包括操作系统、实用工具程序和设备驱动程序。

4.2   系统软件概述

终端用户使用应用软件去实现具体的任务。例如,我们使用文字处理软件创建邮件、文档和报告。当然终端用户也使用系统软件。系统软件与终端用户、应用软件和计算机硬件一起处理大部分技术细节。例如,系统软件控制文字处理软件存储在存储器中的位置;控制指令如何进行转换以便系统单元能够对它们进行处理;控制一份完整的文档或文件被存储在什么地方。参见图 4-1。

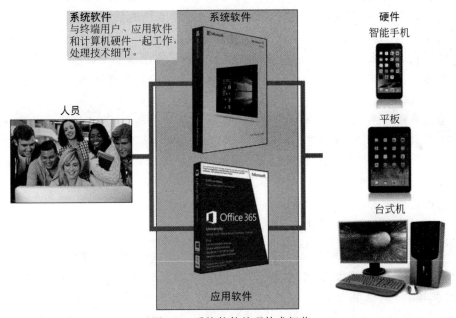

图 4-1   系统软件处理技术细节

系统软件不是单一的程序,而是一个软件集合或者软件系统。系统软件处理数百个技术细节,其中很少或根本不需要用户干预。系统软件包括 4 类软件:

- **操作系统**,协调计算机资源,在用户和计算机之间提供一个界面,运行应用软件。
- **实用工具软件**,执行与管理计算机资源相关的特定任务。
- **设备驱动**,是专门的软件,允许指定的输入输出设备与计算机系统的其余部件进行通信。
- **语言翻译器**,将程序员撰写的程序指令转换为计算机可以理解和处理的语言。

4.3 操作系统

操作系统是程序的集合,用于处理许多与使用计算机相关的技术细节。在很多方面,操作系统是计算机程序中最重要的一类程序。没有一个运行良好的操作系统,计算机将毫无用处。

4.3.1 功能

每台计算机都有一个操作系统,操作系统执行多种功能。这些功能可以分成以下三类。

- **资源管理**:操作系统协调所有的计算机资源,包括内存、处理器、辅助存储器和诸如打印机和显示器等外部设备。它们还监控系统性能、调度任务、提供安全保障,并启动计算机。
- **提供用户界面**:操作系统允许用户通过用户界面与应用程序和计算机硬件进行交互。初期,操作系统使用字符界面,用户与操作系统通信要通过输入的命令,例如"copy A:report.txt C:"。现在,大部分的操作系统使用图形用户界面(GUI)。就如同我们在第3章中讨论的一样,图形用户界面使用诸如图标和窗口等图形元素。很多操作系统的一个新特性就是语音识别。这允许用户使用语音命令与计算机进行交互。
- **运行应用程序**:操作系统加载并运行诸如文字处理器、电子表格之类的应用程序。大多数操作系统支持多任务处理,或者能够切换使用存储在内存中的不同应用程序。利用多任务处理能力,可以同时运行 Word 软件和 Excel 软件,并在两个应用程序之间轻松切换。当前正在处理的程序被描述为在前台运行;其他程序或程序集在后台运行。

环境

你知道操作系统对环境有保护作用吗?微软最新款的 Windows 操作系统版本有很多电源管理特性,这些特性可以减少能源消耗。例如,一段时间没有使用计算机,Windows 操作系统会将屏幕变暗,把计算机设定为休眠模式。来自于美国环境保护署的"能源之星"项目估计这些特性可以使每台计算机每年节省高达 50 美元的电费,同时也将有助于减少影响环境的碳排放量。

4.3.2 特征

启动或重启计算机被称为启动系统。有两种方式启动计算机:热启动和冷启动。当计算机已经启动,不需要断开电源重新启动,这就是热启动。热启动能够以很多种方式完成。对于很多计算机系统,可以通过按一系列键重新启动。启动已经关掉电源的计算机称为冷启动。

人们通常可以通过图形用户界面与操作系统进行交互。大部分的操作系统提供一个称

为桌面的地方来访问计算机资源,参见图 4-2。大部分操作系统和应用程序有一些共同的重要特征,包括:

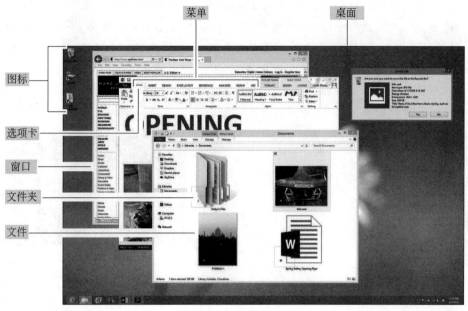

图 4-2　桌面

- **图标**——针对程序、文件类型或功能的图形化表示。
- **指针**——指针由鼠标、触控板或者触摸屏控制,依据当前功能而改变形状。例如,当指针的形状像一个箭头时,指针可以选择项目,如图标。
- **窗口**——长方形区域,用于显示信息和运行程序。
- **菜单**——提供可选择的选项或命令列表。
- **选项卡**——将菜单分成几个区域,如格式和页面布局。
- **对话框**——通常用来提供信息或请求输入。
- **帮助**——为操作系统和程序提供线上协助功能。
- **手势控制**——能够通过手指移动控制操作,例如刷、滑动和捏操作。

大多数办公室都有档案柜,在档案柜的文件夹里可以存放重要的文件。类似地,大部分操作系统在文件系统和文件夹里存储数据和程序。文件用于存储数据和程序。相关文件被存储在一个文件夹里,为了便于管理,一个文件夹可以包括其他文件夹,即子文件夹。例如,可以在硬盘上的 Documents 文件夹中组织电子文件。这个文件夹可以包括其他文件夹。每个文件夹的命名能够表明它的内容。一个文件夹可以是"计算机课",里面包括了所有已经创建或将要创建的关于这门课程的文件。

4.3.3　类别

尽管有数百种不同的操作系统,但操作系统可以分为三种基本类型:嵌入式操作系统、单机操作系统和网络操作系统。

- **嵌入式操作系统**,也被称为实时操作系统(简称 RTOS),被完整地存储(或嵌入)在一个设备中。它们控制智能手机、智能手表、视频游戏系统以及数以千计的其他小型电子设备。嵌入式操作系统通常为特定应用而设计,在物联网的发展过程中,嵌入式操作系统是必不可少的。如第 1 章所述,在物联网环境下,许多日常设备都能够彼此通信。例如,Watch 操作系统由苹果公司为 Apple Watch 智能手表专门研发的(参见图 4-3),Pebble 操作系统是 Pebble 公司专门为 Pebble 智能手表开发的。

- **单机操作系统**,也被称为桌面操作系统,控制台式机或笔记本计算机(参见图 4-4)。这些操作系统被安装在计算机硬盘上。通常台式机和笔记本计算机是网络的一部分。在这种情况下,台式机操作系统与网络一起共享和协调资源。

图 4-3　嵌入式操作系统控制智能手表　　　图 4-4　笔记本计算机使用单机操作系统

- **网络操作系统**(NOS)用于控制和协调联网的或彼此连接在一起的计算机。很多网络是小型的,仅仅将有限数量的个人计算机连接在一起。另外,类似在学院和大学里,会有很多复杂的大型网络。这些网络可能包括其他更小的网络,通常连接各种不同类型的计算机。

  网络操作系统通常被安装在一个连接网络上的计算机硬盘上。这台计算机称为网络服务器,负责协调其他计算机之间的所有通信。流行的网络操作系统有 Linux、Window Server 和 UNIX。

操作系统通常被称为软件环境或软件平台。几乎所有的应用程序都设计成能在特定的平台上运行。例如,苹果公司的 iMovie 软件就是为在 Mac OS 环境下运行而设计的。然而,许多应用程序都有不同的版本,每个版本都针对特定的平台进行设计。例如,Microsoft Office 的一个版本是为 Windows 操作系统设计的,另一个版本是为 Mac 操作系统设计的。

☑ 概念检查

- 什么是系统软件? 系统软件程序有哪四种?
- 什么是操作系统? 讨论操作系统的功能和特征。
- 分别描述操作系统的三种类别。

4.4　移动操作系统

移动操作系统是一种嵌入式操作系统。移动计算机包括智能手机、平板计算机和可穿戴计算机,与其他计算机系统一样,移动计算机也需要操作系统。相对而言,移动操作系统并不复杂,更适合于无线通信。

在众多移动操作系统中最著名的是 Android(安卓)、iOS 和 Windows Phone。

- **Android**，于 2007 年推出。原创于安卓公司，后来被谷歌公司收购。Android 系统被广泛地应用于今天众多的智能手机上。
- **iOS**，以前称为 iPhone OS，最初是由苹果公司在 2007 年开发的。它基于 Mac 操作系统，应用在苹果的 iPad 和 iPhone 平台上(参见图 4-5)。
- Windows Phone 8 由微软公司在 2012 年推出，支持很多移动设备，包括智能手机。在 2015 年微软公司推出了全新移动操作系统，称作 Windows 10 Mobile，是 Windows Phone 的替代产品。它能够运行许多为台式机和笔记本计算机设计的功能强大的程序。

图 4-5　苹果公司的产品 iPad 和 iPhone 使用 iOS 移动操作系统

在上一章里，我们讨论过不是所有的移动应用都能够运行在智能手机里。那是因为应用软件被设计成在一个特定的软件平台或者操作系统上才可以运行。下载应用程序之前，请确保该应用程序适合在所用设备的移动操作系统上运行。

☑ 概念检查

- 什么是移动操作系统？
- 列出使用广泛的移动操作系统名称。
- 哪款移动操作系统可以在 iPhone 中运行？哪款移动操作系统是由微软公司研发的？

4.5　桌面操作系统

每台计算机都有控制其操作的一款操作系统。被广泛使用桌面操作系统的是 Windows、Mac、UNIX 和 Linux。

4.5.1　Windows 操作系统

微软的 Windows 是使用最广泛的个人计算机操作系统。因为这款操作系统占据很大的市场份额，更多的应用程序被研发出来，运行在 Windows 操作系统上，而不是其他操作系统上。Windows 有多种不同的版本，被设计用于运行在各种不同的微处理器上。

两个最新版本是 Windows 8 和 Windows 10。

- Windows 8 于 2012 年发布，目的在于更好地整合微软桌面操作系统及其移动操作系统(参见图 4-6)。它提供了对手势、云端整合和移动应用程序的支持。Windows 8 同样推出了一个全新的界面，这种界面与微软公司推出的移动操作系统 Windows Phone 的界面非常相似，与传统的 Windows 界面相比，这是一个巨大的转变。Windows 8 提供了一个由图块组成的"开始"屏幕。每一个图块都显示链接到应用程序的活动内容。类似于传统的 Windows 桌面,它可以通过多种方式访问。Windows RT 是 Windows 8 的一种版本,在采用 ARM 公司生产的特定微处理器平板计算机上运行。

- Windows 10 于 2015 年发布(参见图 4-7)。它整合了 Windows 的桌面和移动两种操作系统。与之前的 Windows 版本不同,Windows 10 可以运行在所有微软公司出品的设备上,包括台式机、平板计算机和智能手机。这种整合给桌面操作系统带来了一些移动操作系统的功能创新。包括微软小娜数字助理 Cortana,可以通过文本或语音接受命令;Windows App 移动应用程序,诸如办公软件 Office,可以运行在台式机、平板计算机和智能手机上;其他创新包括改进游戏 Xbox 的体验环境,全新的网络浏览器,支持增强现实工具 Microsoft HoloLens。

图 4-6　Windows 8 操作系统

图 4-7　Windows 10 操作系统

 隐私

　　如果笔记本计算机或智能手机被盗,什么信息会被偷走呢?如果你使用笔记本计算机工作或者在线购物、检查银行收支以及查阅电子邮箱,小偷可能已经获取了你的信用卡信息、银行账号以及个人邮件的内容。笔记本计算机或者智能手机应该在系统启动的时候,设置一个密码或者加密代码。即便在设备丢失或失窃的情况下,这样做也可以保护私人信息不会被泄露。

4.5.2　Mac 操作系统

　　自从在 1984 年推出了麦金塔(简称 Mac)个人计算机以来,苹果公司一直是开发强大和易用的个人计算机操作系统的领导者。由于只能运行在苹果公司的产品上,Mac 操作系统不像 Windows 操作系统应用广泛。因此,为它编写的应用程序更少。然而,随着苹果计算机销售业绩的大幅度增长,Mac 操作系统使用数量的快速增加,它已成为最具创新意识的操作系统之一。

　　Mac OS X 是使用最广泛的苹果桌面操作系统。它的两个最新版本是:

- OS X Mavericks,于 2013 年发布,进行了很多改进。包括可以让笔记本计算机电池供电时间更长更好的电源管理,为多个显示器设置增强工作流选项,以及更好地与云计算整合。

- OS X Yosemite,于 2014 年发布(参见图 4-8)。提供了一种全新的用户界面,类似 iOS 界面。其创新包括:更好的使用苹果云 iCloud 存储服务,与苹果移动设备更好的兼容性。这种兼容性包括发送和接收来自苹果台式机的文本信息和电话的能力,以及在一台设备上启动电子邮件和电子表格并在另一台设备上完成的能力。

图 4-8   mac OS X Yosemite 操作系统

4.5.3 UNIX 和 Linux 操作系统

UNIX 操作系统最初是在 20 世纪 60 年代末设计的,运行在网络环境下的小型机上。多年以来,UNIX 操作系统已经进化出很多版本。目前,它广泛应用于网络服务器、大型机、功能强大的个人计算机上。有大量不同版本的 UNIX 操作系统。

Linux 是 UNIX 扩展版本之一的操作系统。它最初是由赫尔辛基大学的一名研究生 Linus Torvals 在 1991 年设计而成的。他免费发布了 Linux 操作系统代码,鼓励其他人修改和进一步开发 Linux 代码。以这种形式发布的程序称为开源。Linux 操作系统是一款流行并且功能强大的 Windows 操作系统替代方案(参见图 4-9)。Linux 操作系统已经成为很多操作系统的基础组件。例如,谷歌公司提出的 Chrome 操作系统就是基于 Linux 操作系统开发的。

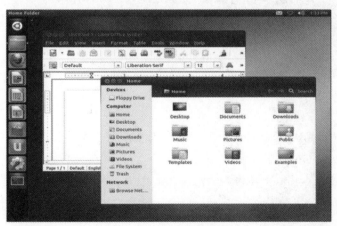

图 4-9   Linux 操作系统

整合了网络服务器的 Chrome 操作系统,可以运行应用程序,可以执行其他传统操作系统功能。这种能力使得 Chrome 操作系统成为廉价笔记本计算机的主流选择,这种笔记本计算机可以使用云计算和云存储来处理业务,而这些业务原本是要求更昂贵的硬件才可以完成的。但是使用 Chrome 操作系统的计算机会受到一些限制,他们的工作效率依赖于连接互联网的速度。

4.5.4　虚拟化

就像之前我们已经讨论过,应用程序被设计运行在特定的操作系统上。如果你想运行两个或更多的应用程序,而每个程序又运行在不同的操作系统上,这怎么办?一个解决方案是在不同的机器上安装不同的操作系统。然而,还有一个方案就是在一台机器支持多个操作系统,这些操作系统都是独立工作的。这种方法被称为虚拟化。

当一台计算机运行一个称为"虚拟化软件"的特殊程序时,它的运行状态就好像是两台或更多台独立的计算机,我们称之为虚拟机。每一台虚拟机对于用户来说都是具有自身操作系统的单个独立的计算机。实体机上安装的操作系统称为主操作系统。每台虚拟机上的操作系统称为客操作系统。用户可以实现在虚拟机及其上面运行程序之间的随意转换。有一些程序可以创建和运行虚拟机。其中有一款程序 Parallels 允许在 Mac 机的 OS X 操作系统上运行 Windows 程序,参见图 4-10。

图 4-10　苹果 OS X Yosemite 在虚拟机上运行微软操作系统 Windows 10

☑ 概念检查

● 什么是 Windows 操作系统?Windows 两个最新版本是什么?

● 什么是 Mac OS 操作系统?Mavericks 和 Yosemite 是什么?

● 什么是 UNIX、Linux 操作系统?什么是 Chrome 操作系统?

4.6　实 用 工 具

理想情况下,个人计算机可以没有任何故障地持续运行。然而,情况并非如此。所有事情都有可能发生:内部硬盘可能崩溃,计算机可能死机,操作可能变慢,等等。这些事情都可能会使计算速度变得令人难以接受。因此实用工具程序就出现了。实用工具程序是保证使用计算机更容易的特殊程序。有数以百计的不同实用工具程序,最基本的实用工具程序包括:

- **故障排除**或**诊断工具程序**,理想情况就是在事情变糟之前就能够发现并排除故障。学习更多关于故障诊断软件的内容,请参看下一节"让 IT 为你所用:Mac OS X 操作系统的活动监视器"。
- **防病毒软件**,可以保护计算机系统不受病毒或其他破坏性程序入侵。流行的防病毒软件包括诺顿杀毒软件 Norton AntiVirus 和 Webroot SecureAnywhere AntiVirus 防毒软件。
- **备份程序**,防止源文件丢失或破损而采用复制文件的方式。Windows 10 系统自带一款免费的备份程序,文件历史工具 File History;Mac OS X 有一项备份功能称为时间机器 Time Machine。
- **文件压缩程序**,减少文件大小,可以占用比较少的存储空间,也可以提高在互联网上传输的效率。打开一份.zip 文件时,大部分的操作系统都具备自动解压文件的功能。

大部分操作系统提供一些实用工具程序。更强大的实用工具程序可以单独购买或按工具套件购买。

4.6.1　Windows 实用工具

Windows 操作系统附带了一些实用工具程序,包括文件历史(File History)、磁盘清理(Disk Cleanup)、磁盘碎片整理(Disk Defragmenter)程序。

1. 文件历史

文件历史是一个安装在 Windows 10 系统中的实用程序,它可以复制所有库、联系人、收藏夹和桌面上的文件。它可以保护计算机免受磁盘故障的影响。例如,从 Windows 10 系统中你可以选择"文件历史",在安全窗口为硬盘创建一个备份,参见图 4-11。

- 单击窗口左下方的 Windows 图标,输入 Control Panel(控制面板),选择 Control Panel。
- 在"控制面板"窗口中,选择 Systems and Security(系统和安全),单击 File History(文件历史)。
- 选择备份的位置。
- 单击 Turn on 打开按钮。

2. 磁盘清理

当你上网冲浪时,各种程序和文件存储在硬盘上。这里面有很多文件是不重要的。磁

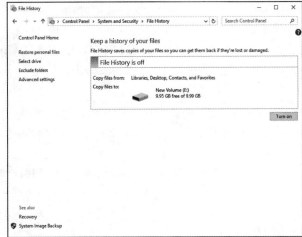

图 4-11　文件历史实用工具程序

盘清理是故障诊断的实用工具,用以识别和清除不重要的文件。目的在于释放宝贵的磁盘空间以提高系统性能。

例如,通过在 Windows 10 搜索结果中运行"磁盘清理"功能,进行磁盘清理,可以消除硬盘上不需要的文件,参见图 4-12。

- 单击屏幕左下方的 Windows 图标,输入 disk cleanup(磁盘清理),选择 Disk Cleanup。
- 查看建议进行清理的文件,然后单击 OK 按钮。
- 通过单击 Delete Files 确认删除文件,永久删除这些文件。

3. 磁盘碎片整理

正如同我们将在第 7 章里详细讨论的一样,文件是根据磁道和扇区来存储和组织在磁盘上的。一个磁道是一组同心环。每条磁道划分的楔形区域为扇区(参见图 4-13)。操作系统试图把文件保存在跨扇区的单一磁道上。然而,这是不可能的,文件不得不被分解成小碎片,即碎片化,存储在可利用的任何一处空间里。当一个文件被检索时,文件从碎片中重建。在一段时间后,硬盘碎片化更加严重,操作变得更慢。

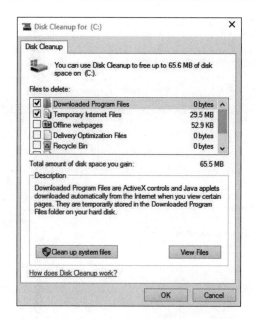

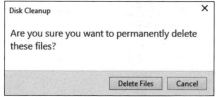

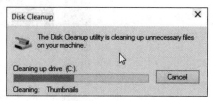

图 4-12　磁盘清理实用工具

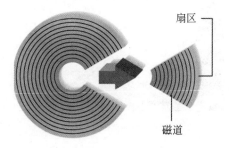

图 4-13　磁道和扇区

　　"优化驱动器(Optimize Drives)"是一个实用程序,实现查找及清除不必要的碎片,重新安排文件以及磁盘空间的优化操作。例如,通过从 Windows 10 搜索结果中,选择"优化驱动器"可以对硬盘进行碎片化整理,参见图 4-14。

- 单击在屏幕左下角的 Windows 图标,输入 Defragment(碎片整理)。
- 从搜索结果里,选择 Defragment and optimize your drives(碎片整理与优化驱动器)。
- 在 Optimize Drives(优化驱动器)窗口中的 Status(状态)部分,选择要进行磁盘碎片整理的驱动器。
- 单击 Optimize(优化)按钮,对高亮突出显示的驱动器进行磁盘碎片整理。
- 在驱动器完成磁盘碎片整理后,查看报告或关闭窗口。

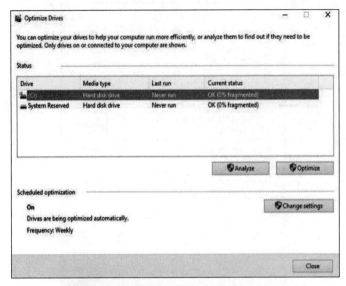

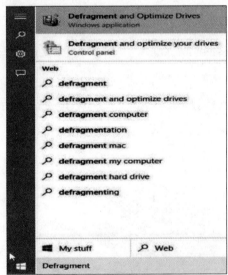

图 4-14　优化驱动器实用工具

伦理

　　每个人都会担心感染计算机病毒,因为病毒会损坏或销毁文件。一些人认为软件开发商可能会利用这种恐惧心理发送出误导性或虚假性的病毒警报。一篇报道曾揭露过一个骗局:用户被鼓励下载免费的病毒检测软件。这种免费下载实际上是在用户计算机上安装了病毒,然后执行虚假的扫描、查找病毒,最后提供付费移除病毒服务。显然,这是不道德的行为,更不用说违法了。你与合法的杀毒软件制造商如何保护自身免受病毒以及不道德的软件开发商的伤害呢?

4.6.2　实用工具套件

　　就像应用软件套件一样，实用工具套件将多个程序整合成一个软件包。购买软件套件的价钱比分别购买其中软件的价钱要便宜很多。有一些知名实用工具套件软件，例如BitDefender、Kaspersky 和 Norton（参见图 4-15）。这些软件套件提供了各种实用工具。一些程序提升了硬盘效率，同时其他程序将保护系统远离病毒的危害。让计算机"感染"病毒的方式有很多，包括打开电子邮件的附件，以及从互联网上下载软件（我们将在第 9 章里讨论计算机病毒的细节）。

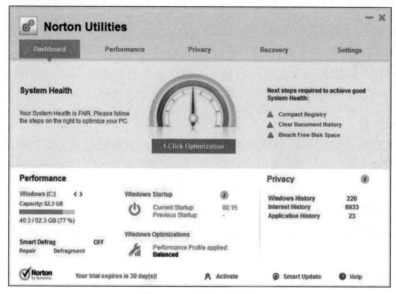

图 4-15　实用工具套件

📋 概念检查

⬛ 讨论 4 种基本的实用工具。

⬛ 描述文件历史实用程序、磁盘清理实用程序和优化驱动器实用程序的功能。

⬛ 实用工具软件和实用工具套件之间有什么不同呢？

4.7　让 IT 为你所用：Mac OS X 操作系统的活动监视器

　　是否有过这样的经历：当一个软件停止工作而不响应你的时候？计算机运行速度变得越来越慢？OS X 的活动监视器（Activity Monitor），为你提供当前 RAM 中每个程序的实时视图，用于解决这些操作和其他操作遇到的问题。

1. 启动活动监视器

你可以通过以下这些步骤打开活动监视器：

① 同时按下：命令键(⌘)＋空格键。

② 输入 Activity Monitor,然后按回车键。

活动监视器窗口提供了活动程序列表,单击列表中的活动程序可以看到活动程序的更多信息,单击"信息"按钮(在窗口右上角有一个带有小写字母 i 的圆形按钮),就会打开关于这个进程的更多信息,包括这个进程使用的 CPU 和存储器资源情况。单击右上角红色的 X 按钮,可以关闭这个窗口。

2. 关闭一个应用程序

当正在使用的程序卡住或停止响应时,可以使用活动监视器。

① 在菜单栏里,单击 view → Windowed Processes。活动监视器显示桌面上打开的程序。

② 在活动显示器窗口里,找到被卡住的程序。在程序名旁边,可以读到红色提示"无法响应(not responding)"。

③ 选择该程序,按窗口左上角带白色 x 字母的灰色八角形按钮,可以迫使进程退出。

关掉没有响应的程序后,用户可以继续正常使用 OS X 操作系统。

3. 显示进程

显示进程是活动监视器中最强大的功能。在这里你将看到当前驻留在计算机 RAM 中每个进程的列表。

① 在菜单栏里,单击 view→All Processes。活动监视器显示当前运行在计算机上的所有进程。

② 在活动监视器窗口里,单击 Memory 按钮。所有进程将会按占用 RAM 的比例从高到低排序。

③ 单击 CPU 按钮。展示 CPU 正在服务的所有进程。

数据波动是正常的,尤其是 CPU 的数据波动。

4. 结束一个进程

很多有问题的进程可能是间谍软件,它们提供一些你不需要的后台服务;其中一些进程对系统是至关重要的,并且永远不会停止。警告:在结束进程之前,你必须理解结束这个进程的危害(或者好处)。使用搜索引擎,输入进程名称,将列出一些解释该项进程功能的网页。如果想结束一个进程,应进行如下操作。

① 在"活动监视器"窗口里,单击进程名称标题(避免每个进程的位置发生波动)。

② 单击要结束的进程。

③ 选择程序,按窗口左上角带有白色 x 字母标记的灰色八角形按钮,强迫该进程退出。

选定的程序文件将会从列表和计算机内存中删除掉。请注意,如果该程序被设置为自动加载,则在重启计算机时还会看到它。

5. 监视 CPU 历史

如果想知道什么操作可能增加计算机负载,监测 CPU 的历史记录可以提供一个思路。活动监视器打开的小窗口里,可以查看到计算机 CPU 的负载情况。

① 在菜单栏下,单击 Window,然后选择 CPU Usage。一个小窗口以条形图的形式展示出 CPU 每个核的负载情况。

②保持CPU窗口可见,在计算机上执行一项操作来观察其对CPU负载的影响。例如,打开一个网页或者一篇文档。

③查看CPU使用情况后,关闭窗口。

🔊 **提示**

在安装新程序或者改变系统设置后,你是否遇到过问题? 如果是这样,系统还原实用程序可以通过逆向更改,将计算机恢复到变更前的状态来解决这些问题。对于Windows 10:

① 转到Windows 10操作系统开始屏幕,然后在搜索框中输入"还原(recovery)"。

② 从高级恢复工具列表中单击"打开系统恢复(Open System Restore)"。

③ 按照提示操作,选择还原点。

④ 单击"完成(Finish)"按钮,启动进程。

4.8　IT职业生涯

前面介绍了系统软件的相关知识,下面介绍计算机技术支持专家的职业生涯。

计算机技术支持专家为客户和其他用户提供技术支持服务。他们也可以被称为技术支持专家或服务台技术员。计算机支持专家每天管理计算机用户面对的技术问题。他们解决一般性的网络问题,可以使用故障诊断程序来检测故障。大部分的计算机支持专家受雇于公司,为公司其他员工和部门提供技术支持。然而,公司提供外包服务技术支持的情况越来越普遍。

雇主一般寻找具有本科或专科学历的员工,来填充计算机技术支持专家岗位。具有计算机科学或信息系统专业背景的应聘者优先考虑。然而,对合格求职者的需求量很大,因此具有实践经验并获得培训认证的人也越来越多地填补了这些岗位。该岗位需要有客户服务经验,具备良好的分析、沟通和人际交往能力。

计算机支持专家岗位预计年薪为29 000美元到40 000美元。晋升空间很大,可以参与新系统的设计与研发。

4.9　未来展望:自修复计算机终结系统崩溃和性能问题

计算机具备自我修复能力,就意味着计算机系统崩溃和性能问题的终结。

如果计算机具有自我修复功能不是很好吗? 如果计算机可以不断地调整其操作以保持最佳性能,那会怎样呢? 计算机经常定期执行性能改进,例如磁盘碎片整理程序。病毒防护和病毒清除技术的改进,可以在病毒影响计算机性能之前就被识别并予以清除。未来,计算机可能不仅仅能修复软件,而且能发现硬件问题,绕过损坏的硬件正常运行。对于很多人来说,这个听起来太过于完美以至于难于想象。实际上,这种维护和故障诊断可能既耗时,又令人沮丧。展望未来,先进的技术使得计算机的自我修复功能更加完美,并将继续发展来改善我们的生活。

　　想象一下如果正在经营一家企业，如果不完成这些任务，将会浪费掉很多宝贵的时间和金钱。这不是一个愉快的白日梦，如果没有经过适当训练的系统管理员来保证服务器的正常运行，它很快就会变成一个噩梦。然而，很多专家预测超级计算机和商业系统将会变得越来越复杂，以至于人们没有能力再继续管理和维护系统安全。来自 IBM 的最新消息，使服务器具有自我修复、自我更新、自我保护能力的梦想似乎更近一步了。

　　IBM 宣布将集中研发具有自我修复功能的服务器。这个名为"自主计算计划"（ACI）的项目希望将企业从耗时的计算机维护中解救出来。IBM 希望新系统能够自我调节，并且这种调节几乎是隐形的。它认为自主计算有可能彻底改变企业的运营方式。

　　自主计算是一种系统，它允许计算机在几乎不需要人为干预情况下运行。这样的计算机没有自主意识，但是可以自动纠正。机器中的自主过程仿照人体的自主过程。例如，人们并不是有意识地呼吸，然而，在没有任何提示的情况下，身体依然在监测和维持呼吸活动。科学家希望自主计算能以类似的方式运行，并在没有人为干预的情况下维护系统。

　　自主机器可以发现安全缺陷并修复它们。它们能够察觉到计算机运行速度的衰减，采取修正措施。它们能够检测出新的设备，将其格式化，并进行运行测试。计算机的使用将变得不那么复杂，以便用户可以集中精力完成工作，而不用关心机器的维护。这些目标令人印象深刻，自主计算机现在仍在研发中。

　　需要注意的是，自主计算不是人工智能，因为自主计算机没有人类的认知能力或者智能。然而，这些机器有自己的系统知识和从经验中学习并改正错误的能力。

　　考虑到具备自我维护能力的服务器的潜力，为个人计算机设计类似的系统也不再是可望不可及的梦想。你是如何思考这个问题呢？个人计算机能照顾好自己吗？你是否认为由计算机管理自己更安全呢？黑客会不会发现一种比这些"智能"系统更智能的方式入侵呢？

4.10　小　　结

1. 系统软件

　　系统软件与终端用户、应用程序和计算机硬件一起工作处理许多与计算机操作相关的细节。

　　这些程序不是单一的程序，而是程序集合或程序系统，这些程序处理数百个技术细节，很少需要或根本不需要人工干预。

　　常见 4 种类型的系统程序是操作系统、实用工具程序、设备驱动程序、语言翻译器。

- **操作系统** 协调资源，提供一个用户和计算机之间的界面，运行程序。
- **实用工具程序** 执行与管理计算机资源的相关的特定任务。
- **设备驱动程序** 允许特定的输入输出设备与计算机系统其他组件进行通信。
- **语言翻译器** 把程序员撰写的程序指令转换成计算机可以理解和处理的语言。

2. 操作系统

　　操作系统（软件环境，软件平台）处理技术细节：

（1）功能

操作系统的功能包括管理资源，提供用户界面（大部分操作系统采用图形用户界面，即GUI），及运行应用程序。多任务允许存储器中的不同应用程序之间的切换；当前程序运行在前台；另外一些程序运行在后台。

（2）特征

启动（冷启动）或重启（热启动）计算机系统。台式机提供对计算机资源的访问。公共特征包括图标、指针、窗口、菜单、选项卡、对话框、帮助和手势控制。数据和程序存储在系统文件和文件夹里。

（3）类别

有三类操作系统：

- **嵌入式操作系统**——也被称为实时操作系统（RTOS）；用于掌上计算机；操作系统存储于设备中。
- **单机操作系统**（桌面操作系统）——控制单独的计算机；操作系统安装在硬盘上。
- **网络操作系统**（NOS）——控制和协调网络计算机；操作系统安装在网络服务器上。

操作系统通常被称为软件环境或软件平台。

为了有效使用计算机，需要理解系统软件的功能，包括操作系统和实用工具程序。

3. 移动操作系统

移动操作系统（移动 OS）被嵌入在每个智能手机和平板计算机中。这些系统与台式机操作系统相比复杂性降低，而且更适合无线通信。

一些众所周知的移动操作系统有 Android（安卓）、iOS（iPhone 操作系统）和 Windows Phone。

- Android 最初是由安卓公司开发的，后来被谷歌公司收购，被广泛用于移动操作系统。
- iOS（iPhone 操作系统）由苹果公司研发，支持苹果公司研发的 iPhone 和 iPad 产品。
- Windows Phone 8 是由微软公司在 2012 年推出的操作系统，这款操作系统支持多种移动设备，包括智能手机。Windows 10 Mobile 是在 2015 年推出的操作系统，替代 Windows 8 系统。它可以运行为笔记本计算机和台式机设计的许多功能强大的程序。

不是所有的移动应用程序都能运行在智能手机上。那是因为一个应用软件，只能在特定的软件平台或操作系统上运行。下载应用程序之前，请确保该应用程序适合在移动设备上的移动操作系统上运行。

4. 桌面操作系统

（1）Windows 操作系统

Windows 被设计成可以在不同类型微处理器上运行。两个最新版本是 Windows 8 和 Windows 10。Windows 10 于 2015 年推出，它整合了微软的桌面操作系统和移动操作系统。创新点包括微软小娜 Cortana（通过文本或语音接受指令），为台式机和移动设备上的 Windows 应用程序提供支持，改进游戏 Xbox 的环境配置，一款全新的网络浏览器，及支持增强现实的工具 Microsoft HoloLens。

（2）Mac OS 操作系统

Mac OS 是一款创意新颖、功能强大、便于使用的操作系统,运行在苹果公司的麦金塔计算机上。两个最新版本是 Mavericks 和 Yosemite。Yosemite 于 2014 年发布。它提供了一个全新的用户界面,类似于 iOS 界面。创新点包括使用苹果公司的云存储服务（iCloud）和提高与苹果公司的移动设备的兼容性。兼容性包括从苹果台式机发送/接收文本/手机信息的能力,以及在一台设备上启动电子邮件/电子表格,而在另一台机器上完成它们。

（3）UNIX 和 Linux 操作系统

UNIX 操作系统最初被设计运行在网络环境下的小型机上。目前,这款操作系统被广泛用于网络服务器、大型机和强大的个人计算机上。UNIX 有很多不同版本。其中一个版本 Linux,深受欢迎而且功能强大,可以替代 Windows 操作系统,是开源软件。谷歌公司的 Chrome 操作系统就是基于 Linux 操作系统研发而成的。它整合了网络服务器,运行应用程序,并执行其他传统的操作系统功能。对于价钱比较实惠的笔记本计算机来说如果使用云计算和云存储进行操作,Chrome 操作系统是一种比较流行的选择。然而,这些计算机的局限是其性能依赖于它们连接互联网的速度。

（4）虚拟化

虚拟化允许一台计算机支持多操作系统。使用一个专业的程序,虚拟软件可以使一台计算机变身为两台或多台独立的计算机运行,即虚拟机。主操作系统运行在实体机上。客户操作系统运行在虚拟机上。Parallels 软件可以在苹果机的 Mac OS X 操作系统上创建并运行虚拟机。

5. 实用工具程序

实用程序使得计算操作更简易。最基本的操作是故障诊断、防病毒、备份文件和压缩文件。

（1）Windows 实用程序

Windows 操作系统附带几个实用工具,包括文件历史程序、磁盘清理程序、优化驱动器程序（清除不必要的碎片;磁道是同心环;扇区是楔形的）。

（2）实用套件

实用套件是由很多程序组成的软件包。计算机病毒是危险的程序。

6. IT 职业生涯

计算机技术支持专家为客户和其他用户提供技术支持。拥有计算机科学或信息系统高等教育学历者优先考虑,他们需要具备良好的分析和沟通能力。年薪为 29 000 美元至 40 000 美元。

4.11　专　业　术　语

安卓（Android）

帮助（Help）

备份程序（backup program）

后台（background）

图块,磁贴（tile）

病毒（virus）

菜单(menu)

操作系统(operating system)

窗口(window)

磁道(track)

磁盘清理软件(Disk Cleanup)

独立操作系统,单机操作系统(stand-alone operating system)

对话框(dialog box)

多任务(multitasking)

客户操作系统(guest operating system)

故障排除程序(troubleshooting program)

计算机技术支持专家(computer support specialist)

开始屏幕,启动屏幕(start screen)

开源(open source)

冷启动(cold boot)

苹果操作系统(iOS)

苹果操作系统(Mac OS)

苹果操作系统(Mac OS X)

苹果手机(iPhone OS)

启动(booting)

前台(foreground)

嵌入式操作系统(embedded operating system)

热启动(warm boot)

软件环境(software environment)

软件平台(software platform)

杀毒软件(antivirus program)

扇区(sector)

设备驱动程序(device driver)

实时操作系统(real-time operating system, RTOS)

实用工具(utilities)

实用工具套件(utility suite)

碎片化(fragmented)

图标(icon)

图形化用户接口(graphical user interface, GUI)

网络操作系统(network operating system, NOS)

网络服务器(network server)

微软小娜(Cortana)

文件(file)

文件夹(folder)

文件历史程序(File History)

文件压缩软件(file compression program)

系统软件(system software)

虚拟化(virtualization)

虚拟化软件(virtualization software)

虚拟机(virtual machine)

选项卡(tab)

移动操作系统(mobile operating system)

移动操作系统(mobile OS)

用户界面,用户接口(user interface)

优化驱动器程序(Optimize Drives)

语言翻译器(language translator)

诊断程序(diagnostic program)

指针(pointer)

主机操作系统(host operating system)

桌面(desktop)

桌面操作系统(desktop operating system)

姿势控制,手势控制(gesture control)

4.12　习　　题

一、选择题

圈出正确答案的字母。

1. 将用户、应用软件和计算机硬件配合使用,用来处理大多数技术细节的是什么类型软件?

a. 应用　　　　　　b. 桌面　　　　　　c. Linux　　　　　d. 系统

2. 将程序员撰写的程序指令转化为计算机可以理解并运行的语言，是语言：

a. 转换器　　　　　b. 语言学家　　　　c. 管理者　　　　　d. 翻译器

3. 将存储在内存中的不同应用进行转换的能力称为：

a. 转移　　　　　　b. 多任务　　　　　c. 操作干扰　　　　d. 程序设计

4. 程序、文件类型或功能的图形化表达是：

a. App 应用程序　　b. 图标　　　　　　c. 图像　　　　　　d. 软件

5. 由鼠标控制，并根据当前功能改变形状的操作系统功能是：

a. 对话框　　　　　b. 菜单　　　　　　c. 鼠标　　　　　　d. 指针

6. 为使用云计算和云存储的笔记本计算机所设计的基于 Linux 的操作系统是：

a. Chrome　　　　　b. Mac　　　　　　c. UNIX　　　　　d. Windows

7. 由苹果公司原创开发，称为 iPhone 的移动操作系统的是：

a. 安卓　　　　　　b. iOS　　　　　　c. Mac OS　　　　d. Phone OS

8. 一个实用程序，可复制库、联系人和收藏夹以及桌面上的所有文件：

a. 文件历史程序　　b. 磁盘清理程序　　c. 优化驱动程序　　d. 文件压缩程序

9. 一个可以排除故障的实用程序，它可以发现和清除不必要文件，释放磁盘空间，提升系统性能。

a. 文件历史程序　　　　　　　　　　b. 磁盘清理程序

c. 优化驱动器程序　　　　　　　　　d. 文件压缩程序

10. 软件 BitDefender、Kaspersky、Norton 是以下什么软件的样例？

a. 应用包　　　　　b. 应用程序　　　　c. 操作系统　　　　d. 实用程序套件

二、匹配题

将左侧以字母编号的术语与右侧以数字编号的解释按照相关性进行匹配，把答案写在画线的空格处。

a. Android(安卓)　　_____ 1. 执行与管理计算机有关的特定任务的程序。

b. 防病毒软件　　　_____ 2. 不关掉电源重启一台正在运行的计算机。

c. 驱动程序　　　　_____ 3. 一类操作系统，它可以控制和协调网络中的计算机。

d. 碎片化　　　　　_____ 4. 一款操作系统经常被认为是软件环境或软件(　　)。

e. 多任务　　　　　_____ 5. 在不同应用程序之间切换。

f. 网络操作系统　　_____ 6. 一种软件类型，它允许一台计算机像两台或更多台独立的

g. 平台　　　　　　　　　　计算机一样运行。

h. 实用程序　　　　_____ 7. 由谷歌公司拥有的移动操作系统，被广泛应用在很多智能

i. 虚拟化　　　　　　　　　手机里。

j. 热启动　　　　　_____ 8. 防止计算机系统受到病毒和其他破坏性程序侵扰的程序类型。

_____ 9. 如果一个文件不能存储在单一磁道上，它不得不(　　)。

_____ 10. 与操作系统配合使用，允许设备与计算机系统其余组件之间进行通信的程序称为设备(　　)。

三、开放式问题

回答下列问题。

1. 描述系统软件。分别讨论 4 种类型的系统软件。

2. 定义操作系统。描述操作系统最基本的功能和三大分类。

3. 什么是移动操作系统？描述领先的移动操作系统。

4. 什么是桌面操作系统？比较 Windows、Mac OS、Linux 和 Chrome OS 4 款主流操作系统。讨论虚拟化。

5. 讨论实用程序。什么是最基本的实用程序？什么是实用程序套件？

四、讨论

回答下列问题。

1. 让 IT 为你所用：Mac OS X 活动监视器

你是否在使用程序时，有过这样的经历：程序突然停止工作并且没有反应？回顾一下 4.7 节"让 IT 为你所用：Mac OS X 活动监视器"，使用苹果计算机，打开活动显示器，然后回答以下问题：①按内存使用情况列出前三个进程的名称；②列出正在使用 CPU 的三个进程，即使这个进程仅仅使用了一两秒时间；③找出一个你没有了解的进程。选用你最喜欢的搜索引擎，查询这个进程的功能。写下进程名称、对于进程的描述或用途，写下用于研究该进程的网站 URL 链接。

2. 隐私：操作系统的安全性

你是否知道计算机或移动设备可以为其他人访问你的个人信息提供通道？查看一下第 80 页的"隐私"专题内容，回答下列问题：①你是否曾经丢失过个人笔记本计算机或移动设备？如果是的话，个人信息是否保存在里面？如果没有的话，哪些个人信息存储在当前计算机或移动设备上？②你是否为个人信息做过一些设置，使得别人很难从你的设备上访问到你的个人信息？如果是的话，讨论一下你是怎么做的？如果没做，你将要进行哪些操作？请具体说明。③调查一下个人设备上的隐私设置，描述出它们。④你认为计算机厂商有责任提供更好的安全和隐私保护功能吗？为什么？

3. 伦理：病毒保护的骗局

每个人都应该关注感染计算机系统的病毒。有报道说这种恐惧被用来操纵用户购买新的或升级的防病毒程序，甚至报道过防病毒的骗局。回顾教材第 86 页的"伦理"专题中的阐述，然后回答以下问题：①你是否收到过免费的病毒警报软件？如果是的话，描述一下你收到的邀请，以及你是否接受了这份邀请。②合法的杀毒软件生厂商会发布病毒警报。你认为这些警报是出于厂商的贪心驱动还是为消费者提供良好服务呢？为什么？③对于防病毒软件的生产商来说，这是一个道德问题吗？如果是的话，请在发布病毒警报时为杀毒软件生产商创建一些道德准则。④什么知识能够让用户免受防病毒骗局的伤害？阐述一些具体方法，表明自己的观点。

4. 环境：操作系统电源管理

你是否知道操作系统可以保护环境？查看第 76 页的"环境"专题，然后回答下列问题：①操作系统在哪些方面保护了环境？②你是否整天开着计算机？你使用的是睡眠模式还是休眠模式？解释你决定背后的原因。③为操作系统找出电源管理选项。列出一些你考虑到的可以减少计算机耗能的选项。

第 5 章　系 统 单 元

为什么阅读本章

系统单元的尺寸变得越来越小，速度越来越快，成本越来越低，功能越来越强大。这些惊人的进步导致了微型芯片与我们生活方方面面的融合。例如，未来我们将会看到，微型芯片嵌入在大脑中来提高人们思维能力，传感器几乎可以读懂人的思想。

本章将介绍每个人为这个日新月异的数字世界做好准备而需要了解的一些知识和技能，其中包括：

- 个人计算机的分类——了解台式机、笔记本计算机、平板计算机、智能手机和可穿戴计算机的优点和缺点。
- 计算机的部件——理解微型处理器和内存对计算机性能的影响。
- 外围设备和增强设备——扩展计算机的能力和速度。

学习目标

在阅读本章之后，读者应该能够：

① 区分系统单元的 5 种基本类型。

② 描述系统主板，包括插座、插槽和总线。

③ 识别出不同类型的微处理器，包括微处理器芯片和专业处理器。

④ 比较不同类型的计算机存储器，包括 RAM、ROM 和闪存。

⑤ 解释扩展槽和扩展卡。

⑥ 描述总线、总线宽度和扩展总线。

⑦ 描述端口，包括标准端口和专用端口。

⑧ 识别台式机、笔记本计算机、平板计算机和移动设备的电源。

⑨ 解释计算机如何以电子方式表示数字和编码字符。

5.1　引　　言

为什么有些计算机比其他计算机功能更强大呢？答案在于三个方面：速度、容量和灵活性。在阅读本章内容之后，读者将能够判断个人计算机的速度、功能和用途。如果读者计划购买一台计算机或升级现有系统，本章知识会对他非常有用。这些知识将帮助人们评估现有系统是否足以满足当前最新、最令人兴奋的新应用程序的需求。

有时候，人们可能会有机会看到技术人员打开个人计算机机箱，将会看到机箱内部基本上是电子电路的集成。尽管没有必要知道这些组件的工作原理，但是了解这些原理至关重要。掌握这些知识，人们将能够自信地做出合理的购买或升级决策。

为了有效地使用计算机,需要了解系统单元中的基本组件,包括系统主板、微处理器、内存、扩展槽和卡、总线、端口、电缆和电源的功能。

5.2　系统单元概述

系统单元,也被称为**系统"底盘"**,它是一个容器,容纳了构成计算机系统的大部分电子组件。

以前,所有类型的系统单元是在一个单独的机箱中。然而,电子组件小型化的进展,使得计算机越来越小,计算机的系统单元可以与计算机系统的其他部分共享容器。

正如我们之前讨论过的,**个人计算机**是使用最为广泛的一种计算机。它最为便宜,可以由终端用户直接操作。最常见的 5 种个人计算机类型是台式计算机、笔记本计算机、平板计算机、智能手机和可穿戴计算机。每种个人计算机都有各自独特的系统单元。

✐伦理

发展中国家的劳动力成本远远低于发达国家。因此,发达国家去年销售的许多计算机及外围设备都是在发展中国家生产的。虽然这导致了发达国家的失业问题,但是却改善了发展中国家数百万人的生活水平。遗憾的是据广泛报道,这些国家工厂的生产条件远低于可接受标准,你认为消费者对产品的生产地点或生产方式负有道德责任吗?

5.2.1　台式机

台式机是功能最强大的个人计算机类型。大多数台式机都将其系统单元放在单独的机箱中。机箱包含系统的电子组件和选定的辅助存储设备。输入和输出设备(如鼠标、键盘和监视器)位于系统单元外部。这种类型的系统单元被设计成水平放置或垂直放置。垂直放置的台式机有时称为塔式机组或塔式计算机(参见图 5-1)。

一些台式机,例如苹果的 **iMac**,把显示器和系统单元放在同一个机箱。这种计算机被称为**一体机**(参见图 5-2)。

图 5-1　塔式机组

图 5-2　一体机

5.2.2　笔记本计算机

虽然笔记本计算机功能通常不像台式机那么强大，但它轻巧，携带方便。它们的系统单元配备可选的辅助存储设备和输入设备（键盘和指点设备）。显示器位于系统单元外部，通过合页连接。

有几款专业的笔记本计算机，它们的特点使其独一无二。它们是：

- **二合一笔记本计算机**，它包括触摸屏和像平板计算机一样可平放的功能。这些笔记本计算机具有自己的优势，同时又像平板计算机一样方便，参见图 5-3。
- **游戏本**，它具有高端图形硬件和运行速度非常快的处理器。大多数玩家曾经非常喜欢台式机。随着笔记本计算机性能变得越来越强大，游戏本因其便携性已经成为游戏玩家的主流选择。
- **超级本**，也被称为超便携笔记本或者迷你笔记本计算机，这些笔记本计算机与大多数笔记本计算机相比，更轻更薄，电池使用寿命更长。它们通过放弃诸如光驱和使用高效节能的微处理器等组件来凸显其优势，参见图 5-4。

图 5-3　二合一笔记本计算机

图 5-4　超级本计算机

5.2.3　平板计算机

平板计算机，也被称为**平板计算机**，是最新的，也是一种最受欢迎的计算机类型之一。它们实际上就是一块薄薄的平板，平板几乎全部是显示器，而系统单元都位于显示器后面。

与笔记本计算机相比，平板计算机更小、更轻，通常功能也没有那么强大。像笔记本计算机一样，平板计算机具有纯平屏幕，但通常没有标准键盘。取而代之的是，大部分的平板计算机会使用虚拟键盘，虚拟键盘出现在屏幕上，并且是触摸感应的。虽然平板计算机用来看视频或者上网冲浪非常方便，但是使用虚拟键盘输入信息可能会很困难。有些方法可以克服这个局限：

- **键盘附件**。一些制造商提供了键盘选项。例如，苹果公司和罗技公司为平板计算机提供了无线键盘。
- **电子笔**。这些设备有助于选择手写输入。例如，微软和三星两家公司都提供带电子笔的平板计算机。
- **语音识别**。好处是允许直接进行口头交流。例如，苹果公司和谷歌公司都在其各自的操作系统 iOS 和 Chrome OS 中内置了性能出色的语音识别功能。

迷你平板计算机,是一种有着更小屏幕的平板计算机。尽管像传统的平板计算机一样运行,它们通常不具备较大平板计算机的全部功能。迷你平板计算机最显著的优势是方便携带,更适合放在口袋和手提包里,参见图 5-5。

图 5-5 迷你平板计算机

5.2.4 智能手机

智能手机是至今为止最流行的移动设备。智能手机可以舒适地放在手掌心里,已经成为必不可少的掌上计算机。它们通过提供强大的计算能力,极大地扩展了手机的功能。另外,除了可以捕获并发送音频和视频文件,智能手机还可以运行应用程序,连接互联网,还具有更多其他功能。它们的系统单元位于显示屏后面。

5.2.5 可穿戴计算机

可穿戴计算机,也被称为**可穿戴设备**,它们是物联网发展的第一步。这些设备包括芯片上的嵌入式计算机,这个计算机通常比智能手机小得多,功能也不如智能手机那么强大。最常见的可穿戴计算机是智能手表和活动跟踪器,参见图 5-6。

图 5-6 智能手表

- 智能手表,如苹果公司的 iWatch 手表。这款设备可以作为手表、健身监测器和通信设备。例如,苹果 iWatch 手表与 iPhone 设备相连接,在用户手腕上 iWatch 上显示电子邮件、短信和日历提醒。
- 活动跟踪器,如 Fitbit 公司的 Flex 时尚手环。这款设备监视用户日常运动和睡眠模式。它还可以通过无线方式连接到台式机、笔记本计算机和智能手机,用来记录和共享数据。

5.2.6 组件

个人计算机具有不同尺寸、形状和能力。虽然它们看起来不同,每一款都有它们自己独特的功能,但是它们有惊人相似的组件成分,包括系统主板、微处理器和存储器,参见图 5-7。

☑ **概念检查**

■ 什么是系统单元?

■ 描述并且比较个人计算机最常用的 5 个组件。

■ 什么是塔式机组? 什么是一体机? 什么是超级本? 什么是迷你平板计算机?

台式机

平板计算机

智能手机

笔记本

可穿戴计算机

图 5-7　系统单元组件

5.3　系 统 主 板

系统主板，也被称为**主板**或**母板**。系统主板控制整个计算机系统的通信。所有设备和组件都连接到系统主板，包括像键盘和显示器等外部设备以及像硬盘驱动器和微处理器之类的内部组件。系统主板充当数据路径和流量监视器，使各个组件之间能相互有效地通信。

在台式机上，系统主板通常位于系统单元的底部或一侧。它是一个大型的平面电路板，上面覆盖着各种不同的电子元件，包括插座、插槽和总线，参见图 5-8。

插座
插槽
图 5-8　系统主板

- **插座**，为称为芯片的小型专用电子部件提供一个连接点。芯片由微型的电路板组成，蚀刻在方形硅片上。这些电路板比一般人的手指尖还要小（如图 5-9 所示）。芯片也被称为**硅芯片**、**半导体**或**集成电路**。芯片通常用一定的形式封装（如图 5-10 所示）。这些封装好的芯片可以直接插入系统板的插座上或插入系统板插槽中的卡上。插座用于把各种不同种类的芯片，包括微处理器和内存芯片连接到系统主板上。

图 5-9　芯片

图 5-10　封装好的芯片

- **插槽**，为专用卡或电路板提供连接点。这些卡为计算机系统提供较强的扩展能力。例如，无线网卡插在主板的插槽里，提供连接到局域网的功能。
- 连接线被称为总线，提供路径，支持各种电子组件之间的通信。这些电子组件位于系统板上或已经被连接到系统主板上。

　　一般来说，台式机的系统主板比笔记本计算机的系统主板大，比平板计算机、智能手机或可穿戴式计算机的主板大得更多。尽管这些系统主板的尺寸不同，但是它们都执行相同的功能，即个人计算机组件之间通信。

☑ 概念检查

- ⬛ 什么是系统主板？它能做什么？
- ⬛ 描述和定义插座、插槽和总线。
- ⬛ 什么是芯片？芯片如何连接到系统主板？

◎ 环境

　　你有没有想过应该如何处理旧计算机、显示器和移动设备？你不得已而为之的最后一招就是把它们扔掉。首先，应该考虑把它们捐赠给予当地学校和低收入家庭有合作的各种慈善组织。另外，循环使用它们。附近的许多计算机零售商都回收用过的设备和元件，即使它们是破损的。或者访问当地政府的网站，查寻离你最近的电子回收中心。

5.4　微 处 理 器

　　在多数个人计算机系统中，**中央处理器单元（CPU）** 或 **处理器** 包含在称为 **微处理器** 的芯片中。微处理器是计算机系统的"大脑"。它有两个基本组件：控件单元和算术逻辑单元。

- **控制单元**：控制单元控制计算机系统的其余部分如何执行程序的指令。它引导电子信号在存储器（暂存数据、指令和处理过的信息）和算术逻辑单元之间的移动。它同样引导 CPU 和输入输出设备之间的控制信号。
- **算术逻辑单元**：算术逻辑单元，通常被称为 **ALU**，执行两种类型的操作：算术运算和逻辑运算。**算术运算操作**是数学运算基本操作：加法、减法、乘法和除法。**逻辑操作**包含比较操作，例如一项是否等于(＝)、小于(＜)或大于(＞)另一项。

5.4.1 微处理器芯片

芯片处理能力通常以字的大小来衡量。字是CPU一次访问可以获取的位的个数(例如 16、32 或 64)。一个字中位数越多，计算机一次可以处理的数据就越多。8 位组合在一起形成一个字节。32 位构成一个字的计算机一次可以存取 4 字节。64 位构成一个字的计算机一次可以存取 8 字节。因此，设计成 64 位构成一个字的计算机具有更强的处理能力。其他因素也会影响计算机的处理能力，包括计算机处理数据及指令的速度。

微处理器的处理速度通常用**时钟速度**来表示，这与 CPU 可以在一秒钟内获取和处理数据或指令的次数有关。旧式个人计算机通常在百万分之一秒(或微秒)内处理数据和指令。新的个人计算机运算速度更快，处理数据和指令的时间以十亿分之一秒(或纳秒)计算。相比之下，超级计算机的运算速度是皮秒，是个人计算机的 1000 倍。在不远的未来，我们期待处理器的运算速度将会快上 1000 倍，以飞秒的速度进行衡量(参见图 5-11)。从逻辑上讲，微处理器的时钟速度越快，微处理器的运算速度也会越快。然而，某些处理器可以在每个周期或时钟节拍中处理多个指令，这意味着只能在以相同方式工作的处理器之间进行时钟速度比较。

以往微处理器只能支持单 CPU，所以个人计算机的发展受到限制，同时只能处理一个程序。现在，很多个人计算机有多核处理器，它们可以提供两个或多个独立的 CPU。例如，四核处理器可以使用第一个核计算复杂的 Excel 电子表格，使用第二个核运行 Word 创建报告，使用第三个核查找 Access 软件数据库中的记录，与此同时，第四个核还可以运行多媒体演示文稿。然而，更重要的是个人计算机有潜力运行以前需要昂贵的专用硬件才可以运行的庞大、复杂的程序。

为了有效地使用多核处理器，计算机必须了解如何将任务进行划分以分布到每个核上——这种操作称为**并行处理**。操作系统，例如 Windows 8 和 Mac OS X 支持并行处理。软件开发者广泛使用这项技术，从科学程序到复杂的计算机游戏开发。

图 5-12 中列出了流行的微处理器。

单位	速度
微秒	百分之一秒
纳秒	十亿分之一秒
皮秒	万亿分之一秒
飞秒	千万分之一秒

图 5-11 处理速度

处理器	生产商
A-Series	AMD
Cortex-A series	ARM
Edison	Intel
i7	Intel

图 5-12 流行的微处理器

5.4.2 专用处理器

除了微处理器芯片之外，各种更专业的处理芯片已经被研发出来。

- **协处理器**是用于提升特定的计算操作的专用芯片。其中最广泛使用的是图形协处理器，也称为 **GPU**（图像处理单元）。这些处理器用来处理各种专业任务，例如显示3D 图像和加密数据。功能强大的 GPU 是游戏本计算机的标准配置，支持虚拟环境的快速处理。
- 很多汽车拥有 70 多个独立的专用处理器，几乎可以控制从燃油效率到卫星娱乐，到追踪系统的所有功能。

 隐私

你是否知道有一种专门用于保护隐私的专用处理器称为加密处理器？这种微芯片比 CPU 更快、更安全地执行数据编码和解码。这些专业芯片被安装在 ATM（自动取款机）、电视机顶盒和智能卡中。

☑ **概念检查**

▓ 给出微处理器两个组件的名称并进行描述。

▓ 给出字、时钟速度、多核芯片和并行处理的定义。

▓ 什么是专用处理器？描述协处理器。

5.5　存　储　器

存储器是用来存储数据、指令和信息的区域。像微处理器一样，存储器位于芯片上，芯片与系统主板相连接。存储器芯片有三种类型：随机存储器（RAM），只读存储器（ROM）和闪存。

5.5.1　RAM

随机存储器（RAM）芯片（参见图 5-13）存储 CPU 正在处理的程序（指令序列）和数据。RAM 被称为临时或易失性存储。因为计算机一旦断电，大多数类型的 RAM 会丢失其中的所有内容。如果电源发生故障或计算机断电，数据也会丢失。而辅助存储器则不会丢失数据内容，我们将会在第 7 章里详细介绍。辅助存储器是永久或非易失性的存储器，例如存储在硬盘上的数据。因此，正如我们前面提到的那样，将正在进行的工作经常保存到辅助存储设备上是非常好的方法。也就是说，如果正在处理文档或电子表格，应该每隔几分钟就进行保存或存储这些资料。

高速缓冲存储器（cache）通过充当存储器和 CPU 之间临时的高速存储区来改善处理速度。计算机检测 RAM 中哪些信息使用最频繁，然后将这些信息复制到高速缓存中。在需要的时候，CPU 可以快速从高速缓存访问这些信息。

有足够大的 RAM 是很重要的。例如，使用标准版本微软办公软件 Office 2016，需要2GB 的 RAM。一些应用程序，例如照片编辑软件可能需要更多空间。幸运的是，通过插入一个称为 DIMM（双列直插式存储模块）的扩展模块到系统板上，可以增加计算机系统的RAM 容量。RAM 容量或数量用字节表示。有三个常用的度量单位用来描述存储器容量，如图 5-14 所示。

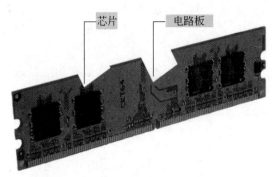

芯片　　　电路板

图 5-13　安装在电路板上的 RAM 芯片

单位	容量
兆字节(MB)	1百万字节
吉字节(GB)	10亿字节
太字节(TB)	1万亿字节

图 5-14　存储容量

如果计算机没有足够的 RAM 容量来存放程序,它可以使用虚拟存储器来运行程序。今天大多数的操作系统都支持虚拟内存。使用虚拟内存后,大型程序被划分成几个部分,某些部分存储在辅助存储设备上,辅助存储器通常会是硬盘。每个部分内容只有在需要的时候才被读取到 RAM。按照这种方式,计算机系统就能够运行大型程序。

5.5.2　ROM

只读存储器（ROM）中含有芯片制造商存储的信息。不同于 RAM 芯片,ROM 芯片不是易失的,不能被用户改变。"只读"意味着 CPU 可以读出或检索出在 ROM 芯片上的数据和程序。然而,计算机不能写入或改变 ROM 中的信息或指令。

不久以前,ROM 芯片已经包含了几乎所有的计算机基本操作指令。例如,启动计算机、访问内存和处理键盘输入都需要 ROM 指令。然而,最近闪存芯片已经在许多应用中替代了 ROM 芯片。

5.5.3　闪存

闪存结合了 RAM 和 ROM 的功能。闪存像 RAM 一样,能够更新以存储新的信息,它又像 ROM 一样,当关闭计算机系统电源时,不会丢失信息。

闪存应用范围广泛。例如,可用于存储计算机的启动指令。这些信息被称为系统的BIOS（基本输入/输出系统）。这些信息包括 RAM 的数量以及连接到系统单元的键盘、鼠标和辅助存储设备类型等。如果对计算机系统进行了更改,这些更改将被体现在闪存中。

图 5-15 是三种类型的存储器的总结。

类型	用途
RAM	程序和数据
ROM	固化的启动指令
闪存	灵活的启动指令

图 5-15　存储器

☑ 概念检查

● 什么是存储器? 给出并描述三种类型的存储器。

● 什么是高速缓冲存储器、DIMM 和虚拟存储器?

● 给出 ROM 和闪存的定义。

5.6 扩展槽和扩展卡

如同前面章节里描述的一样,许多个人计算机允许用户通过在系统主板上提供的**扩展槽**来扩展他们的系统。用户可以将选择的设备通过**扩展卡**插入到这些扩展槽中(如图 5-16 所示)。卡上的端口允许将电缆从扩展卡连接到系统单元以外的设备上(如图 5-17 所示)。扩展卡有各种不同类型,一些最常用的扩展卡是:

图 5-16 扩展卡安装在系统板的扩展槽中

图 5-17 带有三个端口的扩展卡

- **图形卡**,为游戏和仿真提供高质量的三维图形和动画。许多个人计算机系统都有一个 GPU 直接连接到系统主板,其他则通过图形卡连接。这种卡可以包含一个或多个 GPU 芯片,这是大多数游戏机的标准配置。
- **网络接口卡(NIC)**,也称为**网络适配器**,用于把计算机连接到网络上(参见图 5-18)。网络允许连接的计算机共享数据、程序和硬件。网络适配器通常通过电缆将系统单元连接到网络上。
- **无线网卡**,允许计算机不需要通过电缆就可以彼此连接,我们将会在第 8 章中详细讨论。无线网络在家庭中被广泛使用,以共享一个共同的互联网连接。网络上的每个设备都安装无线网卡,通过无线网卡就可以跟其他设备进行通信。

考虑到笔记本计算机、平板计算机和智能手机的尺寸限制,开发了名为 **SD 卡**的扩展卡,它只有指甲大小。这种卡可以插入到很多笔记本计算机、平板计算机和智能手机内的扩展槽里,如图 5-19 所示。

图 5-18 网络接口卡

图 5-19 SD 卡

☑ **概念检查**

■ 什么是扩展槽和扩展卡？它们有什么用处？

■ 列举出三款常用的扩展卡，并描述一下。

■ 什么是 SD 卡？如何使用它们？

5.7 总　　线

就像前面提到过的，**总线线路**也被简称为**总线**，它连接 CPU 的各个组件。总线还将
CPU 与系统主板的其他组件连接起来。总线是表示数
据和指令的位的通道(参见图 5-20)。可以同时沿总线传
输的位数，称为**总线宽度**。

总线类似于多车道的高速公路，通行的是位，而不是
从一个车道到另一个车道的汽车。车道的数量决定了总
线宽度。拥有更多车道的高速公路(总线)可以实现更高
效的通行(数据和指令)功能。例如，一个 64 位的总线一
次通行的信息量是一个 32 位总线的两倍。为什么还要
关心什么是总线呢？因为随着微处理器芯片的改变，总
线也发生了变化。总线设计或总线体系结构是与特定的
计算机速度和功率相关的重要因素。另外，很多设备，例
如扩展卡，只能用于一种类型的总线。

每个计算机系统有两种基本类型的总线。一种类型
被称为**系统总线**，把 CPU 连接到系统主板上的内存；另
一类被称为**扩展总线**，把 CPU 连接到系统主板上的其他
组件，包括扩展槽。

图 5-20　总线是位的通道

计算机系统通常具有不同类型的扩展总线的组合。主要类型是通用串行总线(USB)、
火线(FireWire)和外围组件接口总线(PCIe)。

- **通用串行总线(USB)** 现在被广泛使用。外部 USB 设备从一个连接点连接到另一个
  连接点，或者连接到公共连接点或集线器上，然后连接到 USB 总线上。USB 总线再
  连接到系统主板的 PCI 总线。目前 USB 的标准是 USB 3.1。
- **火线总线** 类似于 USB 总线，但更专业。主要用于将音频和视频设备连接到系统
  主板上。
- **外围组件接口总线(PCIe)** 被广泛用于许多当今功能最强大的计算机中。大多数总
  线与多个设备共享一条总线或线路，与之不同的是，PCIe 总线为每个连接设备提供
  了一条专用通路。

☑ **概念检查**

■ 什么是总线？什么是总线宽度？

■ 系统总线和扩展总线之间有什么不同？

■ 讨论扩展总线的三种类型。

5.8　端　　口

端口是外部设备连接到系统单元的插座(参见图 5-21)。一些端口直接连接到系统主板上,而另一些端口则需要连接到插在系统主板插槽上的卡。一些端口是大多数计算机系统的标准功能,而另一些端口则更专业。

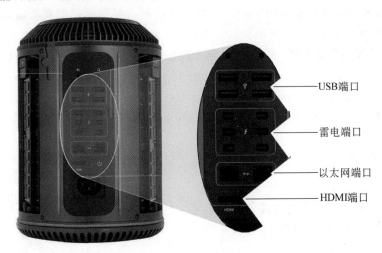

图 5-21　端口

5.8.1　标准端口

大多数台式机和笔记本计算机都带有一组标准端口,用于连接显示器、键盘和其他外围设备。最常见的端口如下:

- **通用串行总线(USB)端口**,可以连接多个设备到系统单元,广泛用于外接键盘、鼠标、打印机、存储设备和各种专用设备。USB 的电视调谐器卡是一个用户可以查看和记录电视节目的设备。学习如何使用电视调谐器卡,请参阅 5.9 节"让 IT 为你所用:电视调谐器"。单个 USB 端口可以把多个 USB 设备连接到系统单元。
- **高清晰度多媒体接口(HDMI)端口**,提供高清晰度视频和音频,使计算机能提供视频点唱机或高清录像机的功能。
- **雷电端口**,最早在苹果公司的 MacBook Pro 计算机上使用,提供高速连接。一个单独的端口可以将 7 个独立设备连接在一起。雷电端口声称将代替包括迷你显示端口在内的各种不同类型的端口。
- **以太网端口**,是一组高速网络端口,已经成为当今许多计算机的标准。以太网允许连接多台计算机以共享文件,连接到 DSL 或电缆调制解调器以实现对互联网的高速访问。

5.8.2　专用端口

除了标准端口,还有很多的专用端口。最常见的专用端口包括:

- **外部串行高级技术附件(eSATA)端口**,为外部硬盘驱动器、光盘和其他大型辅助存储设备提供高速连接。
- **乐器数字接口(MIDI)端口**,用于将像电子键盘的乐器连接到声卡的特殊类型的端口。声卡将音乐转换为一系列数字指令。这些指令可以立即进行处理,来再现音乐,或保存到文件里以供日后处理。
- **迷你显示(MiniDP 或 mDP)端口**,通常用于连接大型显示器的视听端口。许多苹果公司的 Macintosh 计算机提供这些端口。
- **VGA(视频图形适配器)和 DVI(数字视频接口)端口**,分别提供到模拟显示器和数字显示器的连接。DVI 已经成为最常用的标准,但几乎所有的系统都提供 VGA 端口,以便与老款/低成本的显示器兼容。
- **火线(Fire Wire)端口**,提供到专用火线设备(例如,便携式摄像机和存储设备)的高速连接。

5.8.3　电缆

电缆通过端口将外部设备连接到系统单元。电缆的一端连接到设备上,另一端有连接器,接到与端口匹配的连接器上(参见图 5-22)。

| USB接口 | HDMI接口 | 雷电接口 | 以太网接口 |

图 5-22　电缆与接口

5.9　让 IT 为你所用:电视调谐器

你是否使用过 DVR(数字录像机)来录制自己喜欢的电视节目?虽然许多有线公司和卫星公司提供这种设备,你是否知道"微软媒体中心"也可以实现相同的功能?你需要的是一个称为"电视调谐器"的设备,通过天线或电缆连接到计算机上。以下是将基于 Windows 操作系统的计算机转换成 DVR 的步骤(请注意,以下具体内容不适用于所有版本的电视调谐器和媒体播放器。)

1. 安装电视调谐器

电视调谐器本质上是一种硬件,可以让计算机处理并显示有线电视或电视信号。尽管某些计算机(通常是高价位的)可能包含这项技术,但通常需要单独购买。最容易安装的是从外部连接到 USB 端口的设备,例如 Hauppauge Hybrid WinTV-HVR。

① 将电视调谐器插入计算机可用的 USB 端口中。

② 用同轴电缆将电缆插座或空中天线与电视调谐器的背面相连。如果 Windows 系统

不能自动安装调谐器,请参阅用户手册以获取相关帮助。

③ 安装电视调谐器后,它将引导你完成设置过程,包括长时间扫描有线或无线中所有可用频道。

2. 使用软件媒体中心

实用工具 Kodi 必须从互联网上下载。虽然它包含许多工具,用于管理音乐、照片和电影,我们将专注于电视和有线电视的 DVR 功能。(请注意,有不同版本的 Kodi,这里提供的某些细节可能不适用于所有版本。)

① 访问网址 http://kodi.tv/download,然后下载适合操作系统的 installer 安装程序。

② 运行安装软件并按照提示进行操作。

③ 单击"Settings"设置,选择"Add-ons"加载项,选择"Disabled add-ons"禁用加载项,启用客户端加载项"MythTV PVR Client"。

④ 单击位于窗口右下方的"home"主页按钮,向右滚动并单击"TV",然后选择"Channels"频道。

⑤ 要录制节目,找到节目后按"record"按钮即可。

⑥ 要查看你录制的电视节目,返回主屏幕并选择"TV"子菜单,单击你想查看的节目。

如果家里有高速无线网络和数台计算机,可以通过 Kodi 软件的流媒体功能观看录制的节目。

5.10　电　　源

计算机需要直流电(DC)为其电子组件供电来表示数据和指令。直流电可以通过转换来自于标准的墙上电源插座的交流电来间接提供或由电池直接提供。

- 台式机有一个**电源供给单元**,位于系统单元内部(如图 5-23 所示)。这个供电单元的电源线插头可以插入到标准的墙壁电源插座里,将交流电转换为直流电,提供电力来驱动系统单元的所有组件。

- 笔记本计算机通常使用位于系统单元之外的**交流电适配器**(如图 5-24 所示)。交流电适配器的电源线插头插入到标准墙壁电源插座,将交流电转换为直流电,提供电力来驱动系统单元组件,同时可以给电池充电。这些笔记本计算机既可以通过连接墙壁电源插座的交流电适配器,也可以使用电池电源供电来进行操作。笔记本计算机的电池通常能提供长达 8 个小时的电力,然后才需要充电。

图 5-23　电源供给单元

图 5-24　交流电适配器

- 大多数平板计算机和移动设备都使用内置交流电适配器,通过电缆连接到标准墙壁电源插座。然而,某些智能手机使用**无线充电平台**,无须使用电缆(如图 5-25 所示)。与大多数笔记本计算机不同,大多数平板计算机、移动设备和可穿戴计算机只能使用电池供电。它们的交流电适配器或充电平台仅用于给电池充电。

图 5-25　无线充电平台

🔊 **提示**

你的笔记本计算机是否比之前更快地用完电量？这些电池会随着时间的流逝,逐渐失去电力;然而,你可以采取一些措施来减缓电池老化的过程。

1. **平衡适配器和电池的使用**。最好的方法是使用笔记本计算机的电池供电一定的时间,而不完全耗尽电池(例如 50% 电量),然后再将其充电至 100%。电池不应该每天被耗尽到 0%。

2. **校准**。笔记本计算机制造商会建议你每隔几个月校准或重置一次电池。请遵循网络上的指南或使用指导手册,因为这将确保操作系统中的电池电量计算准确无误,并确保可以获得预期的充电时间。

3. **避免过热**。高温会加速电池的老化。因此,避免笔记本计算机暴露在过热的环境里,并且考虑购买笔记本计算机散热器或者风扇。

4. **妥善储存**。如果几个星期内不打算使用笔记本计算机,大多数制造商都会建议卸下电池。

☑ **概念检查**

● 什么是端口？端口能做什么？

● 描述 4 个标准端口和 5 个专用端口。

● 什么是电源供给单元？什么是交流电适配器？什么是充电平台？

5.11　电子数据和指令

为什么说我们生活在一个数字化世界呢？这是因为计算机无法以我们同样的方式识别出信息。人们依照指令使用字母、数字和特殊字符来处理数据。例如,如果我们希望某人将数字 3 和 5 加在一起并记录答案,我们可以说"请让 3 和 5 相加"。然而,系统单元是电子电路,不能直接处理这种请求。

我们的声音会产生**模拟信号**或连续信号,这些信号通过变化表示不同的音调、音高和音量。但是,计算机只能识别数字信号。在系统单元中进行任何处理之前,必须把我们理解的内容转化为系统单元可以电子化处理的内容。

5.11.1　数值表示

关于电信号,你能做出的最基本的描述是什么? 它可以简单说成:打开或关闭。事实上,有很多类型的技术,我们可以利用这个开/关、是/否、有/无的两种状态描述。例如,灯的开关可以是接通或断开;电路也可以接通或断开。磁带或磁盘上特定位置可能有正电荷或负电荷变化。这就是为什么用双态或二进制系统来表示数据和指令的原因。

十进制是我们熟悉的 10 个数字(0,1,2,3,4,5,6,7,8,9)。然而,**二进制**仅仅包括两个数字——0 和 1。每个 0 或 1 被称为一个**位**——二进制数字的简称。在系统单元里,1 可以通过负电荷来表达,0 可以通过没有电荷来表示。为了表示数字、字母和特殊字符,位被整合成以 8 个位为一组,称为字节。只要向计算机系统中输入数字,数字必须在它被处理之前转换为二进制数。

任何数字都可以表示成一个二进制数字。然而,人们使用二进制数字工作,确实非常困难,因为它们需要非常多的位数。取而代之,二进制数字通常以人们更易读的形式表示。十六进制(hex)使用 16 个数字(0,1,2,3,4,5,6,7,8,9,A,B,C,D,E,F)表示二进制数。每一个十六进制数字可以表示 4 个二进制数字,两个十六进制数字通常在一起表示 1 个字节(8个二进制数)(如图 5-26 所示)。在网站设计或绘图应用程序中选择颜色,或访问无线网络时输入密码,人们可能已经使用了十六进制。

十进制	二进制	十六进制
00	00000000	00
01	00000001	01
02	00000010	02
03	00000011	03
04	00000100	04
05	00000101	05
06	00000110	06
07	00000111	07
08	00001000	08
09	00001001	09
10	00001010	0A
11	00001011	0B
12	00001100	0C
13	00001101	0D
14	00001110	0E
15	00001111	0F

图 5-26　数字表示

5.11.2　字符编码

如同我们已经看到的，计算机内部必须使用二进制表示所有的数字。用什么表达文本呢？计算机如何表示我们用来沟通的非数字字符呢？例如你正在阅读的句子。答案是字符编码方案或标准。

字符编码标准为每个字符分配一个唯一的位序列。历史上，个人计算机使用 **ASCII**（美国信息交换标准代码）来表示字符，然而大型计算机使用 **EBCDIC**（扩展二进制编码的十进制交换码）编码。这些方案相当有效，然而，它们也非常有限。例如，ASCII 只使用 7 位来表示每个字符，这意味着只能表示 128 个字符。对于大多数英文字符来说，这是很好的，但是还不足以支持其他语言，例如中文和日文。这些语言拥有太多的字符以至于不能用 7 位的 ASCII 码来表示。

互联网爆炸式发展以及随后计算的全球化进程，导致了一种全新的字符编码，称为 **Unicode** 码，它使用 16 位。Unicode 标准是最广泛使用的字符编码标准，几乎每个计算机系统都能识别。前 128 个字符被分配给与 ASCII 相同的位序列，以保持与传统的 ASCII 格式信息的兼容性。但是，Unicode 使用不同数量的位来表示每个字符，允许表示非英文字符和特殊字符。

☑ 概念检查

● 模拟信号和数字信号有什么区别？

● 什么是十进制和二进制系统？它们有什么不同？

● 比较 EBCDIC、ASCII 和 Unicode 编码方式。

5.12　IT 职业生涯

前面介绍了系统单元的有关知识，下面介绍作为计算机技术人员的职业生涯。

计算机技术人员负责维修计算机组件和安装计算机系统。他们可以处理从个人计算机、大型服务器到打印机的所有工作。一些计算机技术人员负责建立、维护计算机网络。经验丰富的计算机技术人员可以与计算机工程师合作诊断问题并对复杂的系统进行日常维护。由于计算机设备越来越复杂，技术也在不断扩展，预计该领域的工作机会也将会增加。

雇主需要那些拥有计算机维修证书或专科学历的人。计算机技术人员也应该继续接受教育，从而跟上技术变化的步伐。良好的沟通技巧在该领域很重要。

计算机技术人员年薪为 37 000 美元至 47 000 美元。晋升机会通常体现在可以在更先进的计算机系统上工作。一些计算机技术人员会进入客户服务岗位或销售岗位。

5.13　未来展望：脑内芯片

你是否曾经想过仅仅通过意念就可以跟计算机沟通？简单的计算机植入物已被常规使用来改善听力或降低心脏病发作的风险。最近，植入物已经被用来调节药物摄入量和改善假肢的舒适度。未来,你可以使用各种设备(通常戴在头上),这些设备可以让你仅仅使用意念就可以移动物体,例如轮椅。然而,未来将取决于可以直接与我们的神经细胞沟通的植入式微芯片。尽管它们最初的目的是要治疗各种疾病,但是它们最终(可能存在争议)会被用来改善其他健康个体的各种脑功能。技术一直创造着更好的植入芯片,并将随着我们对未来的展望,继续发展以改善我们的生活。

十多年来,医生已经能够使用"深部脑刺激"(DBS)来治疗一些类似帕金森病的疾病。尽管对于许多患者来说,这一技术很成功,这些植入物仅仅是将预设的电脉冲发送给大脑。它们不涉及神经细胞和机器之间的主动沟通。研究 ReNaChip 芯片的研究人员希望通过使用可编程计算机芯片来改变这种情况,这种芯片能够对患者大脑中正在发生的事情做出反应。这种硅芯片可以测量大脑的脑电活动,然后在需要时提供适当的刺激。

目前正在研发另一种大脑植入物,目的在于帮助盲人恢复部分视力。微芯片被植入到大脑的视觉皮层,负责处理图像。这个芯片将通过无线方式与一个摄像头进行通信,这个摄像头放置在个人佩戴的特制眼镜中。摄像头拍摄的图像将被芯片处理,然后直接送达到大脑在这一区域里的神经。正向我们走来的是一个不可思议的世界。研究人员正在提高计算机阅读人类思维的能力。目前,一个研究小组已经能够使用植入芯片和计算机来读取中风患者的思想,从而使患者能够靠意念来移动机器手。虽然成功率不是百分之百,处理能力也仅限于基本动作,但是患者已经能够通过意念让机器手拿起一杯咖啡。这项研究有望改善数百万残障人士的假肢装备。

许多伦理专家担心人们使用这种芯片只是为了改善能力,而不是治疗疾病。例如,微芯片可以存储很多内容,人们可以使用大脑植入物来改善记忆力。这可能会导致各种情况,其中装有植入芯片的人比没有安装植入物的人更具有优势,而这种优势是不公平的。然而,也有人不同意,认为技术与生物的结合是必然的,而这只不过是人类进化的下一步。如果这种技术普遍盛行,而且价格又能承担得起,你会接受芯片植入吗?芯片植入是出于医疗用途,还是仅仅用于改善你的智力水平,你会为此进行区分吗?你是否认为人类的未来在于技术与人类生物学的融合?

5.14　小　　结

1. 系统单元

系统单元(系统底盘)包含电子组件。最常见的**个人计算机**是台式机、笔记本计算机、平板计算机、智能手机和**可穿戴计算机**。

(1) 台式机

台式机系统单元位于一个单独的机箱中;**塔式机组(塔式计算机)**具有垂直系统单元;二合一计算机将系统单元和显示器结合在一起。

(2) 笔记本计算机

笔记本计算机系统单元包括辅助存储设备和输入设备。专业笔记本计算机包括二合一笔记本计算机(触摸屏和折叠式)、**游戏本计算机**(高端图形和快速处理器)、**超级本计算机**(也被称为**超便携本**)和**迷你笔记本计算机**(更轻、更薄、更长的电池寿命)。

（3）平板计算机

平板计算机的系统单元位于显示器后面。它们比笔记本计算机更小、更轻，通常功能较弱，使用虚拟键盘。**迷你平板计算机**是传统平板计算机的简化版本。

（4）智能手机

智能手机是最流行的移动设备；通过提供捕捉视频、发送音频和视频、运行应用程序、连接互联网等计算能力来扩展手机功能。

（5）可穿戴计算机

可穿戴计算机（可穿戴设备）是包含一个嵌入芯片的计算机。最广泛使用的可穿戴计算机是**智能手表**和**活动跟踪器**。

（6）组件

每一种类型的系统单元都有相同的基本组件，包括系统主板、微处理器和存储器。

2. 系统主板

系统主板（主板或母板）控制计算机系统的所有通信。所有外部、内部设备和组件都与它相连接。

- **插座**为芯片（**硅芯片**、**半导体**、**集成电路**）提供连接点。芯片通常用一定的形式封装。
- **插槽**为专用卡或电路板提供连接点。
- **总线**为支持通信提供通路。

为了高效地使用计算机，需要理解系统单元中基本组件的功能：系统主板、微处理器、存储器、扩展槽和扩展卡、总线、端口和电缆。另外，需要理解数据和程序是如何以电子形式表示的。

3. 微处理器

大部分个人计算机里，**中央处理单元（CPU）**或处理器被放置在称为微处理器的单个芯片上。它有两个基本组件：**控制单元和算术逻辑运算单元**。

（1）微处理器芯片

一个**字**是可以被微处理器一次读取的位数。**时钟速度**表示 CPU 在一秒内能够获取和处理数据或指令的次数。

多核处理器可以提供多个独立的 CPU。**"并行处理"**要求程序允许多个处理器在一起工作来运行大型复杂程序。

（2）专用处理器

专用处理器包括**图形协处理器**（也称为 **GPU** 或**图形处理单元**（处理图形图像）），车载处理器（监视燃油效率、卫星娱乐和跟踪系统）等。

4. 存储器

存储器存储数据、指令和信息。有三种类型的存储器芯片。

（1）RAM

RAM（随机存储器）芯片被称为暂时性或易失性内存，因为如果电源被中断，里面的内容就会丢失。

- **高速缓冲存储器**（cache）是频繁使用的数据和信息的高速存储区域。
- **双列直插式存储模块**用于扩展内存。

- **虚拟存储器**将大型程序分成若干个小部分,各个部分根据需要读进 RAM。

（2）ROM

ROM（只读存储器） 芯片是非易失性存储器,它控制基本系统操作。

（3）闪存

在电源移除时,**闪存**中的内容不会丢失。

5. 扩展槽和扩展卡

大多数计算机允许用户通过在系统板上提供的**扩展插槽**安装**扩展卡**来扩展系统。

扩展卡的例子包括**图形卡**、**网络接口卡（NIC）** 和**无线网卡**。

SD 卡是指甲般大小的扩展卡,主要用于笔记本计算机、平板计算机和智能手机。SD 卡连接到各种设备内部的扩展插槽。

6. 总线

总线线路,也称为**总线**,提供连接各种系统组件的数据通路。**总线宽度**是可以同时传输的位的数量。

系统总线连接 CPU 和内存。**扩展总线**连接 CPU 和扩展槽。

有三种主要的扩展总线类型:

- **USB（通用串行总线）** 可以从一个 USB 设备连接到另一个设备,或连接到公共点（集线器）,然后连接到系统主板。
- **FireWire（火线）总线** 类似于 USB 总线,但是更专业。
- **PCIe 总线** 被广泛使用,为每个连接设备提供专用通路。

7. 端口

端口是连接系统单元的外部插座。

（1）标准端口

4 个标准端口是:

- **USB（通用串行总线）端口**——广泛用于外接键盘、鼠标、打印机和存储设备,端口可以将多个设备连接到系统单元。
- **HDMI（高清晰度多媒体接口）端口**——提供高清视频和音频。
- **Thunderbolt（雷电）端口**——提供高速连接,一次可同时连接多至 7 个 Thunderbolt 设备,如外置硬盘驱动器和显示器。
- **以太网端口**——高速网络端口,已经成为当今许多计算机的标准。

（2）专用端口

5 个常用的专用端口是:

用于连接高速大型辅助存储设备的 **eSATA（外部串行高级技术附件）端口**、用于数字音乐的 **MIDI 端口**、用于大型显示器的**迷你显示端口（MiniDP,mDP）**、用于连接显示器的 **VGA（视频图形适配器）** 和 **DVI（数字视频接口）端口**、用于高速连接类似摄像机和辅助存储设备的 FireWire（火线）端口。

（3）电缆

电缆通过端口将外部设备连接到系统单元。

8. 电源

电源装置将交流电转换成直流电,为台式机提供电源。**AC 适配器**可为笔记本计算机和平板计算机供电,也可以为其电池充电。一些智能手机使用无线充电平台。

9. 电子表示

人类声音产生模拟(连续)信号;计算机只能识别数字电信号。

(1) 数值表示

数据和指令可以用双态或**二进制**数字(0 和 1)的电子化方式表示。每个 0 或 1 被称为位。一个字节由 8 位组成。**十六进制**(十六进制)使用 16 位数字来表示二进制数字。

(2) 字符编码

字符编码标准为每个字符分配唯一的位序列。三种标准是:

- **ASCII**——美国信息交换标准代码。过去用于个人计算机。
- **EBCDIC**——扩展二进制编码的十进制转换代码。过去用于大型计算机。
- **Unicode**——16 位代码,最广泛应用的标准。

10. IT 职业生涯

计算机技术人员修理与安装计算机组件和计算机系统。要求获得专业学校计算机维修证书或专科学历。年薪为 37 000 至 47 000 美元。

5.15　专　业　术　语

ASCII 码(美国信息交换标准代码)

SD 卡(SD card)

半导体(semiconductor)

笔记本计算机(laptop)

并行处理(parallel processing)

槽(slot)

插座(socket)

超级笔记本(ultrabooks)

超级便携本(ultraportables)

处理器(processor)

电缆(cable)

电源供给单元(power supply unit)

端口(port)

多核处理器(multicore processor)

二合一笔记本计算机(two-in-one laptops)

二进制系统(binary system)

高清多媒体接口端口(High Definition Multimedia Interface (HDMI) port)

高速串行计算机总线(PCI Express,PCIe)

高速缓存内存(cache memory)

个人计算机(personal computer)

硅芯片(silicon chip)

活动跟踪器(activity tracker)

火线端口(FireWire port)

火线总线(FireWire bus)

基本输入/输出系统(BIOS, basic input/output system)

集成电路(integrated circuit)

计算机技术员(computer technician)

交流适配器(AC adapter)

可穿戴计算机(wearable computer)

可穿戴设备(wearable device)

控制单元(control unit)

扩展槽(expansion slot)

扩展二进制编码的十进制交换码(EBCDIC)

扩展卡(expansion card)

扩展总线(expansion bus)

雷电端口(Thunderbolt port)

逻辑运算(logical operation)

迷你笔记本计算机(mini notebook)

迷你平板计算机(mini tablets)

迷你显示端口(Mini DisplayPort(MiniDP, mDP) port)

模拟(analog)

内存,存储器(memory)

平板计算机(tablet/tablet computer)

双列直插式内存模块(DIMM, dual in-line memory module)

闪存(flash memory)

十六进制系统(hexadecimal system(hex))

时钟速度(clock speed)

视频图形适配器端口(VGA(Video Graphics Adapter)port)

数字(digital)

数字视频接口(DVI(Digital Video Interface) port)

算术逻辑单元(arithmetic-logic unit, ALU)

算术运算(arithmetic operation)

随机访问存储器(random-access memory, RAM)

塔式单元(tower unit)

塔式计算机(tower computer)

通用串行总线(universal serial bus, USB)

通用串行总线端口(universal serial bus (USB) port)

图形化处理单元(GPU, graphics processing unit)

图形卡(graphics card)

图形协处理器(graphics coprocessor)

外部串行高级技术配置接口(external Serial Advanced Technology Attachment (eSATA) port)

网络接口卡(network interface card, NIC)

网络适配卡(network adapter card)

微处理器(microprocessor)

位(bit)

无线充电平台(wireless charging platform)

无线网络卡(wireless network card)

系统单元(system unit)

系统底盘(system chassis)

系统主板(system board)

系统总线(system bus)

协处理器(coprocessor)

芯片(chip)

芯片封装(chip carriers)

虚拟内存(virtual memory)

一体机(all-in-one)

以太网端口(Ethernet port)

游戏本(gaming laptops)

乐器数字接口(musical instrument digital interface(MIDI) port)

只读存储器(read-only memory, ROM)

智能手表(smartwatch)

智能手机(smartphone)

中央处理器(central processing unit, CPU)

主板(mainboard/motherboard)

桌面(desktop)

字(word)

字符编码标准(character encoding standards)

字节(byte)

总线(bus/bus line)

5.16　习　　题

一、选择题

圈出正确答案的字母。

1. 可容纳大多数电子元器件的容器是：
   a. 芯片载体　　　　b. 系统主板　　　　c. 系统单元　　　　d. 统一码
2. 最流行的移动设备是：
   a. 一体机　　　　　b. 桌面　　　　　　c. 智能手机　　　　d. 超极本计算机
3. 主板或母板被认为是：
   a. 计算机　　　　　b. 板处理器　　　　c. 移动系统　　　　d. 系统主板
4. 一台 32 位字长的计算机一次可以访问多少字节？
   a. 1　　　　　　　b. 4　　　　　　　c. 8　　　　　　　d. 16
5. 在个人计算机系统中，中央处理单元通常包含在单个（　　）中。
   a. 总线　　　　　　b. 芯片　　　　　　c. 模组　　　　　　d. RAM
6. 一类内存可以将大型程序划分为多个部分，并且可以将这些部分存储在辅助存储设备上。这种内存是：
   a. 直接　　　　　　b. 扩展　　　　　　c. 随机访问　　　　d. 虚拟
7. 众所周知的 NIC 适配器卡用于将计算机连接到（　　）。
   a. AIA　　　　　　b. 扩展　　　　　　c. 图形化　　　　　d. 网络
8. （　　）提供了将 CPU 的各个部分相互连接的途径。
   a. 总线　　　　　　b. 电缆　　　　　　c. 有线　　　　　　d. 无线
9. （　　）专用端口，用于将诸如电子键盘之类的乐器连接到声卡上。
   a. eSATA 口　　　b. HDMI　　　　　c. MIDI　　　　　　d. Thunderbolt
10. 计算机只能识别出这类电子信号：
    a. 模拟　　　　　　b. 总线　　　　　　c. 数字　　　　　　d. 最大化

二、匹配题

将左侧以字母编号的术语与右侧以数字编号的解释按照相关性进行匹配，把答案写在画线的空格处。

a. 高速缓冲存储器　　　____ 1. 一种多处理器芯片，提供两个或多个独立 CPU。

b. 闪存　　　　　　　　____ 2. 在断电情况下，此类内存会丢失它的内容。

c. 多核　　　　　　　　____ 3. 系统板组件，为专用卡或电路板提供连接点。

d. 网卡　　　　　　　　____ 4. 为芯片提供连接点。

e. 端口　　　　　　　　____ 5. 在内存和 CPU 之间充当临时高速存储区，改善处理能力的一种内存。

f. RAM

g. 槽　　　　　　　　　____ 6. 一种提供 RAM 和 ROM 组合功能的内存。

h. 插座　　　　　　　　____ 7. 网络适配器的另一个名称。

i. 系统总线　　　　　　____ 8. 在系统板上，此类总线连接 CPU 到内存。

j. 通用串行总线　　　　____ 9. 这种端口可以用于把多个 USB 设备连接到系统。

　　　　　　　　　　　____ 10. 一种插座，用于把外部设备连接到系统单元。

三、开放式问题

回答下列问题。

1. 描述 5 种最常见的个人计算机类型。

2. 描述系统板,包括插座、芯片、芯片封装、插槽和总线。

3. 讨论微处理器组件、芯片和专业处理器。

4. 定义计算机存储器,包括 RAM、ROM 和闪存。

5. 定义扩展槽、卡,包括图形卡、网络接口卡、无线网络卡和 SD 卡。

6. 定义总线、总线宽度、系统总线、扩展总线。

7. 定义端口,包括标准端口、专用端口。每一项都给出例子。

8. 描述电源,包括电源供给单元和交流电源适配器。

9. 讨论电子数据和指令。

四、讨论

回答下列问题。

1. 让 IT 为你所用:电视调谐器

你知道可以使用计算机录制自己最喜欢的电视节目吗? 回顾一下 5.9 节"让 IT 为你所用:电视调谐器"中的内容,回答以下问题:①你家里是否有 DVR? 如果有的话,生产商是谁? 如果没有,你是否已经考虑过购买一台? 为什么? ②与有线电视或卫星公司提供的 DVR 相比,Kodi 媒体中心的 DVR 功能如何? 使用搜索引擎来帮助你找到这些不同。③在在线商店中,找到至少两个基于 USB 的电视调谐器。注意它们的价位和规格。它们最主要的区别是什么呢?

2. 隐私:加密处理器

你是否知道某些系统具有专业处理器,可以在存储之前自动对数据进行加密? 回顾 103 页的"隐私"专题,回答下列问题:①你认为谁需要一个加密处理器? 请具体说明。②为了保护你的隐私而在这些处理器上花钱,你认为值得吗? 为什么? ③如果你并不想对所有数据都进行加密? 请解释原因。④你认为所有的计算机系统都应该有加密处理器吗? 阐述一下你的观点。

3. 伦理:失业和工作条件

假如一个国家生产了许多计算机相关产品,但据报道该国的工作条件却远低于可接受的标准。回顾第 97 页的"伦理"专题中的内容,然后回答下列问题:①你如何看待这样的国家生产的产品? 对消费者而言,其优点和缺点是什么? 请详细举例说明。②什么是道德问题? 具体说明,阐述你的观点。③你是否愿意为完全在自己的国家生产的计算机支付更多的费用? 更具体地说,你是否愿意为智能手机支付三倍的价钱? 为什么? ④你是否认为消费者有道德责任了解商品的生产方式? 更具体地说,你的购买决定是否会受有关产品制造者工作条件的影响? 为什么?

4. 环境:回收计算机硬件

你是否曾想过应该怎样处理旧的计算机、显示器和移动设备? 回顾第 101 页的"环境"专题中的内容,回答下列问题:①你通常会怎么处理你的使用过的计算机或损坏的移动设备? ②除了把这些设备扔进垃圾箱,说出三种替代方法。③使用搜索引擎,找到你周边的可接收二手计算机的非营利组织,列举出它们的名称和网址。④访问当地政府网站上的废物管理或回收页面。如果没有网站,请联系当地政府。针对弃置计算机和其他电子设备,给出一些建议。

第6章 输入输出设备

为什么阅读本章

近几年,输入输出设备发展取得了惊人的进步。现在一款普通手机就有数十种输入传感器和显示选项。未来,附着在衣服或眼镜上的微型输入设备将像手机一样普遍。增强现实的显示器或可穿戴眼镜会把人们看到的内容和大量相关信息的数据库整合在一起。

本章涵盖以下知识内容,帮助你应对这个瞬息万变的数字化世界:

- 键盘设计——了解无线键盘和虚拟键盘如何提高打字速度及其便捷性。
- 直观的输入设备——了解触摸屏和语音识别系统的发展。
- 显示技术——了解网络摄像机和数字白板如何创建视频,如何共享演示文稿。
- 不断发展的输出设备——了解超高清电视、3D打印机和电子书的进步。

学习目标

在阅读本章之后,读者应该能够:

① 定义输入。

② 描述键盘输入,包括键盘的类型和特点。

③ 识别不同的指示设备,包括游戏控制器和触控笔。

④ 描述扫描设备,包括激光扫描器、RFID阅读器和识别设备。

⑤ 识别图像捕获和音频输入设备。

⑥ 定义输出。

⑦ 识别不同的显示器功能和类型,包括平板显示器和电子书。

⑧ 定义打印机特性和类型,包括喷墨打印机和云打印机。

⑨ 识别不同视频和音频设备,包括便携式媒体设备。

⑩ 定义输入输出组合设备,包括多功能设备、电话、无人机、机器人以及虚拟现实头盔与手套。

⑪ 解释人体工程学及减少身体伤害的方法。

6.1 引 言

人们是如何将指令和信息发送到CPU?又是如何获取信息的?这里我们将描述一个人机交互最重要的地方。我们输入文本、音乐甚至是语音,但是我们可能从来没有考虑过我们输入的内容和计算机处理的内容之间的关系。输入设备将人们所理解的数字、字母、特殊符号以及手势转换成计算机可以处理的形式。

系统单元处理过的信息是如何转换为人们可以使用的形式?这就是输出设备的作用。

输入设备将我们理解的内容转换为系统单元可以处理的内容,输出设备则是将系统单元处理后的内容转换为我们能够理解的形式。输出设备将机器语言转换成人们能够理解的字母、数字、声音和图像。

为了有效地使用计算机,需要知道最常用的输入设备,包括触摸屏、游戏控制器、扫描仪、数码相机、语音识别和音频输入设备。另外,需要知道最常用的输出设备,包括显示器、打印机以及音频和视频输出设备。还需要注意输入输出组合设备,例如多功能设备和电话。

6.2　什么是输入

输入是计算机使用的任何数据或指令。它们可以直接来自于计算机用户或其他来源。无论何时用户使用系统或应用程序,就可以提供输入。例如,在使用文字处理程序时,可以使用数字和字母的形式输入数据,并发出诸如保存和打印文档之类的命令。还可以通过点击对象或语音输入数据,发出指令。其他输入源包括扫描或拍摄的图片。

输入设备是硬件,用于将人们理解的单词、数字、声音、图像和手势转换成系统单元可以处理的形式。例如,在使用文字处理器时,通常使用键盘输入文字,并使用鼠标发出命令。除了键盘和鼠标外,还有各种各样的其他输入设备。这些包括指向、扫描、图像捕获和音频输入设备。

6.3　键　盘　输　入

输入数据最常见的方式之一就是使用**键盘**。键盘将人们可理解的数字、字母和特殊字符转换成电信号。这些信号被发送到系统单元并由其负责处理。大多数键盘都使用名为QWERTY 的按键排列。这个名字反映出键盘布局,即由字母键最上面一行的前 6 个字符组成。

键盘的设计有很多种类型。它们的大小范围从全尺寸到微型,甚至可以是虚拟的。有4 种基本类型的键盘:传统型、笔记本计算机型、虚拟型和拇指型。

- **传统键盘**——这些全尺寸键盘广泛用于台式机和大型计算机。标准的美国传统键盘有 101 个按键。一些传统键盘包括一些特殊键。例如 Windows 键,这个键可以直接访问“开始”菜单。传统键盘提供功能键、导航键和数字键。某些按键(例如大写锁定键 Caps Lock)是切换键。这些按键可以打开或关闭某项功能。其他如 Ctrl键是组合键,与其他键组合按下,可以执行一个操作(参见图 6-1)。
- **笔记本计算机键盘**——这些键盘比传统键盘小,广泛用于笔记本计算机。尽管按键的位置和数量可能因制造商不同而有所不同,但笔记本计算机键盘通常只有较少的按键,不包括数字键盘,并且功能键和导航键没有标准位置(参见图 6-2(a))。
- **虚拟键盘**——这些键盘主要用于移动设备和平板计算机。不像其他键盘,虚拟键盘没有实体键盘。按键通常显示在屏幕上,并通过触摸屏幕图像进行选择(参见图 6-2(b))。
- **拇指键盘**——这些键盘用于智能手机和其他小型移动设备。主要用于通过短信和

功能键是特定任务的快捷键；如F1按键通常显示"帮助"

数字键盘输入数字和算术符号，控制光标或插入点

Windows键，显示"开始"菜单

导航键，控制屏幕上的光标或者插入点

图 6-1　传统键盘

网络进行交流，其尺寸非常小(参见图 6-2(c))。

(a) 笔记本键盘　　　　　　(b) 虚拟键盘　　　　　　(c) 拇指键盘

图 6-2　键盘

☑ 概念检查

● 什么是输入？什么是输入设备？

● 列举并对比 4 种类型键盘。

● 什么是切换键？什么是组合键？

6.4　定位指向设备

定位指向是所有人类手势中最自然的一种。**定位指向设备**通过接受物理移动或手势提供一种与系统单元连接的直观接口，诸如手指在屏幕上定点指向或移动，并将这些运动转换成机器可读的输入。定位指向设备种类繁多，包括鼠标、触摸屏、游戏控制器和触控笔。

6.4.1　鼠标

鼠标控制显示器上显示的指针。**鼠标指针**通常以箭头的形状出现。然而根据应用程序的运行，指针经常会改变形状。鼠标可以有一个、两个或多个按钮，这些按钮用于选择命令选项，并控制显示器上的鼠标指针。有些鼠标有一个**滚轮按钮**，这个滚动按钮可以通过旋转操作，在显示器上滚动显示信息。

尽管有几种不同的设计,但最广泛使用的是**光电鼠标**(参见图 6-3)。它发出并感应光线以检测鼠标的移动。通常,检测到的移动是通过电线传送到系统单元。另外,**无绳**或者**无线**鼠标使用无线电波或红外光波与系统单元通信。这些设备取消了鼠标线,释放出桌面空间。

像鼠标一样,**触摸板**用来控制鼠标指针并进行选择。然而,与鼠标不同,触摸板通过手指在其表面的移动或轻击来进行操作。触摸板广泛使用,在笔记本计算机和一些移动设备上取代了鼠标(参见图 6-4)。

图 6-3　光电鼠标

图 6-4　触摸板

6.4.2　触摸屏

触摸屏允许用户通过手指或类似笔的设备触摸屏幕来选择操作或命令。**多点触控屏幕**可以用一个以上手指触摸屏幕,实现互动,例如用手旋转屏幕上的图形对象,或通过捏和伸展手指实现图像的缩小或放大。平板设备和智能手机以及某些笔记本计算机和台式机显示器通常使用多点触控屏幕(参见图 6-5)。

图 6-5　多点触摸屏幕

6.4.3　游戏控制器

游戏控制器是专门为计算机游戏提供的输入设备。尽管键盘和传统鼠标都可以用作游戏控制器,但是 4 种最流行的专业游戏控制器是游戏操纵杆、游戏鼠标、游戏手柄和运动感应设备(参见图 6-6)。

* 操纵杆,用户通过改变控制操纵杆的压力、速度和方向来控制游戏动作。

- 游戏鼠标,类似于传统鼠标,但精度更高,响应速度更快,按钮可编程,更符合人体工程学。
- 游戏手柄,设计成由两只手把控,并提供包括运动、转向、停止和发射在内的各种输入。
- 运动感知设备,通过用户动作来控制游戏。例如,微软公司的 Kinect 运动感应设备可以接收用户的移动和语音命令来控制 Xbox 360 上的游戏。

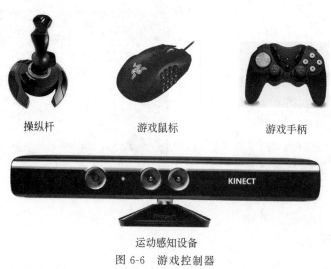

操纵杆　　　　　游戏鼠标　　　　　游戏手柄

运动感知设备

图 6-6　游戏控制器

6.4.4　触控笔

触控笔是一种笔状设备,通常与平板计算机和移动设备配合使用(参见图 6-7)。触控笔利用压力在屏幕上绘制图像。通常,触控笔通过**手写识别软件**与计算机交互。手写识别软件将手写的内容转换成系统单元能够处理的形式。

图 6-7　触控笔

☑ 概念检查

■ 什么是定点指向设备? 描述 4 个定点指向设备。

■ 什么是光电鼠标？什么是多点触控屏幕？
■ 描述出 4 款游戏控制器。什么是触控笔？

6.5　扫 描 设 备

扫描设备将扫描的文本和图像转换为系统单元可以处理的形式。有 5 种类型的扫描设备：光学扫描仪、读卡器、条形码阅读器、RFID 阅读器以及字符和标记识别设备。

6.5.1　光学扫描仪

光学扫描仪，也简单地称为**扫描仪**，接收由文本或图像组成的文档，并将其转换为机器可读的形式。这些设备不会识别单个字母或图像。相反，它们可以识别构成单个字母或图像的亮区域、暗区域和彩色区域。通常情况下，扫描文档保存在文件中，可以进行进一步处理、显示、打印或存储，以供日后使用。

有 4 种类型的光学扫描仪：平板扫描仪、文档扫描仪、便携式扫描仪和 3D 扫描仪。

- 平板扫描仪很像复印机。图像放置在玻璃面板上扫描，扫描仪记录图像。
- 文档扫描仪类似于平板扫描仪，只是它可以快速扫描多页文档。它自动把文档中的所有页一次一页地通过扫描表面。
- 便携式扫描仪通常是一种手持式设备，可以在图像上滑动，直接进行扫描。
- 3D 扫描仪使用光栅、摄像机或机械手臂来记录物体的形状。类似于 2D 扫描仪，大多数 3D 扫描仪不能识别亮区域、暗区域和彩色区域（参见图 6-9）。

光学扫描仪，是一款功能强大的工具，终端用户范围广泛，包括图形和广告的从业人员，他们扫描图像，并将其与文本相结合。

图 6-8　文档扫描仪

图 6-9　3D 扫描仪

6.5.2　读卡器

几乎每个人都使用信用卡、借记卡、门禁卡（停车场或建筑物），或某种类型的身份识别卡。这些卡上通常都有用户的名字，某种类型的识别号以及签名。另外，编码信息通常存储在卡上。**读卡器**可以解读这些编码信息。

虽然存在几种不同类型的读卡器，但是迄今为止，最常见的是**磁条读卡器**。编码信息存储在磁卡背面的薄磁条上。通过磁卡阅读器刷卡时，信息会被读取。许多信用卡已经升级为**智能卡**，它将微芯片嵌入到信用卡中，以提供额外的安全保护。这种微芯片包含加密数据,使犯罪分子几乎不可能伪造出同样的磁卡。某些芯片要求将卡片插入到专用的读卡器中,而某些卡则只需要将卡放在读卡器附近即可。

6.5.3　条形码阅读器

人们可能对杂货店的**条形码阅读器**或**扫描仪**很熟悉。这些设备或者是手持式**读码器**,或者是**平台扫描仪**。它们包含扫描、读取**条形码**的光电单元,条形码常见于打印在产品包装上的垂直斑马条纹标记。

有多种不同的条形码,其中有 **UPC 代码**和 **MaxiCode 代码**。

- UPC(通用产品代码)被零售商店广泛使用,自动完成顾客结账流程,更改商品价格以及维护库存记录。
- MaxiCode 码被广泛应用于美国联邦包裹服务公司(UPS)以及其他的包裹公司,自动设置包裹路线、跟踪运输中的包裹以及查找丢失的包裹。

配有相应应用程序的智能手机也可以扫描代码(参见图 6-10)。例如,扫描购买的产品条形码后,亚马逊的价格检查软件将提供店内价格和线上价格的对比,以及其他客户对该商品的评论。

6.5.4　RFID 阅读器

RFID(radio-Frequency identification,无线射频标识)标签是可以嵌入到大多数物品中的微小芯片。常用于消费品、驾照、护照和任何其他物品中(参见图 6-11)。这些芯片包含电子存储的信息,这些信息可以被几步之遥的**无线射频识别读卡器**读取。它们被广泛用于追踪和定位丢失的宠物;监控生产和更新库存;记录价格、产品说明和查找零售商品。

图 6-10　智能手机条形码阅读器

图 6-11　RFID 阅读器

6.5.5　字符与标记识别设备

字符和标记识别设备是能够识别特殊字符和标记的扫描仪。它们是专用设备,对某些应用来说是必不可少的工具。有三种类型：

- 磁墨水字符识别（MICR）——银行用来自动读取支票和存款单底部那些特殊的数字。一种特殊用途的机器，即读取器/分类器，可以读取这些特殊数字并对数字进行输入，使银行有效地维护客户账户平衡。
- 光学字符识别（OCR）——使用特殊的预览打印字符，可以通过光源读取并转换为机器可读的代码。常见的 OCR 设备是手持条形码阅读器（参见图 6-12）。百货商店里使用这些标签，通过反射光线反射到打印出来的字符上，从而读取零售价格。

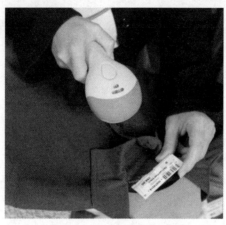

图 6-12　手持条形码阅读器

- 光标识别（OMR）——主要功能是可以感知到是否存在铅笔之类的标记。OMR 通常用于对标准化的多项选择题测试进行评分。

☑ 概念检查

- 什么是扫描仪？分别描述 5 种类型扫描设备。
- 什么是 UPC 码？MaxiCode 码？智能卡？
- 描述三种常见字符和标记识别设备。

6.6　图像捕捉设备

像传统的复印机一样，光学扫描仪可以复制原件。例如，光学扫描仪可以制作照片的数字副本。而图像捕获设备创建或捕捉原始图像。这些设备包括数码相机和网络摄像机。

6.6.1　数码相机

数码相机以数字化方式捕捉图像，并将图像存储在存储卡或相机的内存中。大多数数码相机也能够录制视频（参见图 6-13）。几乎所有的平板计算机和智能手机都配置能够拍摄图像和视频的内置数码相机。你可以拍照，即时查看，甚至可以在几分钟之内将其上传到自己的网页上。

图 6-13　数码相机

> **伦理**
>
> 　　人们可能已经听说过这种事情,有人使用网络摄像头传播个人活动,而这些人并不知道自己正在被偷拍。例如,在一个著名的法庭案件中,一名大学生被起诉,原因是他曾使用笔记本计算机上的摄像头偷拍室友的私密活动。在其他情况下,公共摄像头记录下令人尴尬的镜头,而当事人并没有意识到摄像头的存在。有人认为,在未经其知情和同意的情况下,记录并播放个人图像是不道德的。对此你是什么观点?

6.6.2　网络摄像机

　　网络摄像机是专业的数码摄像机,可以捕捉图像并将其发送到计算机上,通过互联网进行传播。多数智能手机和平板计算机都内置了网络摄像机。台式机和笔记本计算机摄像机可以内置在计算机里,也可以安装在计算机的显示器上(参见图 6-14)。

图 6-14　附属的网络摄像头

6.7　音频输入设备

　　音频输入设备将声音转换成可以被系统单元处理的形式。到目前为止,使用最广泛的音频输入设备是麦克风。音频输入可以采取多种形式,包括人的声音和音乐。

　　语音识别系统使用麦克风、声卡和专用软件。这些系统允许用户使用语音命令操作计算机和其他设备创建文档。正如在第 5 章中所讨论的那样,大多数智能手机包括一个语音识别的数字助理,它可以接收语音命令来控制操作。苹果手机配备了 Siri 软件,微软手机配备了小娜软件,谷歌手机配备了 Google Now 软件。这些语音识别系统可以执行许多操作,包括在日历上安排事件,编写简单的文本消息,并在网上查询资料。医生、律师和其他专业人员使用专业便携式录音机记录口述内容。这些设备能够录音数小时之长,然后连接到运行语音识别软件的计算机上对口述信息进行编辑、存储和打印。某些系统甚至可以将口述内容从一种语言翻译成另一种语言,例如将英语翻译成日语。

📢 提示

你是否曾遇到过与不会讲英文的人沟通困难的情况？如果这样的话,谷歌翻译器可能正是你所需要的。

① 访问 translate.google.com 网址。

② 使用顶部的按钮,选择你所使用的语种,然后选择你想要翻译的语种。

③ 单击左边文本框的麦克风图标,开始清晰地对着麦克风讲话。在几秒钟内,你将看到右侧文本框内的文字翻译。

④ 单击右侧框内的扬声器图标,即可收听到语音翻译。

☑ 概念检查

🔲 图像捕捉设备与光学扫描仪有什么不同？

🔲 描述两款图像捕捉设备。

🔲 什么是语音识别系统？什么是 Siri 软件？什么是小娜软件？什么是 Google Now 软件？

6.8 什么是输出

输出是被处理过的数据或信息。输出通常采用文本、图形、照片、音频/视频的形式。例如,当使用演示文稿图形程序创建演示文稿时,通常会输入文本和图形。还可以输入照片、语音解说,甚至视频。输出的是完整的演示文稿。

输出设备是用于提供或创建输出的硬件。它们把系统单元处理的信息转换成人们可以理解的形式。有各种各样的输出设备。最广泛使用的输出设备是显示器、打印机和音频输出设备。

6.9 显 示 器

最频繁使用的输出设备是**显示器**,也称为**显示屏**,用于呈现文字和图形的可视图像。输出通常被称为**软拷贝**。显示器的大小、形状、成本各不相同。然而,几乎所有的显示器都具备一些基本特征。

6.9.1 指标

显示器最重要的指标是**清晰度**。清晰度是指显示图像的质量和锐度。它是显示器的几种特性的集合,包括分辨率、点距、对比度、尺寸和宽高比。

- 分辨率是最重要的指标之一。图像通过一系列点或像素(图片元素)呈现在显示器上(参见图 6-15)。分辨率被表示为这些点或像素的矩阵。例如,当今许多显示器具有 1920 列像素×1080 行像素的分辨率,共 2 073 600 个像素。显示器的分辨率越高(像素越多),产生的图像就越清晰。最常见的显示器分辨率参见图 6-16。

图 6-15 显示器分辨率

标准	像素
HD 720	1 280 × 720
HD 1080	1 920 × 1 080
WQXGA	2 560 × 1 600
UHD 4K	3 840 × 2 160
UHD 5K	5 120 × 2 880

图 6-16 分辨率标准

- 点(像素)距是每个像素之间的距离。大多数新款显示器点距为 0.3mm 或更小。点距越小(像素之间的距离越短),产生的图像越清晰。
- 对比度表示显示器展示图像的能力。它显示了最亮的白色和最暗的黑色之间的光线强度对比。比例越高,显示器越好。优秀的显示器通常具有 500:1 到 2000:1 之间的对比度。
- 尺寸或有效显示区域,通过监视器可视区域的对角线长度来测量。常见的尺寸是 15 英寸、17 英寸、19 英寸、21 英寸和 24 英寸。
- 宽高比表示显示器的宽度和高度之间的比例关系。通常,这种关系由比号(:)分隔的两个数字表示。许多旧款方形的显示器的宽高比为 4:3。几乎所有的新颖显示器都采用 16:9 的宽高比来显示宽屏内容。

显示器另一个重要的功能是能够接收触摸或手势输入,例如手指移动,包括刷、滑和捏。然而大多数旧款显示器不支持触屏输入,而触屏输入正成为新型显示器的标准功能。

6.9.2 平板显示器

平板显示器是目前使用最广泛的显示器类型。与其他类型相比,它们更薄,更便携,维持运行所需的电力更少(参见图 6-17)。

几乎所有的平板显示器都是背光的,这意味着即便是普通光源也可以分散在屏幕的所有像素上。平板显示器有三种基本类型:液晶显示器(LCD)、发光二极管(LED)和有机发光二极管(OLED)。

- 液晶显示器广泛用于老款显示器,并且通常价格低廉。
- 发光二极管显示器带有先进的背光技术。产生出质量更好的画面,屏幕更薄,并且更加环保,这是因为制造屏幕需要的电力更少,需要的有毒化学品原材料也更少。多数新款显示器都是 LED 型。
- 有机发光二极管显示器,使用发光有机化合物的薄层取代了 LED 显示器的背光技术。通过消除背光,OLED 显示器可以更薄,功耗更低,对比度更清晰。

图 6-17 平板显示器

6.9.3　曲面显示器

曲面显示器是最新研发的产品之一。它使用了与平板显示器相似的技术，只是它有一个凹面屏幕，可以在屏幕边缘附近提供更好的视角。曲面显示器广泛用于高端电视机，为游戏玩家提供高度身临其境的观赏体验（参见图 6-18）。曲面显示器已经开始出现在智能手机和可穿戴计算机中。对于智能手机来说，曲面显示器允许屏幕围绕在手机的边缘，替代了显示和按钮选项。对于智能手表来说，曲面屏幕可以根据手腕形状显示出与之相符的大屏显示器。

6.9.4　电子书阅读器

电子书是传统印刷书的电子形式。这些书籍可以从许多来源中获得，包括公共的、私人的图书馆、书店网站和云平台。**电子书阅读器**（**电子阅读器**）是专门用于存储、显示电子书和其他电子报纸、杂志的移动设备。

电子书阅读器通常具有 6 英寸的显示屏幕，并使用一种称为电子墨水的技术。电子墨水产生的图像可以像普通纸一样反射光线，这使得显示屏易于阅读。两款著名的电子书阅读器是亚马逊公司的 Kindle 和 Barnes&Noble 公司的 Nook Simple Touch（参见图 6-19）。

图 6-18　曲面显示器　　　　图 6-19　电子书阅读器

平板计算机也可以浏览电子书。它们比电子书阅读器更大、更重、更昂贵。它们也更为灵活，显示电子书只是其诸多功能中的一个应用功能。与专用的电子书阅读器不同，这些平板计算机使用 LCD 显示器，提供清晰的彩色图像；但是，由于反射性质，它们不太适合在充足的光线下阅读。两款著名的传统平板计算机是苹果公司的 iPad 和三星公司的 Galaxy Tab。

要了解有关电子书的更多信息，请参阅 6.10 节"让 IT 为你所用：电子书"。

6.9.5　其他类型显示器

还有其他几种类型的显示器。有些用于更专业的应用，例如做演示和看电视。

- 数字白板或交互式白板是专用设备，外接大型显示屏可连接到计算机或投影仪。计算机的桌面可显示在数字白板上，可以使用专业的涂写笔、手指或其他设备进行控制。数字白板被广泛应用于学校的教室和公司的会议室（参见图 6-20）。

图 6-20　数字白板

- 超高清电视(UHDTV)比常规 HDTV 拥有更清晰、更细致的宽屏幕图像。由于输出的是数字化信息,用户可以很轻易地定格视频来创建高质量的静态图像。视频和图像都可以被编辑和存储,以供日后使用。这种技术对于平面图形艺术家、设计师和出版商都是非常有用的。近期,最引人注目的技术革新就是 3D 超高清电视(参见图 6-21)。使用特殊的观影眼镜,3D 超高清电视机提供了影院级别的三维观看效果。

图 6-21　3D 超高清电视

- 数字投影仪将传统显示器上的图像投射到屏幕上或墙上。当几个人需要同时观看屏幕时,使用数字投影仪对于演示及会议来说是理想的选择。此外,投影仪往往比相似尺寸的显示器更便携,更便宜。不过,在光线充足的房间里就很难看到投影出的画面,所以最好是用在有窗帘的房间或没有窗户的暗室中(参见图 6-22)。

图 6-22　数字投影仪

☑ 概念检查

■ 定义显示器的指标：清晰度、分辨率、点距、对比度、尺寸和宽高比。

■ 描述一下平板、曲面、LCD、LED 和 OLED 显示器。

■ 什么是电子书阅读器、数字白板、超高清电视和数字投影仪？

6.10　让 IT 为你所用：电子书

你是否厌倦了背着装满教科书的书包？你是否希望随时可以找到参考书或教材，而不是将它们放在家里的书架上？电子书就是这些问题的解决方案，本节将讨论电子书的好处，以及如何获取和阅读它们的各种方法。

1. 电子书的好处

因为电子书是数字化的，所以它们有着广泛的优越性：

① 传播。书籍需要占用家庭（或你的书包）的大量空间。使用电子书，可以在一个小设备上存储上千本书。

② 搜索。输入任何关键字，就会出现该关键字的页面。这比使用索引要快得多。

③ 书签。标记页码是非常重要的。这对于无数实体书签或折叠页面而言是一项改进。

④ 加亮和注释。电子书上的所有标记都是数字化的，可以很容易地添加或删除，对于实体书来说是无法做到的。

⑤ 购买。购买电子书可能需要不到一分钟的时间，因为它可以立即下载到你的设备中。价格也往往低于实体书。

2. 阅读电子书

一旦决定购买电子书，你可能就会惊讶于使用阅读设备的数量。

① 电子书阅读器。专用的电子书阅读器，例如亚马逊公司的 Kindle 产品和 Barnes & Noble 公司的 Nook 产品，不到 100 美元就可以购买。如果对你来说必须在阳光直射或光线较强的地方阅读，使用了电子墨水的电子书阅读器也是完全可以胜任的。

② 智能手机和平板计算机。你是否有一台走到哪里都可以携带的智能手机或平板计算机？如果是这样的话，你可能想从电子书销售商那里下载免费的应用程序，以避免再单独购买电子书阅读器，从而节约成本。这些应用程序的阅读体验非常好，因为它们都有触摸屏界面。

③ 笔记本和台式计算机。尽管许多电子书零售商制作了应用程序，但谷歌等卖家支持从 Google Play 商店购买的书籍只需要通过网络浏览器就可以阅读。

大多数电子书销售商通过云服务提供了电子书和笔记的同步服务。例如，允许你使用平板计算机开始阅读某本书，用智能手机从中断的地方继续阅读。

6.11　打　印　机

即使许多个人、学校和企业都试图走向无纸化，但打印机仍然是最常用的输出设备之一。人们可能使用过打印机打印家庭作业、照片和 Web 页面。**打印机**将系统单元处理过的信息显示在纸张上。打印机的输出通常被称为**硬拷贝**。

6.11.1　指标

有许多不同类型的打印机。但几乎所有的打印机都具有一些基本指标,包括分辨率、色彩能力、打印速度、存储器和双面打印功能等。

- 打印机的分辨率与显示器分辨率类似。这是衡量产生图像清晰程度的一个指标。然而,打印机的分辨率是用**dpi**(每英寸点数)来衡量的(参见图6-23)。大多数个人用途打印机分辨率是平均4800×1200dpi。dpi越高,产生图像的质量就越好。
- 当今大多数打印机都提供彩色功能。用户通常可以选择使用黑色墨水或彩色墨水进行打印。因为使用彩色墨水打印成本更高,所以大多数用户选择黑色墨水来打印信件、草稿和作业。最常见的黑色墨水选择指标是**灰度**,其中图像使用许多层次的灰色表示。彩色打印会有选择性地用于包含图形、照片的最终报告中。
- 速度用每分钟打印的页数来衡量。通常,个人打印机单色(黑色)每分钟输出15～19页,彩色每分钟输出13～15页。
- 打印机的内存用于存储打印指令和等待打印的文档。内存越大,打印大型文档的速度就越快。
- 双面打印功能允许在一张纸的两面进行自动打印。尽管双面打印目前还不是所有打印机的标准功能,但是作为防止浪费纸张、保护环境的一种方法,将来很可能成为打印机的标准配置。

图 6-23　dpi 比较

⚙ **环境**

你有没有考虑过喷墨打印机对环境的影响?如果可以,请尽量不要打印。使用电子邮件附件,并建议学校使用网络技术让学生们上传他们的作业。如果必须打印,请购买主要由可循环使用塑料制成的墨盒。当墨水用完时,将墨盒带给零售商,确保墨盒被回收。当你上交空墨盒时,许多零售商通常会为你的新墨盒提供折扣。

6.11.2　喷墨打印机

喷墨打印机将墨水高速喷射到纸张表面。这个过程可以产生各种颜色的高质量图像，非常适合打印照片（参见图 6-24）。喷墨打印机相对便宜，是使用最广泛的打印机。此外，它们也很可靠，而且噪声低。喷墨打印机成本最高之处是更换墨盒。由于这个原因，大多数用户在打印作业时会指定黑色墨水，只在特殊需要时才使用比较昂贵的彩色打印。典型的喷墨打印机每分钟可产生 15～19 页的黑色输出和 13～15 页的彩色输出。

图 6-24　喷墨打印机

6.11.3　激光打印机

激光打印机使用了和复印机类似的技术。激光打印机使用激光束产生具有优质字母和图形质量的图像。激光打印机比喷墨打印机更贵，更快，可用于高质量需求的输出应用。

有两类激光打印机。**个人激光打印机**比较便宜，并由单个用户使用。它们通常可以每分钟打印 15～17 页。**共享激光打印机**通常支持色彩输出，价格更贵，并且被一组用户使用（共享）。共享激光打印机通常每分钟打印 50 页以上。

6.11.4　3D 打印机

3D 打印机也被称为**增材制造**，通过在一层又一层的材料层上添加非常薄的涂层来创建三维形状，直到完成最终形状（参见图 6-25）。有多种不同工艺过程和材料创建每一层。其中一种最常见的形式是通过类似喷墨打印机的喷嘴喷射液体塑料或类似塑料的物质。

图 6-25　3D 打印机

　　3D 打印机由描述创建对象的形状的数据控制。这些数据通常来自 3D 模型程序创建的文件或来自使用 3D 扫描仪扫描物理模型的数据。然后,专用程序将进一步处理这些数据,用来创建描述数百或数千个水平层数据,这些数据层叠在一起形成目标对象的形状。打印机通过获得的数据将第一层挤压或切割,制定成非常精确的规格。然后创建连续层,并将其附加到其下面的层上,直到最终完成产品。这些层通常非常薄,非常精确,相互融合,以至于制成的终极产品没有任何单个层的痕迹。

　　商用 3D 打印机已经使用了数十年。但是,它们的成本限制了它们只能用于专业制造和专业研究应用。然而,它们的成本在逐渐降低,个人用户也可以接受。

6.11.5　其他打印机

　　还有其他几种类型的打印机。这些打印机包括云打印机、热敏打印机和绘图仪:

- 云打印机是连接到互联网的打印机,可以为互联网上的其他人提供打印服务。谷歌云打印是一项支持云在线打印服务。一旦用户使用谷歌 Chrome 操作系统激活打印机后,用户就可以使用智能手机或连接到互联网上的任何其他类型的计算机访问该打印机。例如,可以在任何地方使用智能手机软件发送文档,将其在家或学校的打印机上打印。
- 热敏打印机使用热敏元件在热敏纸上产生图像。这些打印机广泛用于自动柜员机和加油泵来打印收据。
- 绘图仪是专业打印机,用于各种大量的专业输出。通过使用绘图板和其他图形输入设备,绘图仪可以创建地图、图像以及建筑工程图。绘图仪通常由平面设计艺术家、工程师和建筑师用来打印设计、草图和图纸。

☑ 概念检查

- 讨论打印机特征:分辨率、色彩能力、速度、内存和双面打印。
- 比较喷墨打印机、激光打印机和 3D 打印机。
- 讨论云打印机、热敏打印机和绘图仪。

✎ 隐私

　　你是否知道你的打印机可能会在其创建的每份文档中标记自己? 一些彩色打印机在所有打印文档的边缘打印出几乎看不见的点。这些微小的点形成代码,这些代码可用于追踪生成它的打印机。打印机制造商与美国特勤局一起秘密开发了这项功能,用来协助进行伪造调查。一些隐私专家建议,未经设备所有者同意追踪设备是不合适的。

6.12　音频输出设备

　　音频输出设备将来自计算机的音频信息转换为人们可以理解的声音。使用最广泛的音频输出设备是扬声器和耳机(参见图 6-26)。这些设备连接到系统单元的声卡上。连接方

图 6-26　头戴耳机

式可以是通过有线电缆连接到系统单元的音频插孔上，也可以通过无线连接。无线连接通常使用蓝牙技术。这种类型的连接需要具有蓝牙功能的专业扬声器/或耳机。蓝牙将在第 8 章里进一步讨论。声卡用于捕获、回放录制的声音。音频输出设备用于播放音乐，播放由一种语言翻译而来的另一种语言，以及将信息从计算机系统传达给用户。

创建语音输出并不像语音识别和语音翻译那样困难。实际上，语音输出是相当普遍的。许多智能手机、汽车和软饮料机都使用语音输出技术。语音输出被用作学习的强化工具，例如可以帮助学生学习外语。许多超市结账柜台上用来确认购买金额。其中最强大的功能应用之一就是为残障人士提供帮助。

6.13　输入输出组合设备

许多设备结合了输入和输出功能。有时候这样做是为了节省空间。有时候则针对非常专业的应用。常见的组合设备包括头戴式耳麦、多功能设备、电话、无人机、机器人、虚拟现实的头盔和手套。

6.13.1　头戴式耳麦

头戴式耳麦结合了麦克风和耳机的功能。麦克风接收音频输入，耳机提供音频输出。头戴式耳麦是可视化游戏系统的重要组成部分（参见图 6-27）。

6.13.2　多功能设备

多功能设备（MFD）通常结合了扫描仪、打印机、传真机和复印机的功能。这些多功能设备具备成本和空间上的优势。它们的成本与一台性能优良的打印机或复印机相同，但所需要的空间却比要替代的多台单功能设备少得多。它们的缺点是质量稍低，可靠性稍差。任何一种功能的输出质量通常都不如单一功能的设备那样好。多功能设备的可靠性变差，因为一个功能部件的问题会使整个设备无法工作。即便如此，多功能设备仍广泛应用于家庭和小型企业办公室中。

图 6-27　头戴式耳麦

6.13.3　电话

电话是用于接收/发送语音的输入和输出设备。**IP 电话**（**VoIP**）是一组通信标准或技术，用于支持在互联网上的语音和其他类型通信。**互联网电话**是 VoIP 的应用，使用互联网而不是传统电话线支持语音通信。

许多 VoIP 提供免费服务,也不需要任何专用硬件。这些应用服务软件包括微软公司的 Skype 软件、谷歌公司的 Hangouts 软件以及苹果公司的 FaceTime 软件。用户一旦订阅服务,可以使用智能手机或其他类型的计算机连接到任意其他订阅用户。这些服务是免费的,支持视频和音频;但是,双方都必须有自己的计算机,并登录到服务器发送和接收信息。Skype 软件允许用户直接通过手机拨打给非 Skype 用户,但要收取额外的费用。要了解更多有关 Skype 软件的信息,请参阅 6.14 节"让 IT 为你服务:Skype"。

6.13.4　无人机

无人机也称为**无人驾驶**(**UAV**),曾经对于除军事预算之外的其他应用都太过昂贵。然而,今天的无人机价格低廉,速度更快、更智能,因而成为了有价值的工具,也成为了有趣的高科技玩具(参见图 6-28)。大多数无人机通过无线电操纵杆或通过 Wi-Fi 连接的平板计算机、笔记本计算机的控制器获取指令输入。无人机充当输出设备,向用户发回视频和音频。视频和空中机动性的结合使无人机成为各种活动的热门选择,从业余电影摄影师到土木工程师都对无人机感兴趣。

图 6-28　无人机

6.13.5　机器人

类似于无人机,机器人相当于不断扩展的功能已经变得相当便宜。**机器人**使用摄像头、麦克风和其他传感器作为输入。基于这些输入,机器人的输出既可以像完成探索受损核反应堆那样复杂,也可以像完成拍照那样简单。几乎在任意一个地方都可以找到机器人的身影。从家用吸尘地板上,到装配汽车的工厂里;从分拣农产品的农场里,到协助外科手术的医院里(参见图 6-29)。

6.13.6　虚拟现实的头盔和手套

虚拟现实(**VR,virtual reality**)是一种人工的,或模拟的、由计算机创建的三维现实。它致力于通过使用专用硬件来创建虚拟体验或身临其境的**沉浸式体验**。专用硬件包括头盔和手套(参见图 6-30)。

图 6-29　手术机器人

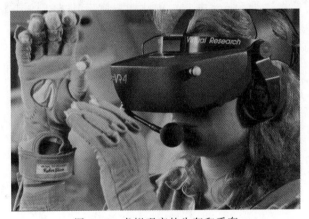

图 6-30　虚拟现实的头盔和手套

头盔配有耳机和三维立体的屏幕。**手套**有传感器来收集关于手部动作的数据。结合软件,这种交互式的感知设备可以让你沉浸在计算机生成的世界里。

虚拟现实的头盔和手套有许多应用。汽车制造商使用虚拟现实技术来评估坐在他们设计但尚未制造的汽车里会是什么样子。虚拟现实正在成为高端视频游戏和沉浸式电影的标准。索尼公司和 Facebook 公司大量投资 VR 头盔作为未来的人机互动工具。虚拟现实有望在不久的将来变得非常普遍。

☑ 概念检查

■ 两种最广泛使用的音频输出设备是什么?什么是蓝牙?

■ 头戴式耳麦是什么?多功能设备是什么?VoIP 是什么?Telephony 是什么?

■ 无人机是什么?机器人是什么?虚拟现实是什么?虚拟现实的头盔和手套应用有什么功能?

6.14   让 IT 为你所用：Skype

你是否使用过某种通信工具，让你与朋友、家人保持联系？这个工具是否能够进行面对面的通话、共享文件、共享屏幕，甚至给那些没有连接到互联网中的人打电话？Skype 是一款众所周知的工具，可以提供上述服务，其中大部分功能是免费的。本节将介绍 Skype 软件的一些功能。（请注意，网络在不断变化中，下面提供的某些细节可能已经发生变化。）

1. 入门指南

为了享用到 Skype 软件的所有功能，建议计算机装有扬声器、麦克风和网络摄像头。如果有一台笔记本计算机或平板计算机，这些可能已经被集成在计算机中了。按照以下步骤，创建账户并在计算机上安装 Skype 软件。

① 访问 www.skype.com 网址，然后单击下载 Skype 链接。

② 输入需要的信息注册 Skype 账户。创建账户后，软件将自动下载。暂时不要购买任何 Skype 积分。

③ 运行下载的安装文件，然后按照提示在计算机上安装 Skype 软件。

④ 在欢迎界面上登录 Skype 账户，并按照提示确保音频和视频可以工作。

2. 添加联系人

可以手工查找朋友或其他联系人，也可以从 Facebook、Outlook 和其他服务的地址簿中导入联系人。手动添加联系人方法如下。

① 单击登录信息下面窗口左侧的蓝色放大镜。

② 输入联系人的姓名、Skype 昵称或电子邮件地址，然后按回车键。

③ Skype 将显示匹配信息。单击与联系人详细信息匹配项，然后单击 Add to Contacts（添加联系人）按钮。

你的联系人必须接受你的邀请，才可以看到他或她的在线状态。

3. Skype-Skype 的通信

当两个拥有 Skype 账户的用户相互沟通时，他们可以使用各种方式（从语音/视频呼叫到即时消息）互相联系（免费）。他们可以交换文件和共享屏幕。请注意，对于三人或三人以上的视频会议，必须有一个附加费用的账户或使用商业账户。

① 在主屏幕上，单击联系人。

② 单击蓝色摄像机按钮，进行视频通话或点击蓝色手柄按钮进行语音通话。一旦联系人接受通话，界面将会改变。

③ 在通话过程中，可以通过单击底部的按钮发送即时消息，并打开或关闭音频/或视频。

④ 发送文件或共享屏幕，请单击底部的加号（＋）按钮。也可以从联系人屏幕启动 Send File（发送文件）功能，不必拨打电话。

⑤ 按下底部的红色听筒按钮，挂断电话。

4. 拨打固定电话或移动电话（VoIp）

Skype 软件可以使用互联网连接拨打电话到世界上的任意一部电话。这不是免费服务,但价格低廉。可以使用 Skype 积分进行支付,也可以注册每月订阅。

① 从菜单栏中选择 Call,然后选择 Call Phones。

② 输入电话号码后,单击听筒按钮。

6.15 人体工程学

人们使用计算机来丰富个人和私人生活。然而,有些方法可能导致人们的工作效率降低,甚至损害他们的健康。经常使用计算机的人,健康都可能会受到影响。因此,被称为人体工程学的领域引起人们极大的兴趣。

人体工程学,被定义为与人类使用物品有关的人体因素的研究。它关心的是使任务适合用户,而不是强迫用户执行任务。对于计算机用户和制造商来说,这意味着输入和输出设备的设计要提高其易用性,并且避免健康风险。

长时间以不良的姿态坐在屏幕前面可能会导致身体的问题,如眼睛疲劳、头痛、背痛。计算机用户可以通过经常的休息和使用设计良好的计算机家具来缓解这些问题。图 6-31 阐释了人体工程学专家的一些建议。

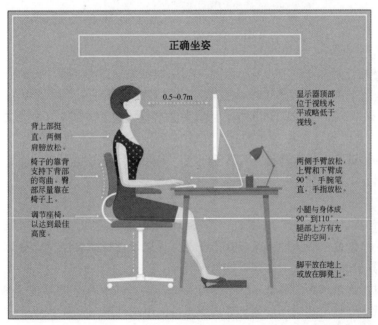

图 6-31 人体工程学建议

为避免引起身体不适,建议如下:

- 视疲劳和头痛:为了眼睛更轻松地浏览计算机屏幕,每隔一两小时休息 15 分钟。把所有关注的内容放在相同的距离上。例如,计算机屏幕、键盘和包含工作的文件夹,都放置到距离 50cm 左右的位置。要时常清理屏幕的灰尘。
- 背部和颈部疼痛:为了避免背部和颈部出现问题,确保设备是可调节的。椅子的高度和角度应该可以调整,并且要有很好的靠背支撑。显示器应该放置在与眼睛水平或略低于眼睛的位置上。如有必要,使用脚凳来减缓腿部疲劳。

- 重复性劳损:重复性劳损(RSI)是由快速、重复的工作引起的损伤,这些工作可能会引起颈部、手腕、手部和手臂疼痛。到目前为止,RSI是导致工作场所疾病的最大原因,每年导致高达数十亿美元的医疗索赔,并导致工作效率下降。腕管综合征,一种特殊类型的RSI,发病在频繁使用计算机的人群中,包括手腕的神经及肌腱的损伤。有些受害者疼痛激烈,以致无法开门或握手,需要进行矫正手术。符合人体工程学的键盘已经被开发出来,以防止因频繁使用计算机而造成伤害(参见图6-32)。除了使用符合人体工程学的键盘之外,还应该经常短暂休息,并轻轻按摩双手。

图 6-32　人体工程学键盘

尽管上述建议适用于所有个人计算机,但是,包括笔记本计算机、平板计算机和智能手机在内的便携式计算机对人体工程学提出了一些特殊的挑战。

- 笔记本计算机:几乎所有的笔记本计算机都附有键盘和屏幕。遗憾的是,按人体工程学的要求设置键盘和屏幕的位置是不可能的。当屏幕放置在与眼睛水平的适当位置时,键盘太高。当键盘位置合适时,屏幕又太低。为了最大限度地减少负面影响,请在笔记本计算机下面垫几本书来提高屏幕的高度,并外接一个键盘并放置在腰部水平位置。
- 平板计算机:几乎所有的平板计算机都使用虚拟键盘,其设计目的是为将计算机放在手上、平放或略微倾斜地放在桌子上。这些设计特征导致用户将头部不适当地对准计算机屏幕,经常引起颈部和背部疼痛。这个问题,有时也被称为平板计算机驼背,可以通过频繁的休息、在工作时四处走动、使用平板保护罩或支架、使屏幕以各种角度倾斜,以及使用外部扩展键盘来最大限度地减少此类问题。
- 智能手机:今天的智能手机更可能用于发信息,而不是通话。因此,经常使用拇指在小键盘上打字。结果可能是拇指或手腕的底部或肌肉产生疼痛。这个问题,有时被称为黑莓拇指,可以通过以最小化保持手腕伸直(不弯曲)、抬头和拉直肩膀,并经常更换其他手指,使拇指保持休息的方式来使疼痛降低到最小化程度。

在当今世界,适当地使用计算机,重要的是保护好自己。

☑ 概念检查

■ 什么是人体工程学?它与输入和输出设备有什么关系?

■ 可以做些什么来减轻视疲劳、头痛、背痛和颈部疼痛?

■ 什么是 RSI? 什么是腕管综合征?

6.16　IT 职业生涯

前面介绍了输入和输出设备的有关知识,下面介绍技术文档工程师的职业生涯。

技术文档工程师编写指导手册、技术报告和其他科学类或技术类文档。大多数技术文档工程师为计算机软件公司、政府机构或研究机构工作。他们将技术信息转化成易于理解的说明或摘要。随着新技术的不断发展和扩大,对于能够向他人传播技术专长的技术文档工程师的需求,预计将会增加。

技术写作职位通常需要具备通信、新闻或英语专业的本科或专科学历,需要专注于某一技术领域或熟悉该技术领域。但是,具有较强写作能力的人有时会从科学工作岗位转到技术写作岗位上。

技术文档工程师年薪为 44 000～58 000 美元。晋升机会通常在公司内部,但是在咨询领域也会有很多额外机会。

6.17　未来展望:增强现实显示器

你是否遇到过一位看起来很熟悉的人,但是又记不起他的名字或者从哪里认识他的?发现自己在一个陌生的小镇上,不断看着智能手机以及 GPS 获取路线呢?计算机和万维网在按下按钮时会提供无与伦比的信息,但是输入形式受到台式机和键盘的限制。智能手机的摄像头、GPS 和屏幕可以向用户提供实时的位置信息。未来,可穿戴增强现实显示器的出现,会将信息立即展现在你的眼前。来自你的计算机和互联网的数据将变得可以立即访问和查看,而无须访问其他设备。使用投影图像,你面前的现实将得以改善或增强并获得更多的视觉信息。科技一直在改变我们与现实世界的互动方式,展望未来它将不断发展,从而改善我们的生活。

识别视觉图像的信息,这并不新鲜。一些搜索引擎已经能够通过在数据库中查找相似的图像来识别图像。此外,许多类型的软件可以通过查看人脸面部结构中的关键点来识别目标对象。通过与可穿戴眼镜或隐形眼镜相结合,这些增强现实显示将使这项技术更进一步。无论是查看地标、课本还是追踪目标对象,连接到增强现实显示器的计算机都能够检索到需要的信息,并将其展现在你的视野里。因此,如果你忘了在咖啡店里向你打招呼的人的姓名,别担心。他的名字和简历将会从他的社交网络账户中检索出来,并及时显示在你面前,以便你可以恰当地回应他的问候。

识别人和物体并不是增强现实技术的唯一用途。随着设备尺寸的不断缩小,这些设备能够执行智能手机的所有任务。你仰望天空时,会看到有关今天天气的信息。短信和来电通知可能也会出现在用户面前。当你咨询朋友的新 T 恤在哪里购买的时候,各种网上商店的价格就会出现在你面前。当然,集成的 GPS 将在你面前显示箭头,引导你穿过陌生的城市街道。

虽然这项技术可能在未来几年内就会被广泛使用,但是,它仍然存在一些挑战。首先,需要为设备供电。某些装置,例如一副眼镜或隐形眼镜体积很小,不能在它上面安装可以持续全天供电的电池。另一个问题涉及人类视觉的局限性。通常情况下,我们的眼睛很难将注意力集中在与他们非常接近的物体上。研究人员已经提出了各种方案来解决这个问题,但他们需要让眼睛在近距离投射的信息和可能很远的真实物体之间转移焦点时感到舒适。最后,还有舒适度的问题。这些眼镜或隐形眼镜一整天都佩戴,是否会舒适呢?那些不了解增强现实的人,会不会觉得一个佩戴增强现实显示器的人会很奇怪呢?

许多公司和大学正在研究各种类型的增强现实显示器。有几家公司已经从军方获得了资助,来协助士兵和飞行员。似乎最接近大众的版本来自于谷歌公司。谷歌公司员工对"眼镜项目"部门的原型眼镜进行测试。随着 Windows 10 的发布,微软公司推出了增强现实耳机 HoloLens,它带有嵌入式 Windows 软件,允许用户通过一副特殊的眼镜在数字化世界和现实世界之间进行互动。现在已经学到了很多关于增强现实的知识,当价格负担得起时,你是否会选择佩戴这样的眼镜呢?你认为这款眼镜会成为让你分心的危险因素吗?

6.18 小 结

1. 输入及键盘

输入是计算机可使用的任何数据或指令。**输入设备**将人们理解的文字、数字、声音、图像和手势转换为系统单元可以处理的形式。这些设备包括键盘和定位指向、扫描、图像捕获和音频输入设备。

键盘将人们理解的数字、字母和特殊字符转换成电信号。这些信号被发送到系统单元并由其处理。

键盘有 4 种基本类型:传统键盘、笔记本计算机键盘、虚拟键盘和拇指键盘。

- 传统键盘,用于台式机和更大的计算机上。标准键盘有 101 个键。切换键打开和关闭功能。同时按住组合的几个键时,组合键执行操作。
- 笔记本计算机键盘用于笔记本计算机。它比传统键盘小,按键数量更少。通常没有数字小键盘或标准位置的功能区和导航键。
- 虚拟键盘主要用于移动设备和平板计算机,没有实物键盘。按键显示在屏幕上,并通过按键图片进行选择。
- 拇指键盘用于智能手机和其他小型移动设备。主要用于通过短信和网络进行交流。

2. 定位指向设备

定位指向设备通过接收物体移动或手势变化将其转换为机器可读的输入,提供与系统单元的直观接口。

(1) 鼠标

鼠标控制显示器上显示的指针。**鼠标指针**通常以箭头的形状出现。有些鼠标有一个**滚轮按钮**,可以在显示器上滚动显示信息。**光电鼠标**是使用最广泛的鼠标。**无绳或无线鼠标**使用无线电波或红外光波。**触摸板**通过触摸或轻敲平面来操作。触摸板被广泛使用在笔记本计算机和某些移动设备上,来取代鼠标。

（2）触摸屏

触摸屏允许用户通过手指或笔状装置触摸屏幕来选择动作。**多点触控屏幕**接收多点的定位指令。

（3）游戏控制器

游戏控制器为计算机游戏提供输入。广泛使用的控制器包括**游戏鼠标**、**游戏杆**、**游戏手柄**和**运动感应设备**。

（4）触控笔

触控笔通常与平板计算机和移动设备一起使用。触控笔通过**手写识别软件**与计算机交互。**手写识别软件**将手写的内容转化成系统单元能够处理的形式。

为了有效地使用计算机，需要了解最常用的输入设备和输出设备。这些设备用于将输入和输出信息转换到系统单元。输入设备将文字、声音和动作转换为系统单元可以处理的符号。输出设备将来自系统单元的符号转换为人们可以理解的文字、图像和声音。

3. 扫描设备

扫描设备在文本和图像上移动，将其转换为系统单元可以处理的形式。

（1）光学扫描仪

光学扫描仪将文档转换为机器可读形式。其 4 种基本类型是**平板扫描仪**、**文档扫描仪**、**便携式扫描仪**和 **3D 扫描仪**。

（2）读卡器

读卡器对位于各种卡上的编码信息进行解读。最常见的读卡器是**磁条读卡器**，它从磁卡背面的磁条上读取信息。**智能卡**包含微芯片来加密数据，以提高安全性。

（3）条形码阅读器

条形码阅读器或**扫描仪**（**手持式读码器**或**平台扫描仪**）读取产品上的**条形码**。有各种不同的编码，包括 **UPC 码**和 **MaxiCode 码**。

（4）RFID 阅读器

RFID（**无线射频识别**）阅读器读取**无线射频识别**（**射频识别**）**标签**。这些标签广泛用于跟踪丢失的宠物，监控生产和库存，以及记录价格和产品描述。

（5）字符与标记识别设备

字符和标记识别设备是能够识别特殊字符和标记的扫描仪。有三种类型：**磁墨水字符识别**（**MICR**）、**光学字符识别**（**OCR**）和 **光标识别**（**OMR**）。

4. 图像捕获设备

图像捕获设备创建或捕获原始图像，这些设备包括数码相机和网络摄像机。

（1）数码相机

数码相机以数字化形式记录图像，并将其存储在存储卡或相机存储器中。大多数数码相机也可以录制视频。

（2）网络摄像机

网络摄像机是专业的数码摄像机，可以捕获图像，并将其发送到计算机上，通过互联网进行播放。网络摄像头内置在智能手机和平板计算机中，也可以安装在计算机显示器上。

5. 音频输入设备

音频输入设备将声音转换成系统单元可以处理的形式。到目前为止,使用最广泛的音频输入设备是麦克风。

语音识别系统使用麦克风、声卡和专用软件。Siri、Cortana 和 Google Now 都是使用语音识别的数字助理。专业便携式录音机被医生、律师和其他专业人士广泛使用来记录口述内容。一些系统能够将语音(口述)内容从一种语言翻译成另一种语言,例如从英语到日语。

6. 显示器

输出是处理过的数据或信息。输出设备是提供或创建输出硬件。**显示器(显示屏幕)**是使用最多的输出设备。输出通常被称为**软拷贝**。

(1) 指标

显示器的**清晰度**是包括**分辨率(像素**或**图像元素矩阵)、点距、对比度、尺寸(有效显示区域)**和**宽高比**等的指标。

(2) 平板显示器

平板显示器是使用最广泛的显示器。三种基本类型是 **LCD(液晶显示器)、LED(发光二极管)**和 **OLED(有机发光二极管)**。

(3) 曲面显示器

曲面显示器具有凹面屏幕,提供更好的视角,广泛用于高端电视机。

(4) 电子书阅读器

电子书是传统印刷书籍的电子版本。**电子书阅读器(电子阅读器)**存储和显示电子书和其他电子媒体。它们使用电子墨水技术。

(5) 其他显示器

其他类型的显示器包括 **数字(交互式)白板、超高清电视(UHDTV)**和**数字投影仪**。

7. 打印机

打印机将系统单元处理过的信息转换后呈现在纸上。打印机输出通常称为**硬拷贝**。

(1) 指标

基本指标包括通过 **dpi(每英寸点数)**度量的**分辨率**、彩色功能(最常见的黑色墨水选择为**灰度)、速度、内存和双面打印**。

(2) 喷墨打印机

喷墨打印机将墨水高速喷射到纸张的表面上。它们是使用最广泛的打印机类型,可靠、噪声低、价格低廉。喷墨打印机成本最高的部件是墨盒。

(3) 激光打印机

激光打印机使用类似于复印机的技术。有两类:**个人激光打印机**和**共享激光打印机**。

(4) 3D 打印机

3D 打印机(增材制造)通过将材料逐层添加来创建对象。它们已经有几十年历史了;然而,价格的下降提高了它们的流行度。

(5) 其他打印机

还有其他几种类型的打印机,包括**云打印机(Google 云打印**是云打印服务)、热敏打印机

（使用热敏元件在热敏纸上生成图像）和**绘图仪**（使用来自绘图板和其他图形设备的数据）。

8. 音频输出设备

音频输出设备将计算机的音频信息转换为人们可以理解的声音。使用最广泛的音频输出设备是扬声器和耳机。这些设备可以通过电缆连接到音频插孔或通过无线装置进行连接。蓝牙技术广泛用于连接无线设备。

9. 输入输出组合设备

组合设备结合了输入和输出功能。这类设备包括：
- 多功能设备（MFD）通常结合扫描仪、打印机、传真机和复印机等功能。
- 头戴式耳麦结合了麦克风和耳机的功能，是视频游戏系统的重要组成部分。
- 电话是输入和输出设备。VoIP 支持通过互联网的语音和其他类型的通信。互联网电话是一种使用互联网来支持语音通信的 VoIP 应用。
- 无人机（无人驾驶飞行器）从控制器获取输入，并将输出的视频和声音发送给用户。
- 机器人使用摄像头、麦克风和其他传感器作为输入。输出可以复杂到探索受损的核反应堆，也可以简单到拍照。
- 虚拟现实（VR）创建 3D 模拟沉浸式体验。VR 硬件包括头盔和手套。

10. 人体工程学

人体工程学是与使用物品有关的人体因素的研究。

（1）建议

为了避免因频繁使用计算机而引起的身体不适，提出以下建议：
- 为避免视疲劳和头痛，每工作 1～2 小时就休息 15 分钟；把所有你关注的东西放在相同的距离上；定期清理屏幕。
- 为了避免背部和颈部疼痛，请使用可调节的设备；调节椅子的高度、角度和靠背；显示器位于眼睛水平或略低的位置。如有必要，使用脚凳以减少腿部疲劳。
- 为避免重复性劳损（RSI）和腕管综合征，请正确使用符合人体工程学的键盘；经常短暂休息；轻轻按摩双手。

（2）便携式计算机

便携式计算机的设计给人体工程学带来了挑战。
- 笔记本计算机不允许在合适的位置设置键盘和屏幕；提高笔记本计算机的高度并使用外接键盘。
- 带有虚拟键盘的平板计算机会导致用户头部（与平板计算机）对齐角度不合理。需要经常休息，走动，使用保护罩或支架，或使用外部键盘。
- 智能手机需要大量使用拇指；保持手腕平直、抬头、肩膀挺直，或换用其他手指。

11. IT 职业生涯

技术文档工程师编写指导手册、技术报告和其他文件。要求具有通信、新闻学或英语专业的本科或专科学历，并专注于某一技术领域或熟悉该技术领域。年薪是 44 000～58 000 美元。

6.19 专业术语

3D 打印机(3D printer)

3D 扫描仪(3D scanner)

IP 语音(voice over IP,VoIP)

MaxiCode 识别码(MaxiCode)

笔记本键盘(laptop keyboard)

便携式扫描仪(portable scanner)

超高清电视(ultra-high-definition television, UHDTV)

沉浸式体验(immersive experience)

触控板(touch pad)

触控笔(stylus)

触摸屏(touch screen)

传统键盘(traditional keyboard)

磁卡阅读器(magnetic card reader)

磁墨字符识别(magnetic-ink character recognition,MICR)

打印机(printer)

点距(dot pitch)

电话(telephone)

电话(telephony)

电子墨水(e-ink)

电子书(e-books)

电子书(electronic book)

电子书阅读器(e-book reader)

定位指向设备(pointing device)

读卡器(card reader)

对比度(contrast ratio)

多点触控屏(multitouch screen)

多功能设备(multifunctional device,MFD)

耳机(headphone)

发光二极管(light-emitting diode,LED)

分辨率(resolution)

个人激光打印机(personal laser printer)

共享激光打印机(shared laser printer)

谷歌云打印机(Google Cloud Print)

光电鼠标(optical mouse)

光学标记识别(optical-mark recognition, OMR)

光学扫描仪(optical scanner)

光学字符识别(optical-character recognition, OCR)

滚轮按键(wheel button)

灰度(grayscale)

绘图仪(plotter)

机器人(robots)

激光打印机(laser printer)

技术文档工程师(technical writer)

键盘(keyboard)

交互式白板(interactive whiteboard)

蓝牙(Bluetooth)

每英寸点数(dots per inch,DPI)

拇指键盘(thumb keyboard)

喷墨打印机(inkjet printer)

平板扫描仪(flatbed scanner)

平板扫描仪(platform scanner)

平板显示器(flat-panel monitor)

屏幕高宽比(aspect ratio)

切换键(toggle key)

清晰度(clarity)

曲面显示器(curved monitor)

热敏打印机(thermal printer)

人机工程学(ergonomics)

软拷贝(soft copy)

扫描设备(scanning device)

扫描仪(scanner)

手持式条形码阅读器(wand reader)

手套(gloves)

手写识别软件(handwriting recognition software)

输出(output)

输出设备(output device)

输入(input)

输入设备（input device）

鼠标（mouse）

鼠标指针（mouse pointer）

数码投影仪（digital projector）

数码相机（digital camera）

数字白板（digital whiteboard）

双面打印（duplex printing）

条形码（bar code）

条形码扫描仪（bar code scanner）

条形码阅读器（bar code reader）

通用产品代码（Universal Product Code，UPC）

头戴式耳麦（headset）

头盔（headgear）

图片元素（picture element）

腕管综合征（carpal tunnel syndrome）

网络电话（Internet telephony）

网络摄像头（webcam）

文档扫描仪（document scanner）

无人机（drones）

无人驾驶飞行器（unmanned aerial vehicle，UAV）

无线射频识别标签（RFID（radio-frequency identification）tag）

无线射频识别阅读器（RFID reader）

无线鼠标（cordless mouse）

无线鼠标（wireless mouse）

显示屏（display screen）

显示器（monitor）

像素（pixel）

像素间距（pixel pitch）

虚拟键盘（virtual keyboard）

虚拟现实（virtual reality，VR）

扬声器（speaker）

液晶显示仪（liquid crystal display，LCD）

硬拷贝（hard copy）

游戏杆（joystick）

游戏控制器（game controller）

游戏手柄（gamepads）

游戏鼠标（gaming mice）

有机发光二极管（organic light-emitting diode，OLED）

有效显示区域（active display area）

语音识别系统（voice recognition system）

阅读器（reader）

云打印机（cloud printer）

运动感知设备（motion-sensing device）

增材制造（additive manufacturing）

智能卡（smart card）

重复性劳损（repetitive strain injury，RSI）

组合键（combination key）

6.20　习　　题

一、选择题

圈出正确答案的字母。

1. 大部分键盘使用下列哪种排列顺序？

 a. Alpha   b. Daisy   c. OptiKey   d. QWERTY

2. 什么设备可以控制光标出现在屏幕的位置？

 a. 有线   b. 鼠标   c. 打印机   d. 扫描仪

3. 哪种屏幕类型可以接收多根手指触碰控制，可以通过捏、拉伸手指来操纵屏幕内容的缩小和放大？

 a. 数字化   b. 动态

　　　　c. 多点触控屏　　　　　　　　　　　　d. 有机发光二极管

4. 平板式和文件式属于以下哪种产品的类型？

　　　　a. 头套　　　　　　b. MaxiCode 码　　　c. 显示器　　　　　　d. 扫描仪

5. 被银行用于自动读取支票、存款单底部的那些异常数字的设备是什么？

　　　　a. 磁性墨水字符识别　　　　　　　　　b. 联邦存款保险公司

　　　　c. 光标阅读机　　　　　　　　　　　　d. 商品统一代码

6. 被最广泛使用的音频输入设备是什么？

　　　　a. 鼠标　　　　　　b. 虚拟现实　　　　c. 麦克风　　　　　　d. 射频识别

7. 哪项特征表现出显示器显示颜色的能力？

　　　　a. 高宽比　　　　　b. 对比度　　　　　c. 点距　　　　　　　d. 分辨率

8. 能够存储和显示电子媒体的移动设备是下列哪种设备？

　　　　a. 电子书阅读器　　b. 高清电视　　　　c. 激光　　　　　　　d. 白板

9. 虚拟现实努力创造出下列哪种体验？

　　　　a. 电子化的　　　　b. 沉浸式的　　　　c. 液晶屏　　　　　　d. IP 语音

10. 与使用物品相关的人体因素的研究项目是：

　　　　a. 人体工程学　　　b. 射频识别　　　　c. RSI　　　　　　　d. 电话通信

二、匹配题

将左侧以字母编号的术语与右侧以数字编号的解释按照相关性进行匹配，把答案写在画线的空格处。

a. 有效显示区域　　　____ 1. 按这个按键，就可以将某项功能打开或关闭。

b. 数码相机　　　　　____ 2. 控制显示在显示器上的指针的输入设备。

c. 点距　　　　　　　____ 3. 一款像笔一样的设备，通常被用于平板计算机和掌上计算机。

d. 鼠标

e. 绘图仪　　　　　　____ 4. 条码阅读器或者是手持式的，或者是平台式的。

f. 扫描仪　　　　　　____ 5. 一种条码系统，被很多电子收银机使用。

g. 通信软件 Skype　　____ 6. 在内存卡或内存上记录数字化图像。

h. 触控笔　　　　　　____ 7. 每个像素之间的距离。

i. 切换键　　　　　　____ 8. 用可视化区域的对角线来衡量显示器的一个特性。

j. 商品统一代码　　　____ 9. 特殊目的的打印机，用于创建地图、图像、建筑图纸、工程图纸。

　　　　　　　　　　　____ 10. 为电话提供低成本选择。

三、开放式问题

回答下列问题。

1. 定义输入和输入设备。

2. 描述出键盘、定位指向、扫描、图像捕获、音频输入设备的不同类型。

3. 定义输出和输出设备。

4. 描述出显示器和打印机的不同特征和类型。

5. 描述包括蓝牙技术的音频输出设备。

6. 讨论输入输出组合设备,包括多功能设备、头戴式耳麦、电话、无人机、机器人和虚拟现实的头盔和手套。

7. 定义人体工程学,描述出减缓身体不适的方法,讨论便携计算机的设计问题。

四、讨论

回答下列问题。

1. 让 IT 为你所用:电子书

你是否已经厌倦了塞满教材的书包?回顾 6.10 节"让 IT 为你所用:电子书"的相关内容,回答下列问题:①你是否曾经购买过或阅读过电子书?如果是的话,你最近阅读或购买的是什么书?如果还没有,你是否已经开始考虑这个问题?为什么?②下载并安装一款电子书应用程序(桌面版、平板电脑版或智能手机版),然后下载免费的电子书。确定你选择的电子书,并描述整个经历过程。③基于你的经验,未来你是否会购买更多的电子书?为什么?④你考虑过以后购买电子版的教材吗?讨论一下电子教材的优点和缺点。

2. 让 IT 为你所用:Skype

你是否使用过通信工具,可以让你和朋友、家人保持联系?回顾 6.14 节"让 IT 为你所用:Skype"的内容,回答下列问题:①你是否用过 Skype 软件或类似的服务?如果是的话,你用过什么功能,通常将其用于什么用途?如果你还没有使用过 Skype 或相似功能的软件,你希望将来尝试一下吗?为什么?②如果没有 Skype 账号,创建一个免费的账号,添加一位同学作为联系人。在联系你的同学后,尝试使用 Skype 的一些功能,描述一下使用这些功能的体验。③讨论一下使用 Skype 软件或类似通信服务的优点和缺点。

3. 隐私:打印机和匿名

你知道打印机在打印每份文档时都会打印出标识个人信息的内容吗?这些信息你不知道或未经你同意。回顾教材第 136 页"隐私"专题的内容,回答下列问题:①这些代码可用于标识特定打印机。你认为这些代码能够标识打印机的拥有者吗?为什么?②你认为这些隐藏的代码是否已经侵犯了隐私权?阐述你的观点。③打印机生产商是否有义务去协助政府进行刑事调查呢?证明一下你的观点。④打印机生产商是否有责任保护客户隐私?为什么?

4. 伦理:网络摄像头

每天数以千计的网络摄像头在网络上持续广播图像。回顾教材第 128 页"伦理"专题栏内容,回答下列问题:①你认为在未经许可的情况下录制和播放图像是伦理问题还是隐私问题?为什么?②你是否反对在公共场合、零售店或私人住宅被拍摄呢?解释一下。③你认为警察可以访问网络摄像头视频吗?关注孩子的父母是否可以查询网络摄像头视频呢?配偶是否允许访问对方网络摄像头里面的内容呢?为什么?阐述你的观点。

5. 环境:喷墨式打印机

你是否考虑过喷墨式打印机对环境的影响?回顾教材第 134 页"环境"专题内容,回答下列问题:①你在家里多久使用一次打印机?你通常会打印什么内容?②你是否考虑过打印的替代方法?为什么你要用这些替代方法呢?你为什么会或者不愿意使用这些替代方法?③墨盒制造商是否使用了再生塑料的墨盒?从制造商网站上查询详细信息来阐述你的观点。④在你生活区域里查找可以接收二手墨盒的商店。记录下商店的名字,并详细说明一下提交墨盒的好处。

第 7 章 辅助存储器

为什么阅读本章

如果没有合适的辅助存储器,人们的计算机将运行缓慢,数码相机将不能拍照,手机也将不能运行应用程序。但在未来,这可能不会成为一个问题。因为未来的存储器将可以把整个美国国会图书馆存储在硬币大小的磁盘上,并且可以在全息图,甚至有机分子中存储信息。

本章介绍了需要为这个日新月异的数字世界做好准备而需要了解的知识和技能。包括:

- 硬盘驱动器——在计算机上找到合适的硬盘,以满足用户的所有需求。
- 光盘——在蓝光光盘、压缩光盘(CD)或者数字化视频光盘(DVD)上分享数字信息。
- 固态存储器——使便捷式电子设备速度更快,并且功耗更少。
- 云存储——在互联网上安全可靠地存储信息。

学习目标

在阅读本章之后,读者应该能够:

① 区分主存储器和辅助存储器。

② 识别辅助存储器的重要特征,包括介质、容量、存储设备和访问速度。

③ 描述硬盘盘片、磁道、扇区、柱面和磁头碰撞。

④ 比较内部和外部硬盘驱动器。

⑤ 比较性能提升,包括磁盘高速缓存、廉价磁盘冗余阵列、文件压缩和文件解压。

⑥ 定义光盘存储,包括压缩磁盘、数字化视频光盘和蓝光光盘。

⑦ 定义固态存储,包括固态硬盘、闪存卡和 USB 驱动器。

⑧ 定义云存储和云存储服务。

⑨ 描述大容量存储器、大容量存储设备、企业存储系统和存储区域网络。

7.1 引　　言

辅助存储设备用于从一个地方到另一个地方,或从一台计算机到另一台计算机存储、备份、传输数据文件或程序。以往,几乎所有文件只包含数字和字母,故而低容量存储设备很容易满足存储这些文件的要求。

数据存储已经逐渐从文本和数字文件扩展到数字音乐文件,照片文件、视频文件等。这些新型文件类型需要辅助存储器有更大的容量。

辅助存储器在任何计算机系统中都是一个不可缺少的元素。它们与输入和输出设备存在相似之处。类似于输出设备，辅助存储器以 0 和 1 形式的机器语言从系统单元接收信息。辅助存储器并没有翻译信息，相反它们以机器语言存储信息以备日后使用。类似于输入设备，辅助存储器给系统单元发送信息以便处理。然而，一旦信息以机器的形式存在，就不需要被再次翻译了。信息将被直接发送给存储器（RAM），在那里信息可以由 CPU 访问和处理。

为了有效且高效地使用计算机，读者需要了解不同类型的辅助存储器的性能、局限性，及硬盘、固态硬盘、光盘、云存储和其他类型的辅助存储器的用途。另外，读者需要了解便携式计算机的专用存储设备，以及了解大型企业如何管理自己丰富的数据资源的知识。

7.2 存　储

计算机的基本功能之一是保存或者存储信息。如在第 5 章讨论的，随机存储器（RAM）存储中央处理器当前正在运行的数据和程序。数据或程序在能被运行之前，必须被存储在随机存储器里。因此，随机存储器也被称为**主存储器**。

大多数随机存储器只提供临时的或易失的存储。也就是说，计算机一旦关机，所有内容都会丢失。如果有电源故障干扰电流进入系统单元，内容也会全部丢失。这种不稳定性引发了对数据和程序提供永久性或非易失性存储的需求。人们也需要外部存储，因为计算机的主存储器或随机存储器的储存容量对于用户来说是远远不够的。

辅助存储提供永久性、非易失性的存储。使用如计算机硬盘驱动器这种**辅助存储器**，计算机出现电路故障的时候，数据和程序可以被保存。这是通过将文件写入辅助存储器，并从中读取文件完成的。写入指往辅助存储器里保存信息的过程；读取指从辅助存储器中访问信息的过程。本章主要关注辅助存储器。

辅助存储器的一些重要特征如下：

- **介质**是保存数据和程序的物理材料，如图 7-1 所示。

图 7-1　辅助存储介质

- **容量**衡量一个特定的存储介质能容纳的量。

- **存储设备**是一种计算机硬件,它可以从存储介质中读取数据和程序。多数存储设备也可向存储介质中写入。
- **访问速度**测量存储设备检索数据和程序所需的时间。

大多数台式个人计算机都有硬盘和光盘驱动器,也有可以连接其他存储设备的端口。

7.3 硬 盘

硬盘通过改变磁盘表面的磁荷以表示 1 和 0 来保存文件。硬盘是通过读取磁盘上的磁荷来检索数据和程序的。字符由使用美国信息交换标准码(ASCII)、扩充的二进制十进制交换码(EBCDIC)或统一码(Unicode)二进制代码代表的正负电荷组合表示。例如,字符 A 要求连续的 8 个电荷,如图 7-2 所示。**密度**指这些电荷在磁盘上彼此结合在一起的紧密程度。

硬盘由坚硬的金属**盘片**层层叠积。硬盘通过磁道、扇区和柱面存储和组织文件。**磁道**是盘片上的同心环,每一个磁道被分成不可见的楔形剖面,称为**扇区**,如图 7-3 所示。一个**柱面**贯穿堆叠盘片的相同位置的每个磁道,对于区分存储在不同盘片上相同磁道和扇区上的文件是十分必要的。当一个硬盘被格式化时,其磁道、扇区和柱面将被重新分配。

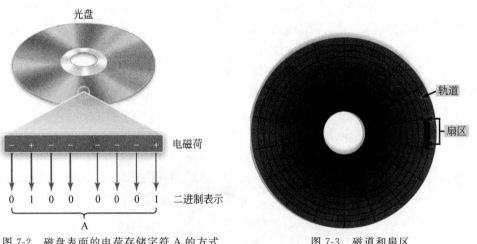

图 7-2 磁盘表面的电荷存储字符 A 的方式   图 7-3 磁道和扇区

硬盘是很敏感的设备,它的读/写头悬浮于距盘片 0.000001 英寸(约合 25.4nm)的位置。硬盘很薄,以至于烟尘、指纹、尘埃和头发都能造成称为**"磁头碰撞"**的现象,如图 7-4 所示。

当读写磁头与硬盘表面或与表面的颗粒连接时会发生磁头碰撞现象。磁头碰撞是硬盘的隐患,磁盘表面被划伤,部分或全部数据就会被毁坏。从前,磁头碰撞司空见惯,但是现在已经很罕见了。

硬盘分为两种基本类型:内置硬盘和外置硬盘。

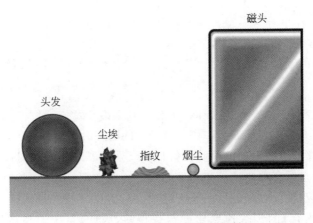

图 7-4　可能导致磁头碰撞的材料

7.3.1　内置硬盘

内置硬盘位于系统单元内。这些硬盘能快速存储和恢复大量信息,用于存储程序和数据文件。例如,几乎所有的笔记本计算机都用其内置硬盘存储其中的操作系统及文字处理、电子表格等应用程序。

用户应定期对计算机上的重要文件进行日常维护和备份,以确保计算机内置硬盘的良好性能和数据安全。对于硬盘维护和备份的步骤,参考第 4 章的相关介绍。

7.3.2　外置硬盘

虽然内置硬盘提供快速访问,但它们有固定的存储容量,不容易从系统单元中移除。外置硬盘访问速度慢,通常连接在系统单元的通用串行总线或闪存端口,很容易被移除。像内置硬盘一样,外置硬盘有固定的存储容量。但是,由于每个可移动硬盘都可以被另一个可移动硬盘轻松替换,因此系统单元上的单个端口可以提供对无限量存储的访问,如图 7-5 所示。

图 7-5　外置硬盘

外置硬盘使用与内置硬盘相同的技术,主要是对内置硬盘进行补充。由于外置硬盘容易移除,所以它们对于保护敏感信息特别有用。外置驱动器的其他用途包括备份内置硬盘的内容和提供额外的硬盘容量。

7.3.3 性能优化

提升硬盘性能的三种方式是磁盘缓存、廉价磁盘冗余阵列、文件压缩/解压。

1. 磁盘缓存

通过预测数据需求来提高硬盘性能，功能类似于第 5 章中介绍的高速缓冲存储器。高速缓冲存储器通过充当主存储器和中央处理器之间的临时高速存储区域来提高数据处理速度，而磁盘高速缓存通过充当辅助存储设备和中央处理器之间的临时高速保存区域来提高数据处理速度。磁盘缓存需要硬件和软件的结合。在空闲处理期间，经常使用的数据将会被自动识别并从硬盘被读取到磁盘高速缓存中。当需要时，数据将直接从存储器（内存）中被访问。存储器（内存）的传输速率比硬盘快得多，因此，系统的整体性能常常会提高多达 30%。

2. 廉价磁盘冗余阵列

通过扩充外部存储改善性能，提高访问速度，提供可靠的存储。几种廉价的硬盘驱动器可以通过网络或专门的廉价磁盘冗余设备（RAID）彼此相连，如图 7-6 所示。这些连接的硬盘驱动器是相关的，或是被组合在一起的，计算机系统与廉价磁盘冗余阵列系统交互，仿佛它就是一台大容量硬盘驱动器。其作用是扩展存储能力、加快访问速度、提高可靠性。因此，廉价磁盘冗余设备经常被网络服务器和大型组织使用。

图 7-6 廉价磁盘冗余阵列存储设备

3. 文件压缩和文件解压

通过减少存储数据和程序所需的空间量来提升存储容量。文件压缩并不局限于硬盘系统，通常，也被用在 DVD、CD 和闪存驱动器中。文件压缩也有助于加快计算机系统间传输的速度。通过网络发送和接收压缩文件是一种常见的行为。

文件压缩程序扫描文件以寻求减少所需存储量的方式。其中一种方法是搜索重复的样式。重复样式能用一个令牌来代替，这样就有足够的令牌可以恢复或解压原始数据。这些程序通常将文件压缩成原来的四分之一。

Windows 和 Mac 操作系统提供解压和压缩实用程序。对于更先进的压缩方案，人们需要使用更专业的实用程序，如 WinZip。关于增强性能技术的总结参见图 7-7。

技术	描述
磁盘缓存	用户缓存和预期数据需求
廉价磁盘冗余阵列	可连接的、廉价的硬盘驱动器
文件压缩	缩减文件大小
文件解压	扩展压缩文件

图 7-7　性能增强技术

✎ 隐私

　　当人们出售计算机的时候，或许也把自己的数据出卖了。当删除文件的时候，计算机不会移除数据，它只是确保硬盘空间可以在将来再被写入。如果不小心删除了一个文件，文件恢复软件可以检查硬盘上的数据是否还在那里，是否还没有被覆盖。就像意外删除数据时可以恢复数据一样，盗窃者也可以恢复被故意删除的数据。所以在出售计算机之前，要使用安全删除工具，以确定数据已被完全删除。

 概念检查

■ 总结辅助存储器的 4 个重要特征。
■ 硬盘的两种类型是什么？请简要描述。
■ 什么是密度？什么是磁道、扇区、柱面、磁头碰撞？
■ 列出并描述改善硬盘性能的三种方式。

7.4　固态存储

　　硬盘是通过旋转和使用读/写磁头做径向运动进行工作的，**固态存储设备**则与之不同，因为它没有移动部件。固态存储设备中可以直接存储或检索数据和信息，就像读取传统计算机中的内存一样。

　　固态存储设备支持访问**闪存**，也称为**固态存储器**。如第 5 章中讨论的，闪存结合了随机访问存储器和只读存储器的特性。它像随机访问存储器一样可以被更新，也像只读存储器一样，关闭计算机后信息不会丢失。闪存的速度比传统内存慢，但是比传统硬盘快得多。

⟳ 环境

　　传统硬盘存储比起固态存储需要更多的能量。不同于没有可移动部件的固态驱动器，硬盘驱动器必须通过旋转磁盘来保存和检索数据。富士通公司是一家生产各种存储设备的公司，该公司估计其生产的高端固态硬盘的能耗比同类硬盘驱动器低 40%。这将导致大型数据中心的能源需求显著减少。

7.4.1　固态硬盘驱动器

固态硬盘驱动器（SSDs）就像内置硬盘一样连接在个人计算机系统内部，只不过它包含了固态存储，而不是硬盘来存储数据（见图7-8）。相比硬盘，固态硬盘运行速度更快，更耐用。固态硬盘所需电耗少，因此延长了笔记本计算机和移动设备的电池寿命。固态硬盘的成本高，而且比硬盘的容量低，但随着固态硬盘的普及程度不断提高，这种情况正在改善。固态硬盘广泛应用于平板计算机、智能手机和其他移动设备。计算机制造商已经开发了包含固态硬盘驱动器和硬盘的混合系统，试图获得固态硬盘驱动器的速度和功耗方面的优势，同时仍然具有硬盘的低成本和大容量特征。通常，这些系统将操作系统和应用程序存储在固态硬盘而视频、音乐、文档和文件夹存储在硬盘上。

图 7-8　固态硬盘存储器

7.4.2　闪存卡

闪存卡是小型的固态存储设备，在便捷式设备中广泛应用。有些闪存卡应用于笔记本计算机、智能手机和全球定位系统等设备上（见图7-9）。其他卡则提供可移动存储。例如，闪存可用于存储数码相机捕捉的图像，然后将图像转移到台式机和其他计算机上。闪存也可应用在 iPod 等数字媒体播放器中来存储音乐、视频文件。

7.4.3　USB 驱动器

USB 驱动器或**闪存驱动器**非常小，甚至可以佩戴在钥匙环上，如图 7-10 所示。这些驱动器可以很方便直接地连接到计算机的 USB 端口上传输文件，并且具有 1GB 到 256GB 不等的容量，价格与容量对应。由于 USB 驱动器尺寸小，容量大，它们已经成为在计算机、专用设备和互联网之间传输数据和信息时一种非常大众化的选择。

图 7-9　闪存卡

图 7-10　USB 驱动器

提示

很多人都有不小心在闪存驱动器中删除文件或丢失重要文件的经历,以及 USB 闪存驱动器不被计算机识别的经历。这里有几条建议或许可以提供帮助:

① **恢复已删除软件**。如果不小心在 USB 驱动器上删除了文件,则不太可能通过操作系统或回收站来恢复它们。幸运的是,有几种恢复(undelete)软件可能会帮助用户恢复文件,其中有些软件是免费使用的,如 Undelete 360 和 Recuva。这些程序会扫描用户删除过文件的闪存器,并为用户提供想要恢复的文件内容。

② **测试 USB 端口**。如果用户计算机不识别 USB 闪存驱动器,那么此 USB 接口可能有问题。可以尝试在同一个端口插入不同设备,试试是否有效。如果不起作用,则计算机的 USB 端口很有可能有缺陷,建议更换;如果可以正常工作,那么可能是 USB 闪存被损坏了,应该送去专业恢复中心去修复,这将在下一步中讨论。

③ **专业恢复服务**。对于损坏的闪存驱动器,数据可以在专业数据恢复公司恢复。尽管费用很高,但即使驱动器或电路损坏,数据恢复公司也可以从实际的存储芯片中恢复数据。

概念检查

■ 什么是固态存储? 它与硬盘驱动器有什么不同?

■ 什么是固态硬盘? 它们被应用在哪些领域?

■ 什么是闪存卡? 什么是 USB 驱动器? 它们被应用在哪些领域?

7.5　光　　　盘

如今的光盘(见图 7-11)可以存储超过 128GB 的数据。这相当于将数百万张打印页面或者一个中等大小的图书馆全部放在一张光盘上。现在光盘已经非常普遍,大多数软件和电影都可以刻在光盘上。

在光盘技术中,激光束通过改变塑料或金属盘的表面来表示数据。与用磁荷表示 1 和 0 的硬盘不同,光盘利用的是反射光。在光盘的表面 1 和 0 分别由被称为**平面**的平坦地和称为**凹槽**的凹凸不平的区域代表。光盘由**光盘驱动器**读取:光盘驱动器使用激光将一束微光投射在要读出数据的区域。反射光的强度决定了该区域是代表 1 还是 0。

和硬盘类似的是,光盘使用磁道和扇区来组织和存储文件。不同之处在于,光盘通常使用一条从光盘中心向外螺旋形运动的单轨线,而硬盘

图 7-11　光盘

则使用同轴的轨道和楔形的扇区。光盘的单一磁道被划分为同等大小的扇区。

使用最广泛的光盘是紧凑格式光盘、数字通用光盘和蓝光光盘。

- **紧凑格式光盘（CDs）**是第一种为个人计算机用户广泛使用的光学格式。通常，紧凑格式光盘驱动器拥有 700MB 的存储空间。存储音乐的光盘通常是紧凑格式光盘。
- **数字通用光盘（DVDs）**是个人计算机中标准光盘。数字通用光盘与紧凑格式光盘非常类似，数字通用光盘存储容量通常是 4.7GB，相当于紧凑格式光盘容量的 7 倍。数字通用光盘常用于存储电影、软件。数字通用光盘驱动器和紧凑格式光盘驱动器在外观上非常相似。
- **蓝光光盘（BDs）**是用于存储高清视频的最新形式的光学存储，如在第 6 章中提到的，其使用高清 720 和高清 1080 分辨率进行存储。蓝光光盘的名字来源于一种特殊的蓝色激光，该激光可用于读取光盘。蓝光光盘通常有 50GB 的容量，相当于数字通用光盘的 10 倍。存储高清视频和最新视频游戏的光盘通常都是蓝光光盘。

每一种光盘都有三种基本格式：只读、一次写入、可重写。

- **只读（ROM，只读存储器）光盘**指不能被用户写入或擦除的光盘。在商店里购买的光盘，如音乐 CD、电影 DVD，蓝光游戏光盘，通常只能被读取。
- **一次写入（可记录，R）光盘**只能一次性写入。写入之后，光盘可以被多次读取，但不能被写入或擦除。这些光盘非常适合用于建立永久性档案，如 CD-R 经常用于存储家庭照片，DVD-R 可用于存储家庭电影。
- **可重写（RW，可重写或 RAM，随机存取存储器）光盘**类似于一次写入光盘，不同之处在于当数据被记录下来的时候，光盘表面并没有永久的改变。这些可变的、可移植的存储选项在存储和分享音频、视频和大型多媒体展示方面非常流行。

有些光盘被称作双面光盘，它们在光盘两面都存有信息，但读取另一面时需要将其翻转过来，这种光盘可以有效地将光盘的存储容量增加一倍。例如，双面 DVD 光盘能存储9.4GB 的内容，相当于单面 DVD 光盘的两倍。另外一种增加光盘容量的方法是添加多个记录层。这些光盘将信息存储在光盘一面的多个层上。例如，有些蓝光光盘具有多个记录层，可以将存储容量从 50GB 增加到 128GB。

不同类型的光盘可总结为图 7-12。

格式	标准容量	说明
CD	700MB	一次性标准光盘
DVD	4.7GB	当前标准
Blu-ray	50GB	高清格式，大容量

图 7-12　光盘类型

☑ **概念检查**

- 光盘上的数据是如何表示的？
- 比较 CD、DVD、BD 及其形式。
- 比较 ROM、R 和 RW 光盘。

7.6　云　存　储

　　近年来,很多需要安装在计算机上的应用程序已经转移到网络上,即第 2 章中介绍的云计算。互联网充当服务器的"云",向客户提供作为**服务**而不是**产品**的应用程序。此外,这些服务器提供云存储,也称为在线存储。

　　如果在 Google 云端硬盘上创建了一个文字处理文档或电子表格,就是使用了云计算,如图 7-13 所示。服务提供商的服务器运行应用程序,计算机显示结果。应用程序和数据在任何连网设备上都可以被访问。这意味着,即使是存储量、内存或处理能力有限的设备,如智能手机,也能运行和台式计算机一样功能强大的应用程序。

图 7-13　Google 云端硬盘

这样的部署有很多好处:
- 维护——云服务可以处理磁盘碎片整理、备份、加密和安全问题。
- 硬件升级——云服务永远不会耗尽磁盘空间,并且可以替代低级的硬盘,不会中断用户的正常使用。
- 文件共享和协作——用户可以通过网络连接,在任何地方与他人共享文档、电子表格和文件。

当然,云存储还有一些缺点:
- 访问速度——数据传输速率取决于网络连接速度,很可能没有用户内部网络那样快。
- 文件安全——用户依赖于云服务的安全过程,而云服务的安全过程可能没有本地安全过程有效。

常见的提供云存储服务的网站如图 7-14 所示。更多

公司	网址
Dropbox	www.dropbox.com
Google	drive.google.com
Microsoft	www.skydrive.com
Amazon	amazon.com/cloud
Apple	www.icloud.com

图 7-14　云存储服务

关于云存储使用的知识将在 7.7 节中介绍。

✎ **伦理**

　　云存储在存储敏感信息和机密信息方面引发了一些法律和伦理问题。谁负责维护敏感信息和机密信息的安全呢？如果律师或医生将你的隐私上传到云存储，然后在网上广泛传播，那该怎么办呢？这造成的后果由谁来负责呢？是你的律师、医生、提供云服务的公司，还是你本人有责任保护个人敏感信息？

☑ **概念检查**

　■ 什么是云计算？

　■ 什么是云存储？

　■ 云存储有哪些优点和缺点？

7.7　让 IT 为你所用：云存储

　　你是否曾经在两台计算机之间来回转发电子邮件来传送文件？你在学校或单位经常忘记带 U 盘吗？你是否希望一些文件也可以随时在智能手机上使用？如果是这样的话，那么你可以注册 Dropbox（注意，网络正在不断地变化，下文提出的一些具体情况可能已经改变）。

1. 开始使用

　　使用 Dropbox 之前，需要创建账户。为了利用同步特征，每台计算机上都需要安装软件。

　① 登录 www.dropbox.com 网站，点击 Download Dropbox 按钮。

　② 在安装过程中选择 I don't have a Dropbox account 选项（如果这是第一次安装）。

　③ 输入信息建立新账户。

　④ 当被询问选择 Dropbox size 选项时，选择 free 选项，然后选择 Typical 设置。

　⑤ 单击 Next 按钮查看重要的说明。

　　如果你有平板计算机或智能手机，一定要安装它的免费应用程序来访问你的文件。

2. Dropbox 文件夹

　　安装完毕后，计算机硬盘上会自动创建一个名为 Dropbox 的文件夹，连接到你的计算机用户账户。此文件夹是所有同步的基础——这里存放的任何文件都会立即上传到你的 Dropbox 账户中，并且与你所用的计算机保持同步。这个文件夹的一个很实用的用途是把用户所有的作业和喜欢的照片放在一起，这样用户就可以从任何联网的计算机、平板计算机或智能手机上访问它们。按照以下步骤使用 Dropbox 文件夹：

　① 打开 Windows 浏览器，找到 Favorites 区域。

　② 单击其中的 Dropbox 文件夹，查看已经存在的文件和文件夹，打开 Photos 子文

件夹。

　③ 在当前位置创建 Practice 的位置创建一个子文件夹（此文件夹将作为一个图片库或相册）。

　④ 复制计算机上的任意照片，然后粘贴到这个新文件夹中。

注意文件底部左侧的蓝色同步小图标，当这个图标变成绿色的复选标记时，意味着该文件已成功上传至 Dropbox 服务器。同样的系统也适用于 Windows 中通知区域的 Dropbox 图标。

3. 共享文件

Dropbox 账户中的任意文件或文件夹都可以通过唯一的链接与任何人共享。这种方法优于通过电子邮件发送超大附件，因为超大电子邮件可能会受限于电子邮件服务要求。共享文件或文件夹的方法如下：

　① 使用 Windows 浏览器访问 Dropbox 文件夹。

　② 右击文件或文件夹，并选择 Share Dropbox link（共享 Dropbox 链接）。这个文件或文件夹的网络地址链接就会被复制到剪贴板。

　③ 将此链接粘贴入电子邮件中，即可与他人分享文件或文件夹。其他人就可以在其浏览器中使用这个链接来获取文件。

4. 获得更多的存储空间

Dropbox 的免费服务已经涵盖了它的所有功能，但存储空间有限。可以通过开通付费账户或邀请朋友和同事加入的方式来增加空间（Dropbox 会在受邀请的用户每次注册时增加邀请人的存储空间）。

　① 访问 www.dropbox.com/getspace，并登录账户。

　② 单击 Refer friends to Dropbox，并按照说明邀请其他人使用 Dropbox。

7.8 大容量存储设备

我们会很自然地想到辅助存储介质和设备，因为它们与我们个人息息相关。相比之下，这些辅助存储对组织机构的重要性并不十分明显。**大容量存储**是指大型组织机构所需的大量辅助存储。**大容量存储设备**是专为满足组织机构对数据存储的需求而设计的大容量辅助存储设备。这些大容量存储解决方案使大型公司和机构能够集中数据的维护和安全，从而减少成本和人员开销。

7.8.1 企业存储系统

大多数大型组织机构已经确立了一种称为**企业存储系统**的策略，以便提高组织机构内的网络效率，增强数据安全性，如图 7-15 所示。

支持这种策略的大型存储设备有：

（1）**文件服务器**——存储容量非常大的专用计算机，为用户提供对数据的快速存储和检索。

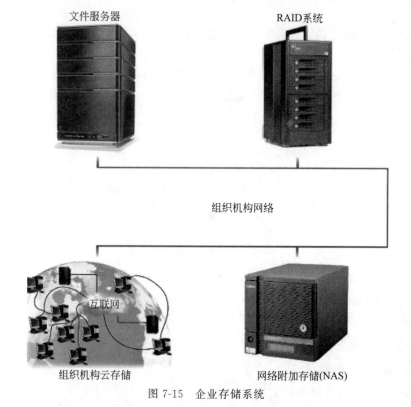

图 7-15　企业存储系统

（2）**网络附加存储（NAS）**——一种为家庭和小企业设计的文件服务器。与大多数文件服务器相比，网络附加存储更便宜、更容易建立、更易于管理。但是，它不包括许多大型文件服务器中的强大管理工具和功能。

（3）**廉价磁盘冗余阵列系统（RAID）**——本章前面讨论的专用设备的更大版本，通过不断地在组织机构的网络中移动文件的备份副本来增强组织的安全性。

（4）**组织机构云存储**——高速互联网连接到一个专用的远程存储设施。设施中包含大量文件服务器，以提供大量的存储空间。

7.8.2　存储区域网络

存储区域网络（SAN）系统是近年来大规模存储技术的发展方向。存储区域网络是一种将远程计算机存储设备（如企业存储系统）连接到计算机的体系结构，使这些设备与本地连接的驱动器一样可用。在一个存储区域网络系统中，用户的计算机提供存储数据的文件系统，而存储区域网络系统为数据提供磁盘空间。

存储区域网络的关键是将个人计算机与大型存储设备连接起来的高速网络。特殊的文件系统可以防止并发用户之间互相干扰。存储区域网络提供了在远程位置存储数据的能力，并且允许高效和安全的访问。

☑ 概念检查

■ 定义大容量存储和大容量存储设备。

■ 什么是企业存储系统？
■ 什么是存储区域网络系统？

7.9　IT 职业生涯

前面介绍了辅助存储，下面介绍故障修复技术人员的职业生涯。

故障修复技术人员主要负责在灾难袭击一个组织后对系统和数据进行恢复。另外，他们经常为预防和阻止灾难做计划。该计划的一个重要部分是使用存储设备和介质，确保所有公司的数据已被备份，以及在某些情况下进行异地存储。

雇主通常会寻找具有信息系统或计算机科学专业本科或大专学历的应聘者，应聘者通常需要这一领域的经验，最好有网络工作、安全和数据库管理方面的技能。故障恢复专业技术人员应具备良好的沟通技巧，并能应对高压力的情况。

故障修复专业技术人员年薪为 70 000～88 000 美元。通常有晋升到高层管理职位的机会。由于组织机构面临着许多类型的威胁，对这类专家的需求预计还会增加。

7.10　未来展望：下一代存储器

你是否已经开始为你的文件使用云存储服务？你的朋友和家人也使用了吗？随着数以百万计的个人和企业注册这些服务，这些公司又如何跟上这些用户的存储需求呢？答案很简单：他们会增加更多的硬盘驱动器。虽然硬盘驱动器已经存在很长时间了，但是这些工具背后的技术正在经历着令人难以置信的改进。目前，使用现有的磁存储方法，太字节（terabyte）级的硬盘存储器已经变得很普通。将来，你的电影和照片可能会使用热量、有机化合物甚至全息图来存储。技术一直在改善存储，并在我们展望未来时，继续发展，以改善人们的生活。

第一个将得到巨大改进的产品是硬盘。当涉及计算机和全世界数以百万计的服务器的主存储器时，没有什么比得上硬盘驱动器。当提到每吉字节（gigabyte）的价格时，硬盘是最便宜的解决方案。因此，研究人员正在研究如何在不增加体积的情况下提高存储容量。目前的硬盘存储的最大值已达到每平方英寸约 128GB。硬盘制造商希捷（Seagate）正在研究两项新技术：热辅助磁记录（HAMR）和构型记录位介质（BPM），希望可以提高这种极限。这样做的思路是让比特位变得更小，这样就能将更多比特集中在同一块区域内。一旦这些技术实现，每平方英寸的容量可能达到 6.25TB（6250GB）。希捷估计，在这样的密度下，可以把美国国会图书馆的全部内容都保存在一个不大于一枚硬币的硬盘上。

最新的蓝光光盘，其存储容量通常为 25GB 或 50GB。尽管几家公司通过增加更多的层来达到更高的存储限度，但很快就会达到上限。通用电气全球研究中心目前正在开发一种由微型全息图组成的光盘，这些全息图可以存储数十层，并可以对光做出反应。这些光盘可以存储 1TB 的数据，读取这些数据的驱动器也可以读取 DVD 和蓝光光盘。

随着化学学科的发展，人们猜测电路和存储介质可能很快就会与含碳分子相结合。研究人员发现，一组被称为金属富勒烯的化合物可以以多种方式进行排布，就像其他存储媒体一样，它们也可以代表 0 和 1。有机分子最大的优点是体积小，可以用于制造微型存储设备，甚至制造出更小的计算机和工具。

你可能想知道为什么固态存储器、闪存还没有被提及。这种类型的介质多年来都在不断改进。闪存和储存卡越来越小，容量也在不断增加。然而，每吉字节（gigabyte）的价格远远高于硬盘驱动器的价格。在过去，它们的生命周期有限，因为它们只能支持大约 10 000 次写操作。这两个问题对于个人来说可能不是问题，但大型企业和云存储公司却因此不能依赖它们。然而，固态存储写入信息的方式最新的进展已经显示出了巨大的进步，人们担忧的固态硬盘稳定性问题可能会成为过去。

现在已经探索了几种未来技术，你认为哪种技术是五年内人们会用到的？你相信固态存储会完全取代台式机和笔记本计算机的硬盘吗？你认为分子大小的存储解决方案是否足够便宜，以至于能够在所有计算机中使用？

7.11　小　　结

1. 存储

随机访问存储器即**主存储器**。大多数随机访问存储器具有易失性，这意味着当电源中断时，数据就会丢失。**辅助存储器**提供非易失性存储。计算机中断电源后，辅助存储器仍然可以保留数据和信息。

写入是将信息保存到**辅助存储设备**的过程。读取是访问信息的过程。

存储的重要特性包括：

- 介质——保存数据和程序的物理材料。
- 容量——特定存储介质能容纳的空间大小。
- 存储设备——读取和写入存储介质的硬件。
- 访问速度——从辅助存储设备检索数据需要的时间。

为了有效且高效地使用计算机，读者需要了解不同类型的辅助存储器，以及它们的功能、限制和用途。有 4 种普遍的存储介质：硬盘、固态硬盘、光盘和云存储。

2. 硬盘

硬盘使用的是坚硬的金属盘片，这些盘片可以提供大量的存储空间。硬盘通过改变磁盘表面的电磁荷来存储数据和程序。文件按照以下形式组织：

- **磁道**——盘片上的同心环。
- **扇区**——楔形的部分。
- **柱面**——贯穿堆叠盘片的相同位置的每个磁道。

密度是指在硬盘上相邻的电磁电荷之间的紧密程度。磁头碰撞发生在硬盘与驱动器的读写磁头接触时。

硬盘分为内置硬盘和外置硬盘两种类型。

（1）内置硬盘

内置硬盘位于系统单元内，用于存储程序和数据文件。

（2）外置硬盘

不同于内置硬盘，**外置硬盘**是可移动的。外置驱动器使用与内部磁盘相同的基本技术。

（3）性能优化

提升磁盘性能的三种方式为磁盘高速缓存、廉价磁盘冗余阵列、文件压缩/解压。

- **磁盘高速缓存技术**——在辅助存储器和中央处理器之间提供临时的高速存储区域。通过预测数据需求和减少访问辅助存储数据次数来提升存储性能。
- **廉价磁盘冗余阵列**（RAID）——一些廉价的硬盘驱动器连接在一起，通过扩展存储空间、提供快速访问和增强可靠性来提升性能。
- **文件压缩和文件解压**——文件在存储前被压缩，然后在再次使用之前进行解压缩；通过高效能存储提升性能。

3. 固态存储

固态存储设备没有可移动部件。可提供对闪存（固态存储）的访问。

（1）固态硬盘

固态硬盘（SSDs）除使用固态存储器（内存）外，与内置硬盘驱动器相似。固态存储器通常可用空间较少，与内置硬盘驱动器相比，更快、更耐用、更贵。混合系统包含固态硬盘和磁盘。

（2）闪存卡

闪存卡是一种小型固态存储设备，广泛用于便携式设备。它们与各种专用输入设备一起使用，包括存储和传输图像的数码相机，以及存储和传输音乐、视频文件的 iPod 等数字媒体播放器。

（3）U 盘

U 盘（闪存盘）非常小，可以扣在钥匙环上。U 盘插到计算机的 USB 端口，广泛用于在计算机、专用设备和互联网之间传输数据和信息。

4. 光盘

光盘使用激光技术。1 和 0 由凹槽和平面表示。光盘驱动器投射光和测量反射光。

广泛使用的光盘有：

- **紧凑格式光盘**（**CDs**）是最早的，存储空间有 700MB，通常用来存储音乐。
- **数字通用光盘**（**DVDs**）是标准光盘，存储空间有 4.7GB，通常用于存储电影和软件。
- **蓝光光盘**（**BDs**）是最新的光盘类型，是为存储高清视频而设计的，存储空间有 50GB。通常用于存储高清视频和视频游戏。

光盘的三种基本格式为：

- **只读**（**ROM，只读存储器**）光盘不能被用户写入或擦除。
- **一次性写入**（**R，可记录**）光盘只能一次性写入。之后，光盘可以被多次读出，但不能被写入或擦除。
- **可重写**（**RW，可重写**或 **RAM，随机存储器**）光盘除了记录数据时磁盘表面不会永久改变外，与一次写入光盘相似。

5. 云存储

有了**云计算**，互联网就像是服务器的"云"。**云存储**（在线存储）是由这些服务器提供的。

- 云服务器提供存储、处理和内存。
- 对用户而言的优点包括较少的维护、较少的硬件升级，以及简单的文件共享和协作。
- 对用户而言的缺点是访问速度慢和文件的安全控制少。

6. 大容量存储设备

大容量存储是指大型组织机构需要的大量辅助存储。大容量存储设备是专用的大容量的辅助存储设备。

大多数大型组织机构为了促进高效、安全的数据操作，已经确立了名为**企业存储系统**的策略。

支持这一策略的大容量存储设备有**文件服务器**、**网络附加存储(NAS)**，**廉价磁盘冗余阵列系统**和**组织云存储**。**存储区域网络(SAN)**是一种如同在本地计算机上使用企业级远程存储系统的方法。

7. IT 职业生涯

故障修复技术人员在组织机构遇到故障后负责修复系统和数据。需要具备信息系统或计算机科学方面的学士学位或副学士学位，以及在网络、安全和数据库管理领域具有经验的人。年薪大约为 70 000～88 000 美元。

7.12 专 业 术 语

U 盘，USB 驱动器(USB drive)
磁道(track)
磁盘高速缓存(disk caching)
存储区域网络(storage area network，SAN)
存储设备(storage device)
大容量存储，海量存储(mass storage)
大容量存储设备(mass storage devices)
访问速度(access speed)
辅助存储(secondary storage)
辅助存储设备(secondary storage device)
高清(hi def (high definition))
固态存储(solid-state storage)
固态硬盘(solid-state drive，SSD)
故障恢复专业技术人员(disaster recovery specialist)
光盘(optical disc)
光盘驱动器(optical disc drive)
介质(media)
紧凑格式光盘(compact disc，CD)
可记录光盘(recordable (R) disc)

可重写的光盘(rewritable (RW) disc)
坑，凹槽，光盘凹陷处(pit)
蓝光光盘(Blu-ray disc，BD)
廉价磁盘冗余阵列系统(RAID system)
廉价磁盘冗余阵列(redundant array of inexpensive disks，RAID)
密度(density)
内置硬盘(internal hard disk)
盘片(platter)
碰头碰撞(head crash)
平坦地，平面(land)
企业存储系统(enterprise storage system)
容量(capacity)
闪存(flash memory)
闪存卡(flash memory card)
闪存驱动器(flash drive)
扇区(sector)
数字通用光盘，数字视频光盘(digital versatile disc or digital video disc，DVD)
随机访问存储器(random-access memory，

（RAM) disc)

外置硬盘驱动器(external hard drive)

网络附加存储（network attached storage，NAS)

文件服务器(file server)

文件解压缩(file decompression)

文件压缩(file compression)

一次性写入盘光盘(write-once disc)

硬盘(hard disk)

云存储(cloud storage)

云计算(cloud computing)

在线存储(online storage)

只读存储器光盘(read-only memory（ROM）disc)

主存储器(primary storage)

柱面(cylinder)

组织云存储(organizational cloud storage)

7.13　习　　题

一、选择题

圈出正确答案的字母。

1. RAM 有时也被称为：
   - a. 主存储器
   - b. 活性存储器
   - c. 只读内存
   - d. 辅助存储器

2. 保存数据和程序的实际物理材料为：
   - a. 主存储
   - b. 介质
   - c. 容量
   - d. 访问

3. 测量磁盘上相邻电荷之间紧密程度的是：
   - a. 密度
   - b. 柱面
   - c. 磁道
   - d. 扇区

4. 当读写磁头与硬盘表面接触时,它会产生：
   - a. 碰撞
   - b. 平面
   - c. 凹槽
   - d. 划伤

5. 硬盘的哪种性能增强可以预测数据需求？
   - a. 磁盘高速缓存
   - b. 文件压缩
   - c. 文件解压
   - d. 廉价磁盘冗余阵列

6. 哪种类型的存储器使用凹槽和平面来表示 1 和 0？
   - a. 云
   - b. 硬盘
   - c. 光盘
   - d. 固态

7. DVD 代表：
   - a. 数字通用光盘
   - b. 数字视频数据
   - c. 动态多功能盘
   - d. 动态视频光盘

8. U 盘也被称为：
   - a. 闪存盘
   - b. 光学驱动器
   - c. 端口
   - d. 通用总线

9. 促进跨网络数据的高效和安全使用的组织策略是：
   - a. 云动态
   - b. 数据任务声明
   - c. 企业存储系统
   - d. 廉价磁盘冗余阵列

10. 为满足组织要求而设计的专用高容量辅助存储设备为：
    - a. 紧凑格式光盘设备
    - b. 闪存盘
    - c. 企业存储系统
    - d. 盘片

二、匹配题

将左侧以字母编号的术语与右侧以数字编号的解释按照相关性进行匹配,把答案写在画线的空格处。

a. DVD   ____ 1. 提供永久或非易失性存储

b. 文件压缩   ____ 2. 从存储介质读取数据和程序的硬件

c. 高清晰度   ____ 3. 硬盘上的同心环

d. 网络附加存储   ____ 4. 磁道上不可见的楔形剖面

e. 辅助存储   ____ 5. 减少数据和程序的存储空间以提高存储容量

f. 扇区   ____ 6. 当前个人计算机上最常见的光盘

g. 固态硬盘   ____ 7. 下一代光盘

h. 存储区域网   ____ 8. 除了使用固态存储器以外,与内置硬盘驱动器类似

i. 存储设备   ____ 9. 广泛应用于家庭和小型企业存储的大容量存储设备

j. 磁道   ____ 10. 将远程存储设备连接到计算机的体系结构,使这些设备与本地连接的驱动器一样可用。

三、开放式问题

回答下列问题。

1. 比较主存储器和辅助存储器,并简述辅助存储器的重要特性。

2. 对于硬盘,简述密度、盘片、磁道、扇区、柱面、磁头碰撞、内置硬盘、外置硬盘和性能优化的含义。

3. 对于固态存储,简述固态硬盘、闪存和 U 盘的含义。

4. 简述光盘、平面、凹槽、紧凑格式光盘、数字通用光盘、蓝光和高清晰度的含义。

5. 简述云计算和云存储。

6. 简述大容量存储设备相关概念,包括企业存储系统、文件服务器、网络附加存储、廉价磁盘冗余阵列系统、组织云存储和存储区域网络系统的含义。

四、讨论题

回答下列问题。

1. 让 IT 为你所用:云存储

你有没有在两台计算机之间来回发送电子邮件,或者与其他人发送邮件来传递文件的经历?回顾 7.7 节"让 IT 为你所用:云存储",然后回答以下问题:①你曾使用过 Dropbox 或类似服务吗?如果使用过,你经常使用什么服务?你通常用它做什么?如果你没有使用过 Dropbox 或类似的服务,请描述一下你未来可能使用的方式和原因。②请创建一个免费的 Dropbox 账户,并创建 Dropbox 文件夹。使用 Dropbox 从另一台计算机访问一个文件或与你的同学共享一个文件。描述一下 Dropbox 的使用体验。另外,了解 Dropbox 的一些功能,并描述使用这些功能的体验。你每天都使用 Dropbox 吗?为什么?

2. 隐私:安全删除数据

一旦用户删除了文件,它就永远消失了吗?答案是否定的。已删除的文件是可以恢复的,用户的隐私也会泄露。回顾第 157 页的"隐私"专题,然后回答以下问题:①你是否使用过安全删除的实用程序?如果是,你使用了哪种程序?如果没有,你认为将来会使用吗?

②你会考虑永久删除哪类文件？具体说明。③即使你不打算出售你的计算机，你认为定期使用安全删除的实用程序是一种好的做法吗？为什么？④你是怎样找到安全删除实用程序的？你认为有免费版本吗？

3. 伦理：云存储和机密性

当个人和企业使用云服务存储文件时，他们期望云公司通过提供足够的安全性来保护机密文件，从而表现得合乎道德。当这种期望不能得到满足时会发生什么？回顾第 162 页的"伦理"专题，然后回答以下问题：①如果你的律师将你的法律文件的数字副本存储在云，你会感到不舒服吗？如果是你的医生或心理医生呢？为什么？②如果云存储中的文件被黑客或不符合伦理规范的员工窃取查看，谁应对其负责？阐述你的观点。③是否应该制定法律，要求云存储公司合乎伦理地运营，并对所存储数据的安全性和保密性负责？为什么？④云计算机不一定位于国家境内，因此可能不受国家计算机条例管辖。你认为所有本国公司都应该在自己的国家保留它们的云服务器吗？说明你的观点。⑤你如何看待使用云存储保存个人隐私和机密信息？你现在会合作存储吗？为什么？

4. 环境：固态存储器

你知道传统的硬盘存储器比固态存储需要更多的能量吗？回顾第 157 页的"环境"专题，然后回答以下问题：①为什么固态硬盘需要更少的能量？②为什么并非所有硬盘都会被固态硬盘所取代？③你认为硬盘在未来会过时吗？为什么？④你愿意花更多的钱买一个固态硬盘吗？如果愿意，你愿意花多少钱？如果不愿意，为什么？

第 8 章　通信和网络

为什么阅读本章

通信网络几乎是现代数字生活方方面面的中坚力量。未来,远程呈现(不用身处其中,即可完全体验一个不同地方的真实情况的能力)将成为很普遍的事情。例如,医生可以给远在地球另一端的病人执行常规手术。

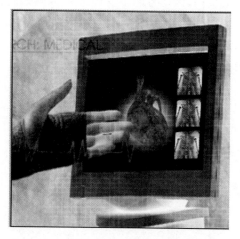

本章将介绍每个人需要为这个日新月异的数字世界做好准备而需要了解的知识和技能,包括:

- 有线网络——了解同轴电缆和光纤电缆,这样你就可以对家庭网络连接做出明智的选择。
- 无线网络——通过了解 Wi-Fi、卫星和蓝牙,以更智能、更安全的方式使用数字设备。
- 移动计算——使用第四代移动通信数据网络和全球定位系统,成为数字道路上的勇士。

学习目标

阅读完本章内容后,读者应该能够:

① 解释互联互通、无线革命和通信系统。
② 描述物理和无线通信信道。
③ 区分连接设备和服务,包括拨号、数字用户线路、电缆、卫星和蜂窝网络。
④ 描述数据传输因素,包括带宽和协议。
⑤ 定义网络和关键网络术语,包括网络接口卡和网络操作系统。
⑥ 描述不同类型的网络,包括本地网、家庭网、无线网、局域网、城域网和广域网。
⑦ 描述网络体系结构,包括拓扑结构和策略。

⑧ 解释与互联网技术和网络安全相关的组织问题。

8.1　引　　言

我们生活在一个真正的互联社会。人们几乎可以与世界各地的人即时交流；即使最小的国家和地区发生事件，也可以立即传播到全世界；人们的电子邮件信息可以被传送到移动设备上；汽车可以通过互联网获取驾驶指令和解决机械问题；即使是家用电器也可以连接到互联网上进行远程控制。唾手可得的通信和可选择的信息改变了人们对周围世界的反应和联系方式。

随着通信系统的能力和灵活性的扩展，支持这些系统网络的复杂化变得日趋重要。处理移动电话、商务和互联网通信的网络技术有许多不同的形式。卫星、广播塔、电话线，甚至埋在地下的电缆和光纤都承载着我们的电话信息、电子邮件和短信。这些不同的网络必须高效且有效地集成在一起。

为了有效地使用计算机，读者需要理解互联互通、无线网络的概念以及组成网络和通信系统的元素。此外，读者还需要了解通信信道、连接设备、数据传输、网络类型、网络体系结构和组织网络的基础知识。

8.2　通　　信

计算机通信是在两个或多个计算机之间共享数据、程序和信息的过程。本书中介绍了很多依赖于通信系统的应用程序，包括：

- **电子邮件**——通过发送和接收电子文档，为传统邮件提供了一种快速、高效的替代方式。
- **短信**——使用简短的电子消息为个人提供非常直接高效的文本通信。
- **视频会议**——使用电子语音和视频传输为长途电话提供了一个非常低成本的替代方式。
- **电子商务**——以电子方式买卖商品。

本节将重点讨论支持这些应用程序和许多其他应用程序的通信系统。互联互通、无线变革和通信系统都是 21 世纪的关键概念和技术。

8.2.1　互联互通

互联互通这一概念指使用计算机网络来连接人员和资源。例如，互联互通意味着你的计算机可以和其他几乎任何地方的计算机和信息源相连接。有了这种联系，每一位用户都可以连接到更大的计算机和互联网世界，这包括成千上万的网络服务器及其广泛的信息资源。因此，能够高效和有效地使用计算机，不仅需要了解网络与个人计算机的连接，还需要了解更大的计算机系统及其信息资源。

8.2.2　无线革命

在过去十年里,互联互通和通信领域最显著的变化是诸如智能手机和平板计算机等移动设备的广泛使用。学生、家长、教师、商人和其他人经常使用这些设备进行交谈和交流。据估计,全世界使用的智能手机超过 15 亿部。无线技术允许个人在任何时间、任何地点与他人保持联系。

所以,革命主要发生在哪里?无线技术最初主要用于语音通信,但今天的移动计算机已能够支持电子邮件、网络访问、社交网络和各种网络应用程序。另外,无线技术允许各种各样的近距离设备在没有任何物理连接的情况下实现相互通信。

无线通信允许你与附近的同事共享高速打印机、共享数据文件和协作编写工作文档,而无须将计算机与电缆或电话连接在一起。高速互联网无线技术使个人计算机可以连接到互联网并可以在世界上任何地方分享信息,如图 8-1 所示。但这是一场革命吗?大多数专家认为"是",而且他们认为革命才刚刚开始。

图 8-1　无线革命

8.2.3　通信系统

通信系统是从一个位置到另一个位置传输数据的电子系统。无论有线还是无线,每一个通信系统都有四个基本元素,见图 8-2。

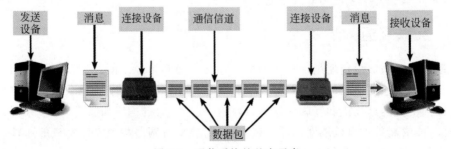

图 8-2　通信系统的基本元素

（1）**发送**和**接收设备**。这些设备通常是一台计算机或专门的通信设备。它们以数据、信息和/或指令的形式产生(发送)和接受(接收)消息。

（2）**连接设备**。这些设备充当收发设备和通信信道之间的接口。它们将传出的消息转换为可以通过通信信道的数据包,并对传入消息进行反向处理。

（3）**数据传输规范**。即规则和规程,通过精确定义如何通过通信信道发送消息来协调发送和接收设备。

（4）**通信信道**。通信信道是传递消息的实际连接和传输介质。这种介质既可以是一根电线或电缆,也可以是无线的。

例如,如果你想要给你的朋友发送一封电子邮件,可以使用计算机(发送设备)创建并发送消息。调制解调器是一种连接设备,它会对消息进行修改和格式化,从而使它能够在诸如电话线的通信信道中高效地传输。关于消息如何被修改、重新格式化和发送的细节将在数据传输规范中描述。当信息经过信道之后,接收者的调制解调器(连接设备)会重新格式化,以便显示在你朋友的计算机(接收设备)上(注意：这个例子呈现了发送电子邮件的通信系统基本元素,并没有电子邮件系统所涉及的所有具体步骤和设备进行说明)。

✒伦理

随着窃听工具变得越来越复杂,人们担心执法部门和政府机构会监控每个人的网上和手机活动。在私营部门,企业越来越多地使用网络工具和软件来监控员工的活动。许多网站也会追踪用户的足迹,政府机构在调查过程中经常要用这些记录。一些人认为,政府和企业进行此类监控和跟踪是不道德的。你同意吗?

☑概念检查

■ 定义计算机通信和互联互通。

■ 什么是无线革命?

■ 描述每个通信系统的四个元素。

8.3　通　信　信　道

通信信道是每个通信系统的必要元素。这些信道实际上把数据从一台计算机传输到另一台计算机。通信信道有两种类型：一种类型是通过提供物理连接的发送和接收设备,例如电线和电缆;另一种类型是无线。

8.3.1　物理连接

物理连接使用固态介质来连接发送和接收设备。这些连接包括双绞线电缆、同轴电缆和光纤电缆。

- **双绞线电缆**是由一对缠绕在一起的铜线组成的。标准的**电话线**和**以太网电缆**都使用双绞线,如图 8-3 所示。以太网电缆通常用于网络,并将各种组件连接到系统单元。

- **同轴电缆**是一种高频率的传输电缆,用单一的固态铜芯代替电话线的多线装置,见图 8-4。就电话连接的数量而言,同轴电缆的传输能力是双绞线的 80 倍以上。同轴电缆用于传送电视信号以及连接网络中的计算机。
- **光纤电缆**通过微小的玻璃管传输光脉冲形式的数据,见图 8-5。光纤电缆的数据传输速度令人难以置信,最近测量的速度是每秒 1 千万亿个比特。与同轴电缆相比,它在传输数据上更轻便,更快,更可靠。光纤电缆正在迅速取代双绞线电缆电话线。

图 8-3　以太网电缆　　　　图 8-4　同轴电缆　　　　图 8-5　光纤电缆

8.3.2　无线连接

无线连接不使用固态物质连接发送和接收设备,而是将数据通过空间传输。

大多数无线连接使用无线电波进行通信。例如,智能手机和许多其他互联网激活设备使用无线电波进行电话通话并连接到互联网。用于无线连接的主要技术是蓝牙、无线局域网、微波、全球微波接入互操作性、蜂窝网络和卫星通信。

- **蓝牙**是一种短距离的无线电通信标准,它可以在大约 33 英尺(约 10m)的短距离内传输数据。蓝牙被广泛用于无线耳机、打印机连接和手持设备。
- **无线局域网**(Wi-Fi,wireless fidelity)使用高频无线电信号传输数据。无线网络的标准有很多,每种都可以以不同的速度发送和接收数据,见图 8-6。大多数家庭和商业无线网络都使用了无线局域网。
- **微波通信**使用高频无线电波。它有时被称为视距通信,因为微波只能以直线的方式传播。因为波不能随地球的弯曲而弯曲,它们只能在相对较短的距离内传播。因此,微波是一种适合在城市建筑群之间或大学校园之间传送数据的介质。对于更远的距离,波必须通过带有微波天线的微波站进行转发,如图 8-7 所示。

标准	最大速率
802.11g	54 Mb/s
802.11n	600 Mb/s
802.11ac	2.6 Gb/s
802.11ax	10.5 Gb/s

图 8-6　无线局域网标准

- **全球微波接入互操作性**(WiMax, Worldwide Interoperability for Microwave Access)是一个新的标准,它扩展了使用微波连接的无线局域网络的范围。全球微波接入互操作性通常被大学和其他机构用来扩展现有的无线局域网络。
- **蜂窝网络**使用多个天线(移动通信基站)在相对较小的地理区域(单元)发送和接收数据。大多数手机和移动设备都使用蜂窝网络。
- **卫星通信**使用轨道距离地球 22 000 英里(约 35 400km)的卫星作为微波中继站。这些卫星许多是由国际通信卫星组织提供的,该组织由 114 个政府所拥有,并形成了一个世界范围的通信系统。卫星以精确的定位和速度在地球上空沿轨道运行。它们可以将微波信号从地面上的一个发射器放大并传递到另一个发射器。卫星可以用来发送和接收大量的数据。**上行链路**是一个与向卫星发送数据有关的术语。**下行链路**是指从卫星接收数据。卫星通信的主要缺点是遇到恶劣的天气，数据流有时会中断。

卫星通信最令人关注的应用之一是全球定位。卫星网络不断地向地球发送位置信息，**全球定位系统(GPS)**设备使用这些信息来唯一确定设备的地理位置。这些系统在许多汽车中都可以提供导航支持，它们经常被安装在仪表盘上，通过显示器显示地图，通过扬声器来提供语音指令。今天的大部分智能手机和平板计算机都使用全球定位系统技术进行手机导航，见图 8-8。

图 8-7　微波天线

图 8-8　全球定位系统导航

不同于无线电波，红外线通信利用红外线光波在短距离内进行通信。和微波传输类似，红外线是一种直线通信。因为光波只能在直线上传播，所以发送设备和接收设备一定会清晰地看到彼此，并且中间没有任何障碍阻挡视线。最常见的红外线设备之一是电视遥控器。

🌀 环境

你知道全球定位系统技术有助于保护环境吗？许多汽车和移动设备现在都有全球定位系统功能，这些工具可以通过为司机提供到达目的地最短的路线来节省燃油。现在的大多数设备都提供实时交通堵塞数据，提示司机避开某些路段，这将减少交通堵塞中的碳排放量和汽车污染。通过寻找最佳路线和避免拥堵区域，用户可以在最大程度上有效地利用燃油和保护环境。

☑ 概念检查

⬛ 什么是通信信道？列举三种物理连接。

⬛ 什么是蓝牙？什么是微波通信？什么是全球微波接入互操作性？

■ 什么是蜂窝网络和卫星通信？什么是全球定位系统？什么是红外线？

8.4　连接设备

从前几乎所有的计算机通信都是通过电话线完成。然而，由于电话最初是为语音传输设计的，电话通常发送和接收连续电子波的模拟信号。相比之下，计算机则发送和接收数字信号，其区别如图 8-9 所示。数字信号代表了电子脉冲存在与否。需要调制解调器才可以将数字信号转换为模拟信号，反之亦然。

8.4.1　调制解调器

调制解调器的英文单词 **modem** 是调制器（modulator）和解调器（demodulator）的缩写。调制是从数字到模拟的转换过程。解调是从模拟到数字的转换过程。调制解调器使数字个人计算机能够在不同的介质之间进行通信，包括电话线、电缆线和无线电波。

调制解调器传输数据的速度是不同的。这种速度称为传输速率，通常以每秒数百万比特（Mb/s）为单位进行测量，见图 8-10。传输速率越快，发送和接收信息的速度就越快。例如，以 1.5 兆比特每秒的调制解调器下载一部完整的电影（700MB）大约需要 1 个小时。使用 10.0 兆比特每秒的调制解调器大约需要 9 分钟。

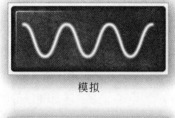

模拟

数字

单位	速率
Mb/s	每秒百万比特
Gb/s	每秒十亿比特
Tb/s	每秒万亿比特

图 8-9　模拟和数字信号　　　　　图 8-10　传输速率

- **DSL（数字用户线路）调制解调器**使用标准电话线路，可以直接与公司办公室电话建立高速连接。这些设备通常是外置的，并通过通用串行总线或以太网端口连接到系统单元。
- **电缆调制解调器**使用与电视机连接相同的同轴电缆，与数字用户线路调制解调器一样，电缆调制解调器使用系统单元的通用串行总线或以太网端口创建高速连接。
- **无线调制解调器**也被称为 **WWAN（无线广域网络）调制解调器**。现在几乎所有的计算机都有内置的无线调制解调器。如果没有内置无线调制解调器，可以将无线适配器卡插入通用串行总线或专门的卡片端口。

DSL调制解调器　　　电缆调制解调器　　　无线调制解调器

图 8-11　调制解调器的基本类型

8.4.2　连接服务

多年来，大型公司一直从电话公司租赁专门的高速线路。最初，这些高速线路都是铜线，被称为 **T1 线**，它们组合起来形成更高容量的选择，称为 **T3 或 DS3 线路**。这些线路在很大程度上已被更快的**光载波（OC）**线所取代。

虽然专用高速线路对于大多数个人来说太昂贵，但互联网服务提供商（如第 2 章所述）提供了用户负担得起的连接。

多年来，人们依赖于使用现有的电话和电话调制解调器的**拨号服务**连接到互联网。这种类型的服务已经被包括 DSL（数字用户线路）、电缆、卫星和蜂窝网络在内的高速连接服务所取代。

- **数字用户线路（DSL）服务**由电话公司提供，使用现有电话线提供高速连接。**ADSL（非对称数字用户线路）**是使用最广泛的 DSL 类型之一。数字用户线路比电话拨号速度快很多。
- **有线电视公司**使用它们现有的电视电缆提供有线电视服务，通常比数字用户线路快。
- **光纤服务（FIOS）**提供的速度比有线、数字用户线路连接更快。
- **卫星连接服务**使用卫星提供无线连接。卫星连接虽然比 DSL 和调制解调器慢，但可以在任何地点使用。
- **蜂窝网络**供应商支持使用蜂窝网络的无线设备语音和数据传输。这些网络经历了不同的阶段。第一代移动通信（1G）从 20 世纪 80 年代开始使用模拟无线电信号来提供模拟语音传输服务。第二代移动通信（2G）从 20 世纪 90 年代开始使用数字无线电信号。第三代移动通信（3G）从 2000 年开始提供能够有效连接互联网的服务，标识着智能手机的开始。

第四代移动通信（4G）使用 LTE（长期演进）连接来提供更快的传输速度。虽然用户的第四代移动通信体验取决于运营商、地理位置和靠近基站的距离，第四代移动通信技术仍可以提供比第三代移动通信快近 10 倍的速度。

要想了解更多关于如何使用移动通信，请参阅 8.6 节。

☑ **概念检查**

■ 调制解调器的功能是什么？比较三种调制解调器。

■ 什么是连接服务？比较五种高速连接服务。

■ 描述第四代移动通信。

8.5　数据传输

数据传输方式受一些因素影响。这些因素包括带宽和协议。

8.5.1　带宽

带宽是通信信道的宽度或容量的度量。实际上，它意味着在给定的时间内可以在通信信道中传输的信息量。例如，为了传输文本文档，带宽速度慢是可以接受的。然而，为了有效地传输视频和音频就需要更宽的带宽。带宽有四种类型：

- 语音频带，也被称为**低带宽**，用于标准的电话通信。这种带宽应用于带有电话调制解调器和拨号服务的个人计算机。这种带宽虽然对传输文本文档有效，但对于许多类型的传输，包括高质量的音频和视频来说速度太慢。
- **中频波段**用于特殊租用线路，例如连接中型计算机、大型计算机以及远距离传输数据。这种带宽能够实现高速数据传输。
- **宽带**被广泛应用于 DSL（数字用户线路）、电缆和卫星连接互联网。多个用户可以同时使用单一的宽带连接进行高效数据传输。
- **基带**被广泛用于紧密相连的个人计算机连接。就像宽带一样，它能够支持高速传输。不同于宽带的是，基带每次只能携带单个信号。

8.5.2　协议

为了使数据传输成功，发送设备和接收设备之间交换信息必须遵循一系列的通信规则。这些在计算机之间交换数据的规则称为协议。

正如第 2 章提到的，**https**，也称作**超文本传输安全协议**，被广泛用于保护敏感信息的传输。另一种广泛使用的互联网协议是 **TCP/IP**（**传输控制协议/网际协议**）。该协议的基本特性包括：①识别发送设备和接收设备；②将信息分解成小的部分或数据包，然后在互联网上传输。

- 识别：每一台连接到互联网的计算机都有唯一的数字地址，称为 **IP 地址**（**互联网协议地址**）。与邮局使用地址发送邮件一样，互联网使用 IP 地址发送电子邮件到确定的网站位置。由于这些数字地址很难被人们记住和使用，所以程序员开发了一个可以自动将基于文本的地址转换成数字 IP 地址的系统。这个系统使用**域名服务器**（**DNS**）将基于文本的地址转换为 IP 地址。例如，当用户输入一个网络地址 www.mhhe.com 时，域名服务器将其转换为 IP 地址，然后才能建立连接，其过程如图 8-12 所示。
- **信息分包**：穿过互联网的信息发送或传输通常会经过很多的连接的网络。消息在发送之前被更改格式或被分解成被称作**数据包**的很小部分,然后每个数据包在互联网上单独发送,可能会通过不同的路径到达同一个目的地。在接收端,数据包被重新组装成正确的顺序。

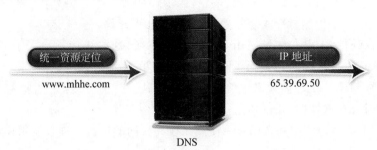

统一资源定位
www.mhhe.com

IP 地址
65.39.69.50

DNS

图 8-12　DNS 将基于文本的地址转换为数字 IP 地址

☑ **概念检查**

⬤ 什么是带宽? 描述带宽的四个类别。

⬤ 什么是协议? 互联网的标准协议是什么?

⬤ 定义 TCP/IP、IP 地址和数据包。

8.6　让 IT 为你所用:移动互联网

你的智能手机或平板计算机经常连接互联网吗? 数以百万计的用户可以随时随地访问他们的电子邮件、喜欢的网站、云服务以及任何应用。令许多人困惑的是各种各样的连接设备、流量套餐,以及超过使用上限的处罚。

1. 设备

有很多设备可以帮助用户在任何地点访问互联网。

① 智能手机。大多数现代智能手机都能通过无线网络、第三代移动通信或第四代移动通信网络接入互联网。

② 平板计算机。大多数平板计算机都提供无线上网功能,但如果需要使用第三代移动通信或第四代移动通信网络,用户需要自己购买价格更高的型号。

③ 笔记本计算机。插入 USB 调制解调器,就可以通过第三代移动通信或第四代移动通信网络接入互联网。

④ 移动热点设备。可以连接第三代移动通信或第四代移动通信网络的独立设备。它允许附近的多台设备通过无线网络接入互联网。

许多智能手机可以像移动热点设备一样提供无线局域网共享或网络共享。然而,用户可能需要每月支付额外的费用。

2. 数据计划

流量套餐定义了使用第三代移动通信、第四代移动通信网络可以下载多少数据流量。这些套餐可能会让人困惑,但对于大多数人来说,每月使用几 GB 的套餐是最好的。虽然少数供应商可以提供无限的流量套餐,但如果使用过度,供应商可能会减慢或节制网络的连接速度。

3. 超收费用

如果超过每月的数据流量限制,运营商将收取高额的费用。例如,每额外使用 1GB 供应商就收费 10 美元。为尽量减少超收费用,有以下几点建议:

① 无线局域网接入点。尽量使用无线局域网连接,这些连接不受限于流量套餐的限度。所以,如果你在一家提供免费无线网络的咖啡店里,就可使用无线局域网。

② 音乐/视频流。流媒体太多很快就会成为问题。解决方案:在看电视节目、电影和 Youtube 视频时要有选择性,并试着把音乐储存在设备上。

③ 下载。下载新的应用和音乐时只使用无线局域网的连接。许多应用程序和 MP3 文件可以达到甚至超过 10MB 大小。

④ 监控数据流量的使用。大多数无线网络公司都提供一款免费的应用程序,可以帮助你监控通话时间、短信和数据流量。注意用量。

8.7 网 络

计算机网络是一个连接两台或多台计算机以便交换信息和共享资源的通信系统。可以按照不同的部署建立网络,以满足用户的需求,如图 8-13 所示。

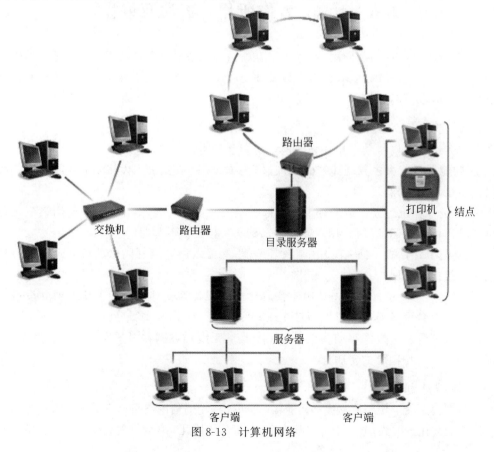

图 8-13 计算机网络

描述计算机网络的专门术语有很多,包括:

- **结点**——任何一个可以连网的设备。它可以是计算机、打印机或数据存储设备。
- **客户端**——请求和使用来自其他结点可用资源的结点。通常,客户端是用户的个人计算机。
- **服务器**——与其他结点共享资源的结点。专用服务器用于执行专门任务。根据具体的任务,服务器可分为应用服务器、通信服务器、数据库服务器、文件服务器、打印服务器和网络服务器。
- **目录服务器**——管理资源的专用服务器,例如,管理整个互联网上的用户账户。
- **主机**——连接到网络的任何计算机系统,并提供访问它的资源。
- **路由器**——将数据包从一个网络转移到另一个目标网络的结点。
- **交换机**——通过在发送者和接收者结点之间直接发送消息来协调数据流的中心结点。以往的集线器实现这一目的是通过向所有连接的结点发送接收到的信息,而不是目标结点。
- **网络接口卡(NIC)**——如第 5 章所述,这些扩展卡位于连接计算机与网络的系统单元内。有时被称为局域网适配器。
- **网络操作系统(NOS)**——控制和协调网络上所有计算机和其他设备的活动。这些活动包括电子通信以及信息和资源的共享。
- **网络管理员**——有效地负责网络操作和新网络实施的计算机专业技术人员。

网络可能只由个人计算机组成,也可能是由个人计算机或其他设备与更大的计算机集成在一起。网络可以由所有结点协同工作来控制,或者由专门的协调和提供所有资源的结点来控制。网络可以是简单的,也可以是复杂的、独立的,或者分散在一个大的地理区域内。

☑ 概念检查

- ▇ 什么是计算机网络?什么是结点、客户端、服务器、目录服务器、主机、路由器和交换机?
- ▇ NIC(网络接口卡)和 NOS(网络操作系统)的功能是什么?
- ▇ 什么是网络管理员?

8.8　网　络　类　型

显而易见,不同类型的信道,无论是有线或无线,都会形成不同类型的网络。例如,电话线可以连接同一幢大楼或家庭中的通信设备。互联网也可以使用有线和无线网络连接整个城市甚至国际组织。局域网、城域网和广域网是通过其服务的地理区域大小来区分的。

8.8.1　局域网

具有物理位置上接近的结点的网络(例如在同一建筑物内)称为**局域网(LAN)**。一般来说,局域网的跨度不足 1 英里(约 1.6km),且由个人组织拥有和运营。局域网被广泛用于大学、学院和其他类型组织,用于连接个人计算机、共享打印机和其他资源。一个简单的局域网如图 8-14 所示。

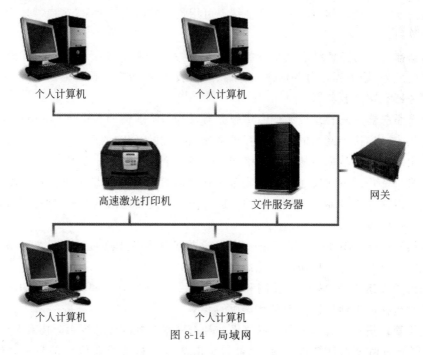

图 8-14　局域网

图 8-14 代表了一个典型的局域网布局,它提供了两个好处:经济性和灵活性。人们可以共享昂贵的设备和硬件。例如,四台个人计算机共享昂贵的高速激光打印机和文件服务器。其他的设备或结点也可以添加到局域网中,例如,更多的个人计算机、大型机或者光盘存储设备。此外,**网关**是一种允许局域网连接其他局域网或是更大的互联网的设备。例如,一个办公小组的局域网可以连接到另一个办公小组的局域网。

局域网中存在各种不同的标准或方式,并用这种标准或方式来控制结点之间的通信。最普通的标准称为**以太网**,使用该标准的局域网称为以太局域网。

8.8.2　家庭网络

虽然局域网多年来在各组织内部得到广泛使用,但现在却被个人在家中或公寓中普遍使用。这些局域网称为**家庭网络**,允许不同的计算机共享资源,包括共同的互联网连接。计算机可以通过多种方式连接网络,包括电线、电话线和专用电缆。然而,最简单的方法之一是通过无线方式连接。

8.8.3　无线局域网

无线本地区域网络通常被称为**无线局域网**(**WLAN**)。它使用射频来连接计算机和其他设备。所有的通信都通过网络中心的**无线接入点**或基站。这个接入点会解释传入的无线电频率,并将路由通信传到相应的设备。

在咖啡馆、图书馆、书店、大学等公共场合提供无线网络连接的接入点随处可见。这些访问结点被称为**热点**,通常使用的是无线局域网络技术。许多这种服务是免费的,用免费的网站,如 www.hotspotlocations.com 很容易找到。大多数移动计算设备都具备内置无线网卡,可以连接热点。如果移动设备没有内置无线网卡,则可以使用外接无线适配器(见图 8-15)插入到计算机 USB 端口或个人计算机卡槽中。

图 8-15　无线适配器

8.8.4　个人局域网

个人局域网(**PAN**)是一种无线网络,可以在非常小的区域内,即用户当前身处的环境下使用。个人局域网可将手机连接到耳机,键盘连接到手机。这些网络使无线设备之间的交互成为可能。其中最受欢迎的是蓝牙技术,它涉及的最大范围是 33 英尺(约 10m)。如今,几乎所有的无线外围设备都使用蓝牙,包括 PS 游戏机和任天堂等流行游戏系统的控制器。

8.8.5　城域网

城域网(**MAN**)的跨度可达 100 英里(约 160km)。这种网络常被用于连接遍及城市的办公大楼。

与局域网不同,城域网不为某个组织拥有。相反,城域网由网络服务提供商拥有,提供网络服务,并收取一定的费用。

8.8.6　广域网

广域网(**WAN**)是全国范围或全世界范围的网络。这种网络由可以接入区域性服务的供应商提供,可跨越超过 100 英里(约 160km)的距离。就像从洛杉矶到巴黎,使用微波中继器和卫星远距离接触用户。当然,所有广域网中规模最大的是跨越整个地球的互联网。

个人局域网、局域网、城域网和广域网之间的主要区别就是地理范围。每种网络类型都有不同的硬件组合,例如个人计算机、中型计算机、大型机和各种外部设备。

网络类型摘要见图 8-16。

类型	描述
LAN	局域网,距离较近
Home	家庭或是公寓使用局域网,通常是无线网
WLAN	无线局域网,所有通信都通过接入点
PAN	个人局域网,连接数字设备,如PDAs
MAN	城域网,通常覆盖范围达160km的城市
WAN	广域网,全国或世界范围

图 8-16　网络类型

📣 **提示**

你会在咖啡厅、机场、酒店、学校等公共场所使用笔记本计算机连接无线网络吗？如果是这样，保护好计算机和隐私是至关重要的。下面是一些建议：

① **使用防火墙**。当计算机直接连接到公共网络时，个人防火墙是必不可少的。Windows 8 和 Windows 10 的内置防火墙都会询问一个新的网络是否应该被当作家庭、工作或公共网络来对待。

② **避免连接假的热点**。众所周知，黑客会在热门地区（如咖啡馆和机场）设置流氓（或假）热点，在那里，用户可以免费使用无线网络。因为许多操作系统会自动连接最强的信号接入点，这样就有可能会连接到假热点。连接的时候一定要确认正在访问的接入点是否正确，如果不确定，可以问店内员工。

③ **关闭文件共享**。关闭操作系统中的文件共享功能将确保没有人能够访问或修改你的文件。

④ **检查连接是否加密**。如果你使用的热点是用密码保护的，那么它很可能是加密的。如果不是，那么在访问网站和提供信息的时候要小心。

☑ **概念检查**

▇ 什么是局域网？什么是网关、以太网、家庭网络？

▇ 什么是无线网络？什么是无线网络接入点？什么是热点？

▇ 什么是个人局域网？什么是城域网？什么是广域网？

8.9　网络体系结构

网络体系结构描述了如何规划网络以及如何协调和共享资源。它包含各种不同的网络规范，包括网络拓扑结构和网络策略。网络拓扑结构是网络的物理布局。网络策略定义了信息和资源是如何共享的。

8.9.1　拓扑结构

网络可以通过几种不同的方式进行排列或规划。这种规划称为**网络拓扑**。最常见的拓扑结构有：

- **总线网络**——设备都连接到一个称为**总线**或**主干**的公共电缆，所有通信都沿着这一总线进行。
- **环形网络**——设备两两相连形成一个环形如图 8-17 所示。发送信息时会经过环形网络直接到目标结点。
- **星形网络**——每个设备都直接连接中央网络交换机，如图 8-18 所示。每当结点发送消息时就会被发送到交换机，然后将消息传递给目标接收方。星形网络是当今使用最广泛的网络拓扑，它适用于从家里的小型网络到大公司的大型网络等各种各样的应用。

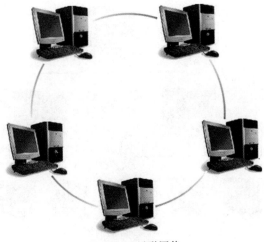

图 8-17　环形网络

交换机

图 8-18　星形网络

- **树形网络**——设备可以直接或通过一个或多个其他结点连接到中心结点。中心结点连接到两个或多个从属结点,这些结点依次连接到其他的从属结点,以此类推形成一个树状结构,也被称为**层次型网络**,经常用于共享公司范围的数据,如图 8-19 所示。
- **网形网络**——网形拓扑是最新的类型,并且不使用专用的物理布局,如一颗星或一棵树。相反,网形网络要求每个结点都有多个到其他结点的连接,如图 8-20 所示,由此形成了网形图案。如果两个结点之间的路径以某种方式中断,数据可以自动地绕过故障使用另一条路径。无线技术常用于构建网形网络。

8.9.2　策略

每个网络都有一个**策略**,或协调信息和共享资源的方式。最常见的两种网络策略是客

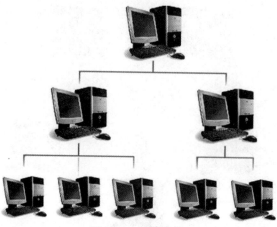

图 8-19　树形网络

图 8-20　网形网络

户/服务器网络和对等网络。

客户/服务器网络使用中央服务器来协调和支撑网络上的其他结点。服务器提供对Web 页面、数据库、应用软件和硬件等资源的访问,如图 8-21 所示。

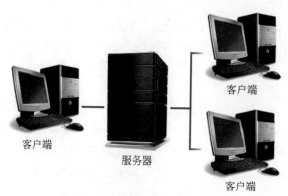

图 8-21　客户/服务器网络

这种策略是建立在专业化基础上的。服务器结点协调和支持专用服务,客户端结点请求服务。常用的服务器操作系统是 Windows Server、Mac OS X 服务器、Linux 和 Solaris。

客户/服务器网络广泛用于互联网。例如,每当打开浏览器时,计算机(客户端)就会发出特定的网页请求。这个请求通过互联网发送到服务器。服务器定位地址后发送所请求的材料到计算机上。

客户/服务器网络策略的优点之一是能够高效地处理庞大的网络。另一个优点是可以使用强大的网络管理软件来监视和控制网络活动。主要缺点是安装和维护的成本高。

在**对等网络**中,结点具有同等的权限,可以同时充当客户机和服务器。最常见的对等网络是在互联网上分享游戏、电影和音乐。例如 BitTorrent(比特流)这样的专业共享软件可以用来获取其他个人计算机上的文件,同时也可以为其他个人计算机提供文件。

随着世界各地的人们不断地分享信息,对等网络正在迅速变得流行起来。

对等网络的优点是容易使用,而且便宜(通常是免费的)。对等网络的缺点是缺乏安全控制和常规管理功能。因此,几乎没有企业使用对等网络传达敏感信息。

☑ 概念检查

■ 什么是网络拓扑结构?

■ 比较总线网络、环形网络、星形网络、树形网络和网形网络。

■ 什么是网络策略?

■ 比较客户/服务器网络和对等网络策略。

8.10　组　织　网　络

随着时间的推移,组织中的计算机网络也在不断发展。大多数大型组织都有复杂的网络配置、操作系统和策略。这些组织面临的挑战是让这些网络有效安全地协作。

8.10.1　互联网技术

如今的许多组织利用互联网技术在组织内部和组织间使用内部网和外部网保障高效的通信。

- **内部网**类似于互联网,是一个组织内部的私有网络。像公共互联网一样,内部网使用浏览器、网站和网页。典型的应用有电子电话簿、电子邮件地址、员工福利信息、内部职位空缺等。员工们浏览企业内部网就像浏览互联网一样简单和直观。

- **外部网**是可连接多个组织的私有网络。许多组织使用互联网技术,允许供应商和其他人限制访问它们的网络。其目的是提高效率和降低成本。例如,汽车制造厂生产一辆汽车会涉及数百家生产汽车零部件的供应商。通过对汽车生产计划的调查,零件供应商可以根据汽车制造厂的需要安排和交付零件。这样可以由制造商和供应商共同控制生产效率。

8.10.2　网络安全

　　大型企业面临的安全挑战是确保只有授权用户才能够从多个地理位置或穿越互联网访问网络资源。确保大型计算机网络的安全需要专业技术。通常用于确保网络安全的三种技术是防火墙、入侵检测系统和虚拟专用网络。

- **防火墙**由硬件和软件组合而成。防火墙的作用是控制对公司内部网和其他内部网络的访问。大多数人使用的软件或专用计算机称为**代理服务器**。公司内部网和外界之间的所有通信都经过这个服务器。通过对每一个通信源和通信内容的评估,代理服务器会决定允许特别的消息或文件进入或流出组织网络是否安全,如图 8-22 所示。

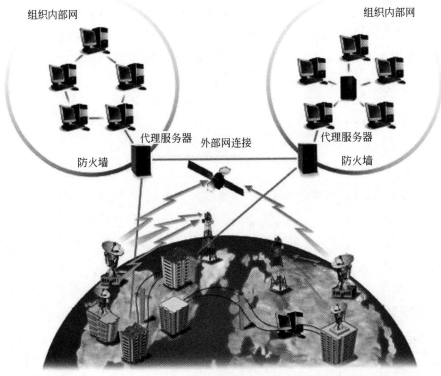

图 8-22　内部网、外部网、防火墙和代理服务器

- **入侵检测系统**(**IDS**)与防火墙一起保护企业网络。这些系统使用复杂的统计技术来分析传入和传出的网络通信量。使用高级模式匹配和启发式,入侵检测系统可以在入侵者造成伤害之前识别网络攻击的迹象,并禁用访问。
- **虚拟专用网络**(**VPN**)用于在远程用户和企业内部网之间创建安全私有的连接。专用虚拟专用网协议在用户家庭网或便携计算机和公司服务器之间创建一条专用线路。这条线路的连接是加密的,而且从用户观点来看,工作站看起来确实像是位于公司网络上。

　　像组织一样,终端用户也面临着安全挑战和隐患。个人隐私信息是每个人需要密切关注的话题。下一章中将介绍个人防火墙和其他保护个人隐私和安全的方法。

隐私

此时此刻,人们正在为了获取你的私有记录和信件尝试访问私有网络。一些个人和政府正在不断试图访问未经授权的网络,以便获取存储在这些网络上的信息。有时候目标仅仅是制造恶作剧,但有时会窃取信息或测试网络的安全性。与此同时,有一部分人认为任何未经授权的入侵都是不可接受的侵犯隐私的行为。另一部分人则认为,在某些情况下(如涉及国土安全)方面的入侵是必要的。

☑ **概念检查**

🔲 互联网技术有哪些? 比较内部网和外部网。

🔲 什么是防火墙? 什么是代理服务器?

🔲 什么是入侵检测系统?

🔲 什么是虚拟专用网络?

8.11　IT 职业生涯

前面介绍了计算机通信和网络的有关知识,下面介绍网络管理员的职业生涯。

网络管理员管理公司的局域网和广域网。他们负责网络的设计、实施和维护。职责通常包括维护公司内部网和互联网相关的硬件和软件。网络管理员负责诊断和修复这些网络问题。有时网络管理员的职责也包括网络安全的设计和实施。

雇主通常会找具备计算机科学、计算机技术或信息系统本科或大专学历的以及有实际网络经验的求职者。具有网络安全和维护经验的是首选。技术证书也有助于获得这一职位。因为网络管理员会直接与许多部门的人员对接,良好的沟通技巧是必不可少的。

网络管理员的年薪预计为 47 000 到 64 000 美元。通常有晋升到高层管理职位的机会。这一职位有望成为快速增长的工作之一。

8.12　未来展望:远程呈现让你身临其境

当你按下一个按钮,就能和远方的朋友或家人身临其境地说话时,你会怎么想? 你能想象距离千里之外的医生给你做体检吗? 未来这一切都将成为可能。这要归功于一种称为远程呈现的新兴技术。从模拟电话到今天的数字视频聊天,远程呈现体现了电话的自然演变。未来,远程呈现机器人将支持视频、音频,及操作现实世界物体。科技一直在制造更好的远程呈现技术,展望未来,科技将继续发展来改善我们的生活。

远程呈现试图创造一种幻觉:你置身于遥远的地方,却能看到、听到,或许某一天甚至感受到当前的景物,仿佛身在其中。现阶段较早的实施,如思科(Cisco)远程呈现,主要专注于视频会议的扩展,允许不同地点的人仿佛坐在同一张桌子旁一样进行会议。这种幻觉是由高清晰度视频、音频系统和高速网络创造出来的。有朝一日,远程呈现的应用场合将不仅限于今天的简单语音和视频会议应用，相关应用程序会无穷无尽地产生。

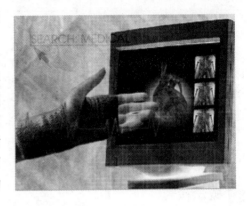

机器人正迅速成为许多远程呈现应用的重要组成部分。除了能远程操控音频和视频，机器人还能让用户远程操控物体。这种机器人已经被应用于医学领域。在一种系统中，外科医生可以在房间内使用特殊操作和屏幕控制机器人对另一个地方的病人进行诊断。使用这种系统可以让外科专家医生在一天内为世界各地不同的病人执行多项手术！

用户不仅可以操纵物体，还可以通过戴上专用手套和其他传感器，感受机器人触摸物体的感觉。这项技术的应用允许人们在危险区域工作，或在遥远安全的地方执行搜索和救援任务。一个更为随意的应用是可以让远程呈现替代传统假期。想象一下在没有费用、麻烦和旅行风险的情况下去偏远的城市旅游，或在深海潜水探险时触碰沉船物品。

各种各样的研究机构正在突破全息摄影领域，这是一种创造称为全息图的 3D 图像的技术，可能会为先进的远程呈现铺平道路。在未来十年，人们可以通过 3D 全息图的投影来与他人进行互动。你如何使用远程呈现？你认为这项技术有什么益处？远程呈现是如何影响日常活动的？有什么缺点？

8.13 小 结

为了高效且有效地使用计算机，读者需要了解互联互通、无线革命和通信系统的概念。另外，需要了解通信技术的基本组成部分，包括信道、连接设备、数据传输、网络、网络体系结构和网络类型。

1. 通信

通信是在多个计算机之间共享数据、程序和信息的过程。应用程序包括电子邮件、短信、视频会议和电子商务。

（1）互联互通

互联互通的含义是计算机网络和人员、资源的连接。可以连接大型计算机和互联网来提供广泛的信息资源。

（2）无线革命

像智能手机和平板计算机这样的移动设备已经在连接和通信方面带来了巨大的变化。这些无线设备正被广泛应用于计算机通信。

（3）通信系统

通信系统将数据从一个位置传输到另一个位置。有四个基本元素：

- **发送设备和接收设备**发出或接收消息。
- **连接设备**充当发送设备、接收设备和通信信道之间的接口。
- **数据传输规范**是发送和接收数据的规则和过程。

- **通信信道**是一种消息连接或传输的实际介质。

2. 通信信道

通信信道在计算机间传送数据。

（1）物理连接

物理连接使用固态介质连接发送设备和接收设备。包括**双绞线电缆**（**电话线和以太网电缆**）、**同轴电缆**和**光纤电缆**。

（2）无线连接

无线连接不使用固态物质连接设备。大多数使用的是无线电波。

蓝牙——短距离传输数据；广泛用于各种无线设备。

无线局域网——使用高频无线电信号；大多数家庭和企业都使用无线局域网。

微波——视距通信，用于建筑物之间传输数据，长距离需通过微波站。

全球微波接入互操作性（Worldwide Interoperability for Microwave Access）——扩展了无线网络微波接入的使用范围。

蜂窝网络——使用移动通信基站，在较小的地理区域内发送和接收数据。

卫星通信——使用微波中继站。GPS（全球定位系统）可跟踪地理位置。

红外线——在短距离内使用光波；视距通信。

3. 通信设备

许多通信系统使用标准的电话线和**模拟信号**。计算机使用**数字信号**。

（1）调制解调器

调制解调器包含**调制**和**解调**。传输速率以兆比特每秒的单位来衡量。调制解调器的三种类型分别是 **DSL**（**数字用户线路**）、**电缆**和**无线**（**无线广域网，WWAN**）。

（2）连接服务

T1、**T3**（**DS3**）和 **OC**（**光载波**）线路为大公司提供了高速、全数字传输的支持。更便宜的技术包括**拨号**、**DSL**（**数字用户线路**）、**非对称用户数字线路**（广泛使用）、**电缆**、**光纤业务**（**FIOS**）、**卫星和蜂窝服务**。**4G**（**第四代移动通信**）使用 **LTE**（**长期演进技术**），可以提供比 **3G** 快 10 倍的速度。

4. 数据传输

带宽测量通信信道的宽度和容量。四种带宽是**声音频带**（**低带宽**）、**中频波段**（**中带**）、**宽带**（**高容量传输**）和**基带**。**协议**是交换数据的规则。常用的互联网协议包括 **https** 和 **TCP/IP**。**IP 地址**（**互联网协议地址**）是唯一的数字互联网地址。DNS（域名服务器）将基于文本的地址转换为数字 IP 地址。**数据包**是信息的一小部分。

5. 网络

计算机网络连接两台或多台计算机。专业网络术语包括：

- **结点**——任何连接网络的设备。
- **客户端**——请求资源的结点。
- **服务器**——提供资源的结点。
- **目录服务器**——管理资源的专用结点。

- **主机**——通过网络访问其资源的任何计算机系统。
- **路由器**——在网络之间传输数据包的结点。
- **交换机**——直接协调其他结点之间的数据流的结点。Hub(集线器)是引流到所有结点的早期设备。
- **NIC(网络接口卡)**——连接网络的局域网适配器卡。
- **NOS(网络操作系统)**——控制和协调网络操作。
- **网络管理员**——负责网络操作的网络专业技术人员。

6. 网络类型

网络采用有线和无线连接,可以达到全市乃至全球范围。

- **局域网(LAN)**连接附近的设备连接。**网关**将网络彼此连接起来。以太网是标准的局域网。这些局域网称为以太局域网。
- **家庭网络**是家庭中使用的局域网(LAN)。
- **无线局域网(WLAN)**以**无线接入点(基站)**为中心。热点在公共场合提供互联网接入点。
- **个人局域网(PAN)**用于**掌上计算机**、手机和其他无线设备连接的无线网络。
- **城域网(MAN)**用于城市内办公楼群间的网络连接,距离可达 100 英里(160km)。
- **广域网(WAN)**是范围最大的网络类型,是一种跨越了国家,形成了世界范围的网络。互联网是世界上最大的广域网。

7. 网络体系结构

网络体系结构描述了网络是如何被规划的,资源是如何共享的。

(1) 网络拓扑

网络**拓扑**描述了网络的物理规划。

总线网络——设备都连接在称为总线或主干线的公共电缆上。

环形网络——每个设备与其他两个设备连接形成一个环形。

星形网络——每个设备都直接连接在中央网络交换机上,是现在常见的网络类型。

树形(层次型)网络——由中心结点连接子结点形成树状结构。

网形网络——最新的网络类型,每个结点有两个或多个连接结点。

(2) 策略

网络都有自己的共享信息和资源的策略方式。常用的网络策略包括客户/服务器网络和对等网络。

- **客户/服务器(层次)网络**——中央计算机为其他结点协调和提供服务;基于特定结点;广泛应用于互联网;能够有效地处理大型网络;强大的网络管理软件能力。
- **对等网络**——有相同权限的结点同时充当客户机和服务器;广泛用于共享互联网游戏、电影和音乐;易于设置和使用;缺乏安全控制。

8. 组织网络

(1) 互联网技术

互联网技术支持内部网和外部网之间进行有效通信。

- **内部网**——企业内部的私有网络,使用浏览器、网站和网页。典型的应用包括电子电话簿、电子邮件地址、雇员福利信息、内部职位空缺等。

- **外部网**——除了连接更多的企业之外，和内部网一样，通常允许供应商和其他人限制访问它们的网络。

（2）网络安全

保护网络安全的常用三种技术：防火墙、入侵检测系统和虚拟专用网络。

- **防火墙**——控制访问，所有的通信都要先经过代理服务器。
- **入侵检测系统（IDS）**——和防火墙的工作原理一样，使用复杂的统计技术来识别和禁用网络攻击。
- **虚拟专用网络（VPN）**——在远程用户和企业内部网络之间创建安全的私有连接。

9. IT 职业生涯

网络管理员管理公司的局域网和广域网网络。具有计算机科学、计算机技术或信息系统本科或大专学历，并有实际的网络工作经验，年薪为 47 000 美元至 64 000 美元。

8.14　专 业 术 语

IP 地址，互联网协议地址（IP address）

拨号服务（dial-up service）

不对称数据用户线（asymmetric digital subscriber line，ADSL）

策略（strategy）

层次型网络（hierarchical network）

超文本传输安全协议（https）

城域网（metropolitan area network，MAN）

传输控制协议/网际协议（protocol/Internet protocol（TCP/IP））

传输速率（transfer rate）

代理服务器（proxy server）

带宽（bandwidth）

单元（cell）

低带宽（low bandwidth）

第二代移动通信（2G（second-generation mobile tele-communications））

第三代移动通信（3G（third-generation mobile tele-communications））

第四代移动通信（4G（fourth-generation mobile tele-communications））

第一代移动通信（1G（first-generation mobile tele-communications））

电话线（telephone line）

电缆服务（cable service）

电缆调制解调器（cable modem）

对等网络（peer-to-peer（P2P）network）

防火墙（firewall）

蜂窝网络（cellular）

蜂窝网络提供商（cellular service provider）

服务器（server）

个人局域网（personal area network，PAN）

光纤电缆（fiber-optic cable）

光纤服务（iber-optic service，FIOS）

光载波（optical carrier，OC）

广域网（wide area network，WAN）

红外线（infrared）

环形网络（ring network）

基带（baseband）

基站（base station）

集线器（hub）

计算机网络（computer network）

家庭网络（home network）

结点（node）

解调（demodulation）

局域网（local area network，LAN）

客户端(client)

客户/服务器网络(client/server network)

宽带(broadband)

蓝牙(Bluetooth)

互联互通(connectivity)

路由器(router)

模拟信号(analog signal)

目录服务器(directory server)

内部网(intranet)

全球定位系统(global positioning system, GPS)

全球微波接入互操作性(WiMax)

热点(hotspot)

入侵检测系统(intrusion detection system, IDS)

上行链路(uplink)

数据包(packet)

手机信号塔(cell tower)

树形网络(tree network)

数字信号(digital signa)

数字用户线路(digital subscriber line,DSL)

数字用户线路服务(digital subscriber line (DSL) service)

双绞线电缆(twisted-pair cable)

调制(modulation)

调制解调器(modem)

通信系统(communication system)

通信信道(communication channel)

同轴电缆(coaxial cable)

拓扑(topology)

外部网(extranet)

网卡(network interface card,NIC)

网络操作系统(network operating system, NOS)

网络管理员(network administrator)

网络体系结构(network architecture)

网络网关(network gateway)

网状网络(mesh network)

微波(microwave)

卫星(satellite)

卫星通信服务(satellite connection service)

无线局域网(Wi-Fi (wireless fidelity))

无线广域网(wireless wide area network, WWAN)

无线接入点(wireless access point)

无线局域网(wireless LAN,WLAN)

无线调制解调器(wireless modem)

下行链路(downlink)

协议(protocol)

星形网络(star network)

虚拟专用网络(virtual private network, VPN)

以太网(Ethernet)

以太网电缆(Ethernet cable)

语言频带(voiceband)

域名服务器(domain name server,DNS)

长期演进(LTE)

兆比特每秒(megabits per second,Mb/s)

主干(backbone)

主机(host)

转换器(switch)

总线(bus)

总线网络(bus network)

8.15 习 题

一、选择题

圈出正确答案的字母。

1. 哪个概念描述的是使用计算机网络连接人员和资源?

　　　a. 互联互通　　　　　　b. 全球定位系统　　　c. TCP/IP　　　　　d. 无线局域网

2. 传输电视信号并连接连网计算机的高频传输电缆是:

　　　a. 同轴　　　　　　　　b. 高清晰度　　　　　c. 3D　　　　　　　d. 双绞线

3. 可在约 33 英尺的短距离内传输数据的短距离无线电通信标准是:

　　　a. 蓝牙　　　　　　　　b. 宽带　　　　　　　c. 用户数字线路　　d. TCP/IP

4. 调制解调器传输数据的速度称为:

　　　a. 数字速度　　　　　　b. 动态速率　　　　　c. 模块化速率　　　d. 传输速率

5. 用于数字用户线路、电缆和卫星的连接的带宽是:

　　　a. 基带　　　　　　　　b. 中频波段　　　　　c. 宽带　　　　　　d. 语音频带

6. 互联网上的每台计算机都有唯一的数字地址,名为:

　　　a. IP 地址　　　　　　　b. 域名服务器　　　　c. 广播　　　　　　d. 数据包

7. 称为局域网适配器,将计算机连接到网络的扩展卡是:

　　　a. 计算机存储卡　　　　b. 网卡　　　　　　　c. 服务器　　　　　d. 虚拟专用网络

8. 允许局域网互联的设备是:

　　　a. 入侵检测系统　　　　b. 网关　　　　　　　c. 网盘　　　　　　d. 交换机

9. 在咖啡店、图书馆、书店、大学等公共场合的无线接入点是:

　　　a. 热点　　　　　　　　b. 外部网　　　　　　c. 网盘　　　　　　d. 局域网

10. 总线、环形、星形、树形、网形五种网络类型属于:

　　　a. 网络拓扑　　　　　　b. 协议　　　　　　　c. 策略　　　　　　d. 设备

二、匹配题

将左侧以字母编号的术语与右侧以数字编号的解释按照相关性进行匹配,把答案写在画线的空格处。

a. 模拟　　　　　　　　____ 1. 网络拓扑的类型,在这种拓扑结构中,每个设备都连接到
b. 总线　　　　　　　　　　　　一个称为主干的公共电缆上。
c. 入侵检测系统　　　　____ 2. 广泛使用的互联网协议。
d. 微波　　　　　　　　____ 3. 使用高频无线电波。
e. 网络管理员　　　　　____ 4. 连续的电波信号。
f. 结点　　　　　　　　____ 5. 计算机之间传输数据的规则。
g. 对等网络　　　　　　____ 6. 连接网络的设备。
h. 协议　　　　　　　　____ 7. 负责网络操作和新网络实现的计算机专业技术人员。
i. TCP/IP　　　　　　　____ 8. 用于在公司内共享数据,称为层次型网络的网络。
j. 树形网络　　　　　　____ 9. 网络中,结点具有同等的权限,可以同时充当客户机和服务器。
　　　　　　　　　　　　____ 10. 使用防火墙保护组织的网络。

三、开放式问题

回答下列问题。

1. 简述通信、互联互通、无线革命和通信系统的含义。

2. 讨论通信信道,包括物理连接和无线连接。

3. 讨论连接设备,包括调制解调器(数字用户线路、电缆、无线调制解调器)和连接服务(数字用户线路、非对称数字用户线路、电缆、卫星通信和蜂窝网络的服务)。

4. 简述数据传输,包括带宽(语音频带、中带、宽带和基带)以及协议(IP 地址、域名服务器和信息分包)。

5. 通过识别和定义计算机网络的专用术语来讨论计算机网络。

6. 简述网络类型,包括局域网、家庭网络、无线局域网、个人局域网、城域网和广域网。

7. 定义网络体系结构,包括拓扑(总线、环形、星形、树形、网形)和策略(客户/服务器网络和对等网络)。

8. 简述组织网络,包括互联网技术(内部网和外部网)和网络安全(防火墙、入侵检测系统、虚拟专用网络)。

四、讨论题

回答下面的问题

1. 让 IT 为你所用:移动互联网

你的智能手机和平板计算机经常连接互联网吗?回顾 8.6 节"让 IT 为你所用:移动互联网"小节,然后回答以下问题:①你目前使用的移动互联网设备是什么?哪种设备最适合你?②你有使用第三代移动通信、第四代移动通信数据的流量套餐吗?如果有,请提供套餐的详细信息,以及你选择的理由;如果没有,请描述你理想的数据流量套餐是什么?③你和你的朋友或家人曾经有数据流量超过使用限制的时候吗?经常导致数据超出限制的是什么类型的活动?④访问至少两家无线网络公司的站点,比较它们的流量套餐,找出相同点和不同点。

2. 隐私:未经授权的网络入侵

未经授权的网络访问是很常见的。回顾第 191 页的"隐私"专题,然后回答以下问题:①一些人认为,一些网络必须被渗透,隐私的损失被其他担忧所抵消。其他人认为我们已经牺牲了太多的隐私。你怎么认为?阐述你的观点。②在任何情况下未经授权的网络访问都是不正当的吗?具体说明。③政府是否可以接受未经授权的网络访问,以获取包括恐怖活动在内的其他国家的信息?④其他国家试图非法访问我国政府网络是可以接受的吗?说明理由。

3. 伦理:电子监控

许多公司、网站、执法部门和政府机构都在监控互联网活动。回顾第 175 页的"伦理"专题栏,然后回答以下问题:①组织或公司监控其网络上的通信是不符合伦理的吗?说明理由。②政府机构监控网上通信或者从用户的访问网站记录收集用户信息是不符合伦理的吗?说明理由。③你觉得需要新的法律来处理这些问题吗?如何平衡公司、政府和个人之间的需求?说明理由。

4. 环境:全球定位系统

全球定位系统技术有助于保护环境。回顾第 177 页的"环境"专题,然后回答以下问题:①简述全球定位系统对周围环境有益的方面。无须把答案限制在机动车辆方面。②你使用过全球定位系统设备或移动导航应用吗?如果使用过,描述一下你用的是什么应用;如果没有,你认为以后会用吗?③你认为全球定位系统应该是每辆新车的标配吗?为什么?④你认为应该为全球定位系统制定法律吗?为什么?

第9章　隐私、安全和伦理

为什么阅读本章

犯罪分子正时刻试图闯入任何用户的电子邮箱、网上银行账户，甚至手机。一些组织正在记录和分析用户的每一个数字决策，这让许多人相信互联网的未来将导致人们所知的隐私的终结。本章介绍了需要为这个日新月异的数字世界做好准备而需要了解的知识和技能，包括：

- 网络犯罪——保护自己免受病毒、互联网欺诈和身份盗窃等行为的伤害。
- 隐私权——了解哪些公司可以合法记录用户的互联网使用情况，以及它们如何使用这些信息。
- 安全计算——通过了解 Facebook 和社交网络共享信息的方式，避免尴尬和更糟的情况。

学习目标

在阅读本章之后，读者应该能够：
① 识别有效实施计算机技术的最重要的关注点。
② 讨论准确性、所有权和访问权限等主要隐私问题。
③ 描述大型数据库、专用网络、互联网和万维网对隐私的影响。
④ 讨论网络身份和有关隐私权的主要法律。
⑤ 讨论网络犯罪，包括创建病毒、蠕虫、特洛伊木马和僵尸等恶意程序，以及拒绝服务攻击、互联网欺诈、身份盗窃、网络欺凌、流氓 Wi-Fi 热点和数据操纵。
⑥ 详细描述保护计算机安全的方法，包括限制访问、加密数据、防范灾难和防止数据丢失。
⑦ 讨论计算机伦理，包括版权法、软件盗版、数字版权管理、数字千年版权法案，以及剽窃和识别剽窃的方法。

9.1　引　　言

目前正在被使用的个人计算机已经超过了十亿台。这种技术的广泛应用展现有什么后果？技术是否能让他人轻易侵入我们的个人隐私？当人们申请贷款或驾驶执照，或在超市结账时，人们的信息是否在未经许可的情况下被分发和使用？当使用网络时，人们的信息是否被收集并被分享给他人？

这项技术引发了很多非常重要的问题。这也许是 21 世纪最重要的问题之一。为了高效和有效地使用计算机，读者需要了解技术对人们的潜在影响，以及如何在网络上保护自己。读者需要对个人隐私和组织安全保持敏感和了解。

9.2　人　　员

信息系统由人员、文档、软件、硬件、数据和互联网组成。这一章的重点是人员。虽然大多数人都认为技术对人们有着非常积极的影响，但认识到负面影响或潜在的负面影响也是很重要的。

计算机技术的有效实施包括最大限度地发挥其积极作用，同时尽量减少其负面影响。最重要的问题是：

- **隐私**：个人隐私受到的威胁是什么，我们如何保护自己？
- **安全**：如何控制敏感信息的访问，以及如何确保硬件和软件的安全？
- **伦理**：个人用户和公司的行为是如何影响社会的？

本章将从隐私开始，逐一研究这三点。

9.3　隐　　私

技术使收集和使用各种数据成为可能，这也包括个人的有关信息。访问过的网站，购物过的商店，打过的电话都是关于个人信息的例子。如果知道这些信息会被收集或分享，你会有什么感觉？到底是谁在收集它，它是如何使用的，它是否是正确的？

隐私涉及个人数据的收集和使用。有三个主要的隐私问题：

- **准确性**是收集数据者的责任，以确保数据是正确的。
- **所有权**与数据的拥有者有关。
- **访问权限**是数据拥有者的责任，用以控制谁能够使用这些数据。

 隐私

无人驾驶飞行器（UAV 或无人驾驶飞机）是一种没有人驾驶的飞机。军方使用无人机拍摄照片，录制视频，并执行轰炸任务，而不对飞行员构成风险。无人机在国内也被用来巡逻边境及观察私人地点寻找毒品。无人机反对者说，它们侵犯了个人隐私权；无人机的支持者说，只要无人机在公共空间，它就不会侵犯个人隐私权。你是如何认为的？如果无人驾驶飞机观察你的后院，这会侵犯你的隐私权吗？如果无人驾驶飞机通过你家里的窗户观察或拍照怎么办？当你去公共场所时，无人机有权跟踪你吗？应该用无人机在公共场所跟踪和拍摄个人吗？

9.3.1　大型数据库

大型组织正在不断地收集我们的有关信息。仅美国联邦政府就有 2000 多个数据库。每天，关于我们的数据都被收集并存储在大型数据库中。例如，电话公司编制了我们的通话列表、联系过的电话号码、使用 GPS 的智能手机位置等信息。信用卡公司维护包含持卡人购买、付款和信用记录等信息的用户数据库。超市的扫描仪在商店结账柜台记录我们购买商品的品种、时间、数量和价格。包括银行和信用社的金融机构记录我们有多少钱，我们用来做什么，以及我们欠了多少钱。搜索引擎记录用户的搜索历史，包括搜索的主题和访问的站点。社交网站收集用户的每一条动态。

实际上，每一个数字事件——无论是使用电话或智能手机，购买产品或服务，还是发送或接收任何电子通信——都会被汇总和记录下来。因此，数据库的大小和数量是爆炸式的。事实上，根据广泛报道，今天 90％以数字形式存储的数据是在过去两年中收集的。这种不断增长的数据量通常被称为**大数据**。

现在已经存在一个被称为**信息转售商**或**信息经纪人**的庞大的数据收集行业，它收集、分析和销售此类个人数据，参见图 9-1。通过使用公开数据库，或在许多情况下使用非公共数据库，信息转售商可以创建**电子档案**，或者对个人进行高度详细和个性化的描述。

图 9-1　信息转售商网站

几乎可以肯定的是，几乎每个人都有一个电子档案，其中包括姓名、地址、电话号码、社会保险号码、驾照号码、银行账户号码、信用卡号码、电话记录、所购物品和购物习惯等众多内容。信息转售商将这些电子资料卖给直销者、筹款人和其他人。许多公司在网上免费提供这些服务，或者只收取很少的费用。

这些档案显示出的信息可能会比你希望公开的更多，并且会产生超出你想象的影响。这引发了许多重要问题，包括：

- **收集公开但可识别身份的信息**：如果世界上任何地方的人都能看到你、你的家或你的车的详细图片，该怎么办？利用一辆配备特殊设备的面包车拍摄详细图片，谷歌的街景项目就可以做到这一点。街景使人们可以从任何有网络连接的计算机上对许多城市和社区进行一次生动的旅游，如图 9-2。虽然街景上的图片都是在公共场所拍摄的，但一些反对这个项目的人认为这侵犯了他们的隐私。

　　随着数码相机和网络摄像头变得越来越便宜,软件变得越来越复杂,很可能需要解决更多公共空间中涉及个人隐私的问题。例如,这种联合的计算技术可以使在公共场所对个人进行实时跟踪成为可能。

图 9-2　谷歌街景

- **在未经个人同意的情况下传播信息**:如果雇主依据员工的 Facebook、Google 或其他社交网络中的个人资料对招聘、职务分配、晋升和解雇等做决策,你会有什么感觉? 这是当今许多组织机构的一种普遍做法。

　　正如第 2 章中所讨论的,社交网络的设计是为了让有共同兴趣的人相互公开分享信息。不幸的是,这种开放会让使用社交网站的个人面临风险。事实上,有些人在发表了对上司的负面评论或对当前工作的厌恶之后便失去了工作。对个人社交网络资料进行更深入的分析可能会揭示出超乎你想象的个人信息。

　　不经意间分享的个人信息很有可能会超出你可能要在社交网站上发布的内容。例如,在你不知情或未许可的情况下,一个网络好友可能会在其网站上的照片中对你做标记或识别。一旦标记,该照片就可以成为个人电子文件的一部分,在未经本人同意的情况下提供给其他人。

- **传播不准确的信息**:如果你因为信贷历史中出现的错误被拒绝了申请住房贷款的机会,你会怎么想? 这种情况比人们预期的要常见得多。如果找不到工作或被解雇是因为你有一个错误的关于严重犯罪的记录,你会怎样? 因为简单的文书错误,这种情况可能发生,或者已经发生了。在一起案件中,一名官员在填写逮捕令时,错误地记录了一名罪犯的社会保障号码。从那时起,这次的逮捕和随后的定罪信息变成了另一个人电子档案的一部分。将一个人的电子档案与另一个人交换,就是一个**错误身份**的例子。

　　知道个人有追索权是很重要的。法律允许个人访问信用局持有的个人记录。根据**信息自由法**,个人也有权查看政府机构保存的记录(出于国家安全原因,可删除部分内容)。

9.3.2　私有网络

 隐私

在 Facebook 这样的社交网站上分享个人信息是一项自愿的活动。然而，许多个人并不完全理解这些网络的复杂共享和隐私政策。这往往会导致人们无意中与他们预期社交圈之外的人分享。这些社交网络本身也受到了隐私组织的抨击，它们表示这些公司使用复杂的设置和政策，让用户分享比预期更多的信息，反过来又把这些信息分享给广告商。你认为社交网络公司对隐私有威胁吗？

假设你使用公司的电子邮件系统向同事发送了一条关于上司的负面信息，或者向朋友发送了一条非常私人的信息，后来发现上司一直在看这些电子邮件。事实上，许多企业使用**员工监控软件**搜索员工的电子邮件和计算机文件。这些程序几乎记录了员工在计算机上所做的一切。一项审议中的法律将不禁止这类电子监测，但要求雇主事先提供书面通知。在监控期间，雇主也须向雇员发出某种声音或视觉信号作为提示。如果你被录用了，想知道公司目前在监控电子通信方面的政策，可以联系人力资源部门。

☑ **概念检查**

■ 描述大型数据库是如何影响人们隐私的。

■ 什么是大数据？什么是信息转售商？什么是电子档案？

■ 列出与电子档案有关的三个重要问题。什么是错误身份？什么是信息自由法？

■ 什么是私有网络？什么是员工监控软件？这合法吗？

9.3.3　互联网和万维网

当你在互联网上发送电子邮件或浏览网页时，你对隐私有什么顾虑吗？大多数人没有。他们认为，只要他们使用自己的计算机，并有选择性地披露他们的姓名或其他个人信息，那么就没有什么办法侵犯他们的个人隐私。专家称这是互联网带来的**匿名错觉**。

正如第 8 章中所讨论的，互联网上的每一台计算机都由一个唯一的编号（称为 IP 地址）标识。IP 地址可用于追踪互联网活动的来源，允许计算机安全专家和执法人员调查计算机犯罪，例如未经授权访问网络或未经许可共享版权文件。

用户浏览网页时，浏览器会将关键信息存储在硬盘上，通常情况下，用户并不知道这一点。这些信息包括历史记录和临时的互联网文件，记录了个人的互联网活动情况。

- **历史文件**包括最近访问过的站点的位置或地址。这些历史文件可由浏览器在不同位置显示，包括地址栏（输入时）和 History（历史记录）页面。如果使用谷歌的 Chrome 浏览器查看历史浏览记录，请按照图 9-3 中的步骤进行操作。
- **临时互联网文件**（也称为**浏览器缓存**）包含网页内容和用于显示内容的指令。每当用户访问网站时，浏览器都会保存这些文件。如果用户离开一个网站，稍后返回，这些文件将用于重新快速显示该网页的内容。

（a）第 1 步：在浏览器窗口的右上角，单击 Chrome Menu 按钮。

（b）第 2 步：选择 History。

图 9-3　浏览历史文件

　　另一种可以监视网页活动的方法是使用 **cookies**。cookies 是存储在硬盘上的小数据文件。根据浏览器的设置，可以接受或阻止这些 cookies。关于如何使用谷歌的 Chrome 浏览器阻止 cookies 的内容如图 9-4 所示。虽然当一个网站生成 cookie 时，用户通常意识不到，但用户在网络上享受的个性化体验往往是这些 cookies 的结果。虽然 cookies 本身是无害的，但它们潜在的隐私风险是可以存储关于用户的信息、喜好和浏览习惯。存储的信息通常取决于 cookie 是第一方 cookie，还是第三方 cookie。

　　第 1 步：单击 Chrome Menu 按钮。

　　第 2 步：选择 Settings，然后单击 Show advanced settings。

　　第 3 步：单击"隐私"部分中的 Content Settings 按钮。

第 4 步：单击 Block third-party cookies and site data 旁边的复选框。

第 5 步：单击 Done。

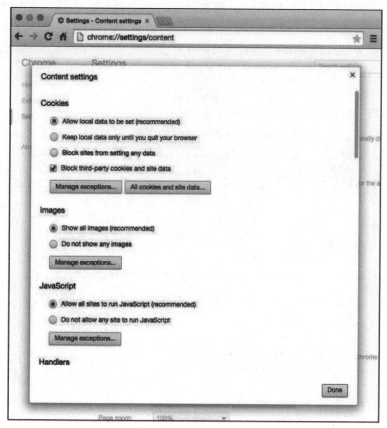

图 9-4　阻止 cookies

- **第一方 cookie** 是指只由用户当前访问的网站生成（然后阅读）的 cookie。许多网站使用第一方 cookie 来存储关于当前会话、一般偏好和用户在网站上活动的信息。这些 cookies 的意图是在某个网站提供个性化的体验。例如，当用户重新访问某个特定的电子商务站点时，先前存放的 cookie 可以提供信息，这样用户就可以得到感兴趣的商品和促销活动。

- **第三方 cookie** 通常是由与用户目前访问的网站相关联的广告公司生成的。当用户从一个网站转移到另一个网站时，这些 cookie 被广告公司用来跟踪用户的网络活动。因此，它们通常被称为**跟踪 cookie**。批评这种做法的人声称，用户的隐私被侵犯了，因为用户的活动被记录在多个网站上。这种做法的拥护者认为，这些 cookie 是有益的，因为它们能帮助网站发布用户感兴趣的广告。例如，假设用户访问了四个雇用相同广告代理的不同网站。前三个网站是关于汽车的，但第四个网站是搜索引擎。当用户访问第四个站点时可能会看到汽车广告，因为 cookie 显示用户已经访问了与汽车相关的网站。

有些用户对浏览器以临时互联网文件、cookie 和历史的形式存储诸多信息的设计并不满意。为此，浏览器现在为用户提供了一种简单的方式来删除他们的浏览历史信息。使用谷歌的 Chrome 浏览器删除浏览历史记录的方式如图 9-5 所示。此外，大多数浏览器还提供一种**隐私模式**，以确保用户的浏览活动不会记录在硬盘上。例如，谷歌的 Chrome 浏览器提供从 Chrome 菜单中访问的 **Incognito 模式**，Safari 浏览器提供从主菜单上的 Safari 选项访问的**隐私浏览**模式。

第 1 步：单击 Chrome Menu 按钮。

第 2 步：选择 History。

第 3 步：选择 Clear browsing data....按钮。

第 4 步：选中要删除项目的复选框。

第 5 步：选择 Clear browsing data 按钮。

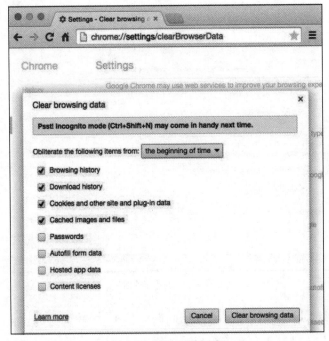

图 9-5　删除浏览历史

尽管上述由 Web 浏览器产生的文件可能涉及许多人，但其他几个威胁可能会侵犯用户的隐私。**网络爬虫**是指隐藏在网页或电子邮件中的不可见图像或 HTML 代码，可以用于在不知情的情况下进行信息传输。当用户打开包含网络爬虫的电子邮件时，会给该网络爬虫的源头发送信息。其接收服务器即可知道该电子邮件地址是活跃的。一些公司使用该技术向那些垃圾邮件发送者出售活动邮箱地址，这就是最常见的网络爬虫形式。由于这种欺骗形式的存在，现在许多电子邮件程序都阻止来自未知发送者的图像和 HTML 代码。用户可以决定是否允许当前和将来的消息显示此类内容。

最危险的隐私威胁是间谍软件。**间谍软件**一词被用来描述一系列的程序，这些程序旨在秘密地记录和报告个人在互联网上的活动。其中一些程序甚至可以对浏览器进行更改，以欺骗并操纵用户在网上看到的内容。**计算机监控软件**可能是最具侵入性和最具危险性的间谍软件。一种被称为**击键记录程序**的计算机监控软件可以记录计算机系统上的每一个活动和按键操作，包括信用卡号码、密码和电子邮件消息。恶意网站或为用户安装程序的人可以在用户不知道的情况下将计算机监控软件存放到用户的计算机硬盘上。虽然这类软件在犯罪分子手中是致命的，但该软件可以被合法地用于公司监控员工或执法人员收集证据的情况。

　　不幸的是，许多间谍软件程序没有被发现，很大程度上是因为用户不知道他们被感染了。间谍软件在后台运行，对于普通用户而言是不可见的。其他时候，它把自己伪装成有用的软件，比如安全程序。各种研究表明，有数量惊人的计算机被间谍软件感染。间谍软件对个人、公司和金融机构的财政影响预计达到数十亿美元。

　　在访问新网站和从未知来源下载的软件时谨慎行事，是防范间谍软件的最好方法之一。另一种防御措施是使用一类被称为**反间谍软件**或**间谍清除程序**的软件，这些软件旨在检测和消除各种类型的隐私威胁，如图 9-6 所示。有关这些程序的参考列表，请参见图 9-7。

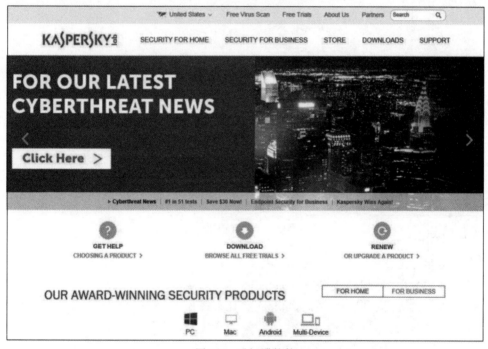

图 9-6　反间谍软件

程序	网站
Ad-Aware	www.lavasoft.com
Kaspersky Anti-Virus	www.kaspersky.com
Windows Defender	www.microsoft.com

图 9-7　反间谍程序

9.3.4　网络身份

　　互联网隐私的另一个方面来自于**网络身份**，即人们在网上自愿发布的关于自己的信息。

随着社交网络、博客、照片和视频分享网站的普及，许多人都会在没有考虑后果的情况之下发布自己生活的私密细节。虽然人们很容易把在线身份看作是朋友之间共享的东西，但网络的归档和搜索功能使任何想看的人都可以无限期地使用这些信息。

有很多人因为社交网站上的帖子而失去了工作。这些职位损失的范围从教师（使用低俗语言和发布饮酒照片）到大公司的首席财务官（讨论公司交易和财务数据）。这些案例包括大学毕业生因为 Facebook 的帖子而被拒绝工作。如果你在网上发布的个人信息妨碍了找工作，你会有什么感觉？

9.3.5 有关隐私的主要法律

✐ **伦理**

欧洲的立法者制定了一项名为"被遗忘的权利"的法律。根据这项法律，个人可以要求谷歌公司以其名字进行搜索，然后删除能够识别其个人信息的任何网站链接。这样，一个人就可以从互联网搜索中删除令人尴尬的过去。这项法律的支持者说，该法律允许人们过自己的生活，而不会受过去某一污点的影响。反对这项法律的人认为这是对言论自由和对他人知情权的攻击。你认为个人有权阻止人们发现他们的过去吗？被遗忘的权利应该适用于每一个人，还是对政治家、电影明星或罪犯来说有所不同？

私人组织收集的大部分信息不属于现行法律所涵盖的范围。然而，随着越来越多的人开始关注控制谁有权获取个人信息以及如何使用这些信息等问题，公司和立法者必将做出回应。

☑ **概念检查**

■ 匿名错觉是什么？定义和比较历史文件和临时互联网文件。什么是隐私模式？
■ cookie 是什么？什么是第一方 cookie？什么是第三方 cookie？
■ 什么是网络爬虫？什么是间谍软件、击键记录程序、反间谍软件、网络身份？
■ 描述三项保护隐私的联邦法律。

9.4 安　　全

人们都希望拥有一个可靠安全的生活环境——例如会小心地锁好车门和家门，对晚上去哪里、和谁说话都很小心。这些都是个人安全问题。计算机安全呢？如果有人未经授权访问我们的计算机或包含有关我们信息的其他计算机，怎么办？这些人通常被称为计算机**黑客**。应该指出的是，并不是所有的黑客都有恶意行为的意图，也不是所有的黑客都是罪犯。**安全**包括保护个人和组织免遭盗窃和危险。计算机安全特别侧重于保护信息、硬件和软件免受未经授权的使用，以及防止或限制入侵、破坏和自然灾害等造成的损害。

9.4.1 网络犯罪

网络犯罪或**计算机犯罪**是指涉及计算机和网络的任何形式的犯罪。据最新估计，网络犯罪每年影响 4 亿多人,费用超过 4000 亿美元。网络犯罪可以采取各种形式,包括创建恶意程序、拒绝服务攻击、流氓 Wi-Fi 热点、数据操纵、身份盗窃、互联网欺诈和网络欺凌。

恶意程序。**骇客**是创建和分发恶意程序的计算机罪犯。这些程序被称为**恶意软件**,它是 **malicious software** 的简称。这些软件专门被设计用来损坏或破坏计算机系统。三种最常见的恶意软件类型是病毒、蠕虫和特洛伊木马。

- **病毒**是通过网络和操作系统进行迁移的程序,它们大多将自己附着在不同的程序或数据库上。虽然有些病毒是相对无害的,但许多病毒可能具有相当大的破坏性。一旦被激活,这些破坏性病毒就可以修改和/或删除文件。制造和故意传播病毒是一种非常严重的犯罪,是美国联邦法律规定的犯罪行为,会受到**计算机欺诈和滥用法案**的惩罚。

    不幸的是,新的计算机病毒时时刻刻都会出现。保持最新状态的最佳方法是每天都使用病毒跟踪服务。例如,Symantec、McAfee 和 Microsoft 公司的软件都能追踪最严重的病毒威胁,参见图 9-8。

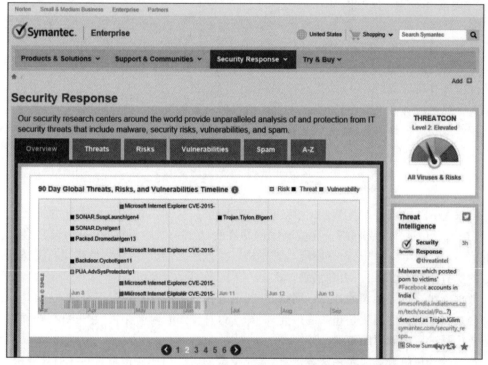

图 9-8　追踪病毒

- **蠕虫**是不断复制自己的程序。一旦在网络中激活,自我复制活动就会阻塞计算机和网络,直到它们的操作被减缓或停止为止。一种最新的蠕虫在几个小时内就传遍了世界各地,阻塞了数以万计的计算机。与病毒不同的是,蠕虫通常不会将自身附加到程序、更改和/或删除文件。然而,蠕虫可以携带病毒。一旦蠕虫将病毒存储到一个毫无戒备的计算机系统中,病毒要么会立即激活,要么就会休眠直到将来某个时候。例如,2010 年 Stuxnet 蠕虫感染了伊朗的几个网络。其中一个网络用于伊朗的核计划。感染后不久,几个关键的核设备就永久报废了。

病毒和蠕虫通常通过电子邮件附件和从互联网下载的程序进入个人计算机。由于病毒具有如此大的破坏力，因此建议计算机用户不要打开未知来源的电子邮件附件，并在接收来自外部来源的新程序和数据时要非常小心。

正如第 4 章中所讨论的，当某些类型的病毒和蠕虫进入系统时，杀毒程序会提醒用户。其中两个最广泛使用的杀毒程序是 Avast! Free Antivirus 免费杀毒和 Microsoft Security Essentials。不幸的是，新病毒一直在发展，并不是所有的病毒都能被检测到。

- **特洛伊木马**是看似无害的程序，但它们包含恶意程序。特洛伊木马不是病毒。然而，就像蠕虫一样，它们也可能是病毒的携带者。最常见的特洛伊木马类型是免费的计算机游戏和可以从互联网下载的免费屏幕保护程序。当用户安装这些程序之一时，特洛伊木马也会在计算机系统上秘密安装病毒，之后病毒就会开始它的恶作剧。一种最危险的特洛伊木马声称提供免费的反病毒程序。当用户下载这种程序之一时，特洛伊木马首先安装一个病毒，该病毒在存放其他病毒之前定位和禁用任何现有的病毒保护程序。

僵尸计算机是受病毒、蠕虫或特洛伊木马感染的计算机，可用于恶意目的的远程控制。一组僵尸计算机的集合被称为**僵尸网络**或**机器人网络**。僵尸网络利用许多僵尸计算机的综合能力来进行恶意活动，比如破解密码或发送垃圾电子邮件。由于它们是由分布在互联网上的许多计算机形成的，所以即使在检测到僵尸网络之后，也很难关闭它们。不幸的是，对于个人计算机所有者来说，要检测出个人计算机何时被入侵也是很困难的。

拒绝服务。拒绝服务（**DoS**）攻击试图通过向计算机或网络发送信息和数据请求来减慢或停止计算机系统或网络。这些攻击的目标通常是互联网服务提供商（ISP）和特定网站。一旦受到攻击，ISP 或网站的服务器将被这些服务请求淹没，无法对合法用户做出响应，产生了有效关闭 ISP 或网站的后果。

流氓 Wi-Fi 热点。免费 Wi-Fi 网络几乎随处可见，从图书馆到快餐店和咖啡店。**流氓 Wi-Fi 热点**模仿这些免费网络。这些流氓网络在合法的免费热点附近运行，通常会提供更强的信号，致使许多用户毫无怀疑地与其连接。一旦连接，流氓网络将捕获用户发送到合法站点的所有信息，包括用户名和密码。

数据操纵。进入某人的计算机网络，并留下恶作剧者的信息看似很有趣，这就是为什么黑客会这么做。但这仍然是违法的。此外，即使这种操作看起来无害，它也可能在网络用户中造成大量的焦虑和时间浪费。

美国的**计算机欺诈和滥用法案**规定，未经授权的人使用任何跨越州界线的计算机查看、复制和损坏数据都是犯罪。该法案还禁止未经授权使用任何政府计算机或任何美国联邦保险金融机构的计算机。违法者可被判处最高 20 年的监禁和最高 10 万美元的罚款。

身份盗窃。身份盗窃指为谋取经济利益而非法盗用他人身份的行为。它是增长最快的犯罪之一，可以在经济上摧毁受害者。一旦受害者身份被盗，犯罪分子便可以受害者的名义申请并获得新的信用卡，然后使用这些信用卡购买衣服、汽车甚至房子。

为了得逞，从社保号码到出生日期，身份盗贼寻找任何能帮助他们盗取受害者身份的东西来推测信息和密码。有时，他们会从社交网站上获得用户通常会在其上发布的详细个人信息，例如出生日期、家庭成员姓名、家庭住址和孩子的照片。如前所述，在社交网站上提供信息时，一定要小心谨慎，并要使用所在社交网站上提供的隐私设置和控件。

📣 提示

　　身份盗窃是一个日益严重的问题，如果你是受害者，可能会造成经济上的损失。从你的社保号码、出生日期到账户信息和密码，窃贼会追踪任何能帮助他们窃取你身份的东西。以下是一些有助于保护个人身份的步骤：

1. 谨慎对待你在网上写的东西。不要在公开的论坛或社交网络上发布个人信息，也不要在不认识或不信任的人的电子邮件中回复个人信息。
2. 只与你知道的合法公司在互联网上做生意。
3. 出售计算机时，确保将所有个人信息从硬盘中删除。要确保个人信息已被删除，请考虑使用免费的清除软件工具，如 Dban（www.dban.com）。
4. 监控个人信用。每年，你都有权从三大信用报告机构中获得一份免费的个人信用报告。可以每隔 4 个月从不同的报告机构索要一份报告来监控个人信用。这项服务的官方网站是 www.annualcreditreport.com。

🖊 隐私

　　你知道万维网上的有些网站是故意对你隐藏的吗？有些网站被设计成对标准搜索引擎隐藏，并允许人们以安全和匿名的方式进行交流。这些隐藏的网站组成了暗网，需要使用特殊的软件，这使得确定谁在使用它几乎是不可能的。匿名交流的能力吸引了那些想贩卖毒品、分享儿童色情制品或从偷猎濒危动物中获利的罪犯。匿名也可以让那些持不同政见者处于危险境地、言论自由受到审查的国家的人们能够进行沟通、计划和组织，从而走向一个更加自由和开放的社会，而不用担心坐牢或被处决。在阅读"隐私"部分的内容之前，你知道暗网的存在吗？你觉得应该停止暗网吗？应该对暗网加以管制吗？

　　互联网诈骗。**诈骗**是一种欺诈性或欺骗性的行为或操作，目的是诱使人们提供个人信息，或花费他们的时间和金钱来换取很少或根本没有的回报。**互联网诈骗**就是利用互联网进行的诈骗。互联网诈骗正在成为一个严重的问题，给成千上万的人带来了经济和法律问题。几乎所有的骗局都是从给毫无戒心的人们群发邮件开始的。

　　诈骗者经常使用的一种技术是**钓鱼**（与"fishing"同音）。网络钓鱼企图欺骗互联网用户，使其认为一个假的，但外观与官方网站一样的网站或电子邮件是合法的。网络钓鱼已经变得越来越复杂，它复制了 PayPal 这样的整个网站，试图引诱用户泄露他们的财务信息。

　　图 9-9 总结了常见类型的互联网诈骗。

　　网络欺凌。**网络欺凌**是最近才出现的一种非常普遍的现象，它利用互联网、智能手机或其他设备发送或发布旨在伤害或羞辱他人的内容。虽然并不总是被归为犯罪，但它可能导致刑事起诉。网络欺凌包括向声称不希望与发送者进一步接触的个人多次发送其不想要的电子邮件，在电子论坛上联合起来攻击受害者，发布旨在损害另一个人名誉的虚假陈述，恶意泄露可能会对此人造成伤害的个人数据，以及发送任何类型的威胁或骚扰信息。永远不要参与网络欺凌，并且应阻止他人参与这一危险和可恶的活动。

类型	描述
连锁信	典型的连锁信要求收信人给名单上的5个人每人寄一笔钱。收信人删除名单上的第一个名字，在名单底部加上自己的名字，然后把连锁信寄给5个朋友。这种骗局也被称为传销。几乎所有的连锁信都是欺诈和非法的
拍卖欺诈	选择商品并付款。商品从来没有交付过
度假奖	授予用户"免费"度假机会。到达度假目的地后，住宿条件非常糟糕，但可以收费升级
预付费贷款	几乎任何人都可以获得低利率担保贷款。在申请人提供与个人贷款有关的信息后，发放贷款须支付"保险费"

图 9-9　常见互联网诈骗

关于计算机犯罪的总结，参见图 9-10。

计算机犯罪	描述
恶意程序	包括病毒、蠕虫和特洛伊木马
拒绝服务	导致计算机系统减速或停止
流氓Wi-Fi热点	模仿合法Wi-Fi热点捕捉个人信息
数据操纵	涉及更改数据或留下恶作剧消息
身份盗窃	指非法冒充某人的身份以谋取经济利益
互联网欺诈	互联网上的诈骗通常由电子邮件发起，包括网络钓鱼
网络欺凌	使用互联网、智能手机或其他设备发送/发布旨在伤害他人或使他人难堪的内容

图 9-10　计算机犯罪

☑ 概念检查

■ 什么是黑客？什么是网络犯罪？什么是恶意程序？

■ 比较病毒、蠕虫和特洛伊木马。什么是僵尸计算机？什么是僵尸网络？

■ 什么是拒绝服务攻击？什么是流氓 Wi-Fi 热点？什么是数据窃取和操纵？

■ 什么是身份盗窃？描述一些常见的互联网诈骗。什么是网络欺凌？

9.4.2　保护计算机安全的措施

有许多方法可以破坏计算机系统和数据，还有许多方法可以确保计算机安全。一些确保计算机安全的主要措施是限制访问、加密数据、预测灾难和预防数据丢失。

1. 限制访问

安全专家们不断地想办法保护计算机系统不被未经授权的人访问。有时在公司的计算机房设置警卫检查每个人的身份可以解决安全问题。其他时候，使用**生物特征**扫描设备，如指纹和虹膜（眼）扫描仪来处理，参见图 9-11。有许多应用程序使用人脸识别来访问计算机系统。例如,许多个人计算机系统使用戴尔公司的 FastAccess 人脸识别应用程序来防止未经授权的访问。还有几种用于移动设备的人脸识别应用程序,包括 iNFINITE 公司的 LLC 人脸识别程序。

指纹扫描

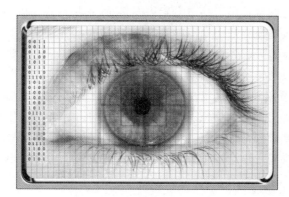
虹膜扫描

图 9-11　生物扫描设备

　　通常情况下,给员工分配密码以及当员工离职时更改密码都是需要谨慎处理的问题。**密码**是秘密的单词或短语(包括数字、字母和特殊字符),必须将其输入计算机系统才能获得访问权限。对于网络上的许多应用程序,用户都会指定自己的密码。Windows 8 包括一个称为"图像密码"的应用程序,它允许用户选择图像上的一系列手势以获得访问权限。

🔊 提示

　　安全专家警告说,大多数人使用的密码太容易被猜到。安全专家将密码分为弱密码(容易猜测)和强密码(难以猜测)。一个弱密码可以在几秒钟之内就被猜出来,一个强密码需要数年才能破解。在创建密码时,请遵循以下提示确保你使用了强密码。

　　① 使用至少 8 个字符的密码。字符越少,就越容易猜测。

　　② 不要在密码中使用用户名、真实姓名或公司名称。破译者首先要尝试的就是用户的个人信息。

　　③ 不要使用完整的词。破译者可以很容易地用计算机尝试字典中的每个单词作为密码进行猜测。

　　④ 不要重复使用密码。如果一个账户的用户密码被泄露,黑客将试图在该用户的其他账户上使用该密码。

　　⑤ 创建密码时,以下每种字符都要至少包含 1 个:大写字母、小写字母、数字和符号。

　　密码的强度取决于猜测密码的难易程度。**字典攻击**使用软件依次选取大量的普通单词进行测试,试图对用户账户获得未经授权的访问。因此,由单词、姓名和简单数字模式构成的密码是弱密码或差密码。强密码至少有 8 个字符,并使用字母、数字和符号的组合。同样重要的是对于不同的账户不要重复使用密码。如果一个账户被破坏,这个密码也可能被尝

试用于访问其他系统。例如,如果一个安全性较低的账户(如在线网络论坛)被破坏,该密码也可能被用于尝试登录银行网站等安全性较高的账户。

如前几章所述,个人和组织使用各种方法来执行和自动化处理重要的安全任务:

- **安全套件**提供了一组实用程序,旨在保护用户在网络上的隐私和安全。
- **防火墙**充当公司专用网络与包括互联网在内的所有外部网络之间的安全缓冲区。所有进入和离开公司的电子通信必须通过公司的防火墙进行评估。通过拒绝未经授权的访问通信来维护安全。
- **密码管理器**帮助用户创建强密码。此外,密码管理器将用户的所有密码保存在某个位置上,当用户收藏的网站提出请求时,它会自动提供适当的密码。这避免了人们在生成和记忆密码时所犯的许多错误。但是,此密码主列表由一个"主"密码保护。如果用户忘记或泄露了主密码,则将面临相当大的风险。

2. 加密数据

只要是通过网络发送信息或者在计算机系统上进行存储,就存在未经授权访问的可能性。解决方案就是**加密**,即对信息进行编码以使其不可读的过程,拥有特殊信息(即**加密密钥**,或简称**密钥**)的人除外。加密通常包括:

- **电子邮件加密**:保护在互联网上传播的电子邮件。Pretty Good Privacy 是最广泛使用的个人电子邮件加密程序之一,参见图 9-12。
- **文件加密**:在硬盘上存储敏感文件之前,先进行加密来保护它们。文件可以单独加密,也可以使用专用软件在将文件保存到某个硬盘位置时自动加密所有文件,见图 9-13。
- **网站加密**:保护网络交易,特别是金融交易。接收密码或类似信用卡号码等保密信息的网页通常是加密的。

  正如第 2 章和第 8 章中讨论的,**https(超文本传输安全协议)**是使用最广泛的互联网协议。该协议要求浏览器和连接站点对所有消息进行加密,从而提供更安全的传输。
- **虚拟专用网络**:**虚拟专用网络(VPNs)**对公司网络与远程用户(如从家里连接上网的员工)之间的连接进行加密。这种连接创建了一个通过互联网到公司局域网的安全虚拟连接。
- **无线网络加密**:限制对无线网络上授权用户的访问。**WPA2(无线网络保护访问)**是家庭无线网络中应用最广泛的无线网络加密技术。WPA2 通常通过无线路由器为无线网络提供支持。虽然路由器之间的具体规格有所不同,但一般通过路由器的设置选项对 WPA2 进行配置。

3. 预测灾难

公司(甚至个人)应该为灾难做好准备。**物理安全**指保护硬件免受可能的人为和自然灾害损害。**数据安全**涉及保护软件和数据免受非授权的篡改或损坏。大多数大型组织都有**灾难恢复计划**,描述了使计算机在恢复正常运行之前继续运行的方法。

4. 预防数据丢失

设备总是要被更换的。然而,一家公司的数据可能是不能被更换的。大多数公司一开始就有措施防止软件和数据被篡改。这些措施包括仔细筛选求职者、保护密码以及不时对

图 9-12　加密的电子邮件

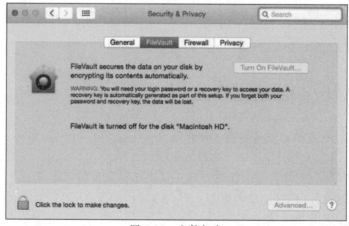

图 9-13　文件加密

数据和程序进行审计。有些系统使用冗余存储来防止硬盘发生故障时的数据丢失。第7章中介绍了 RAID，一种常用的冗余存储类型。备用电池可防止意外停电期间文件损坏造成的数据丢失。

频繁备份数据对于防止数据丢失至关重要。备份通常存储在本地以外的位置，以便在发生盗窃、火灾、洪水或其他灾害时保护数据。正如第7章中讨论的，学生和其他人经常使用闪存和云存储来备份家庭作业和重要的论文。增量备份指在不同的时间点存储多个版本的数据，以防止因不必要的更改或意外删除而丢失数据。

关于如何使用云备份服务的内容请参见 9.6 节"让 IT 为你所用：云备份"。

有关保护计算机安全的不同措施的总结如图 9-14 所示。

措施	描述
限制访问	授权人员使用密码和防火墙等措施实现访问限制。
加密数据	对通过网络发送的所有信息进行编码。
预测灾难	通过灾后恢复计划确保物理安全和数据安全，为灾害做好准备。
预防数据丢失	定期复制数据并将其存储在远程位置。

图 9-14　保护计算机安全的措施

☑ 概念检查

■ 描述以下概念的定义：生物特征扫描、密码、字典攻击、安全套件、防火墙和密码管理器。

■ 什么是加密和加密密钥？什么是 https？什么是 VPN？什么是 WPA2？

■ 试定义物理安全、数据安全和灾难恢复计划。

■ 描述如何防止数据丢失。

9.5　伦　　理

⚙ 环境

你是否觉得 IT 专业人士有伦理责任去考虑他们的行为对环境的影响？许多科技公司已经非常重视对环境的责任。其中一些公司正在"走向绿色"，并在他们的网站上对相关行动加以推广。另一些公司鼓励产品回收，以减少送往垃圾填埋场的废物。甚至有些公司在彼此竞争，看谁能开发出最节能的产品。

你认为什么可以控制计算机的使用方式？首先你可能会想到法律。当然，这是对的，但科技发展太快，我们的法律制度很难跟上。当今控制计算机使用方式的基本要素是伦理。

正如你可能知道的那样，**道德标准**是道德行为的标准。在我们的社会中，**计算机伦理**是道德上可以接受的使用计算机的准则。"善待"对所有人来说都是至关重要的，我们都有权得到善待。这包括保护信用评级和病史等个人信息不会落入未经授权的人手中。主要由公司和政府机构控制的问题已经在本章前面讨论了。更多的问题会出现在贯穿本书的"伦理"专栏中。下面将探讨计算机伦理中的两个重要问题，普通用户也可以在其中发挥作用。

9.5.1　版权和数字版权管理

> ✒ **伦理**
>
> 　　网络中立性指互联网服务提供商应该忽略内容的差异，以相同的速度将所有数据交付给客户的政策。网络中立的反对者允许互联网服务提供商向公司收费，从而更快地完成某些网站的传送，他们认为应该允许互联网服务提供商随意收费。网络中立的支持者认为，互联网一直享有平等和公正的信息访问权限，允许互联网服务提供商根据内容改变不同网站的访问效率是一种新的审查形式。你是如何认为的？

　　版权是一种法律概念，赋予内容创作者控制、使用和传播其作品的权利。可以被版权法保护的对象包括绘画、书籍、音乐、电影，甚至电子游戏。一些用户对数字媒体进行未经授权的复制就会违反版权法。例如，为朋友制作未经授权的数字音乐文件副本可能就违反了版权法。

　　软件盗版指对软件进行未经授权的复制和/或分发。根据最近的一项研究，软件盗版使软件行业每年损失超过 600 亿美元。为了防止版权侵犯，公司经常使用**数字版权管理**（**DRM**）技术。DRM 包含各种用于对电子媒体和文件进行访问控制的技术。通常，DRM 用于①控制可以访问给定文件的设备数量；②限制可以访问给定文件的设备种类。尽管一些公司认为 DRM 是保护自己权利的必要手段，但一些用户认为，他们应该有权使用他们购买的数字媒体对象，包括电影、音乐、软件和电子游戏。

　　数字千年版权法案规定禁止或禁用包括 DRM 在内的任何反盗版技术都是非法的。该法案还规定，商业节目的副本在法律上不得转售或赠送。此外，使用或出售用于复制非法软件的程序或设备也构成犯罪。这可能会让那些从朋友或互联网上复制软件、电影或音乐的人感到惊讶。法律是明确的：未经适当授权，从互联网复制或下载受到版权保护的音乐和视频都是非法的。

　　现在，数字媒体有许多合法的来源。电视节目通常可以在电视网络赞助的网站上免费在线观看。像 Pandora（潘多拉）这样的网站允许听众免费欣赏音乐。还有一些销售音乐和视频的网络商店。苹果的 iTunes 音乐商店是这一领域的先驱，参见图 9-15。

9.5.2　剽窃

　　剽窃是计算机伦理领域存在的另一个问题，指把其他人的工作和想法视为自己的成果而不指明其来源的行为。尽管在发明计算机之前，剽窃问题就早已存在，但计算机技术使剽窃变得更容易。例如，将网页上的内容简单地剪切和粘贴到报告或论文中，对于过度劳累的学生或员工而言可能都是很有诱惑力的。

　　相应地，计算机技术也使得识别和抓住**剽窃者**比以往任何时候都容易。例如，Turnitin等服务致力于防止网络剽窃。这项服务将检查一份论文的内容，并将其与包括网页在内的

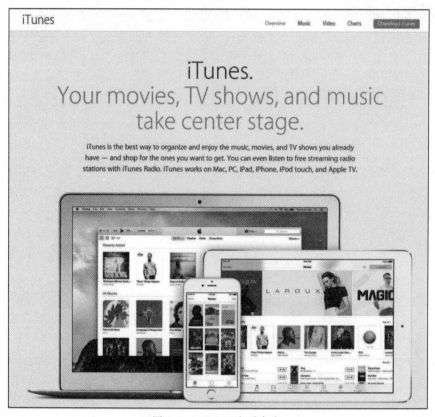

图 9-15　iTunes 音乐商店

广泛公开的电子文档进行比较。通过这种方式，Turnitin 就可以识别出造假的论文，甚至是论文中造假的部分，如图 9-16 所示。

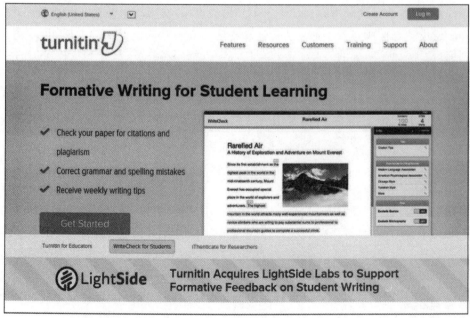

图 9-16　Turnitin 网站

✒ **伦理**

你知道有谁从不同的网站复制部分网页并将这些内容组合成一个学期论文吗？当然，这种做法是不道德的，而且很可能是非法的。现在许多大学使用一个程序可以将学生论文的内容与网上发表的材料以及之前提交的论文进行比较。你认为老师使用一个检查剽窃的程序是合乎伦理的吗？这种做法是否有可能将来自网络的正确引用与明显的剽窃案例混淆？

☑ **概念检查**

■ 道德和计算机伦理有什么区别？

■ 试定义版权、软件盗版、数字版权管理和数字千年版权法案。

■ 什么是剽窃？Turnitin 是什么？Turnitin 的主要功能是什么？

9.6　让 IT 为你所用：云备份

你是否记得经常备份不可替代的数据文件，如照片和文档？你是否想要一个服务，记得为你做备份，并将它们放在一个非常可靠的位置？如果是这样的话，那么基于云备份的服务就是一种解决方案，本节将讨论云备份的优势，以及关于备份类型的各种选项。

1. 云备份的优势

- **安全**。如果没有备份，你可能会因为硬盘故障、计算机病毒、笔记本计算机被盗或火灾而丢失数据。

- **自动化**。人们可能会经常忘记手工备份，如果没有频繁地备份，当需要恢复时你可能会丢失重要的数据。

- **基于云**。火灾或洪水等环境事件可能损害本地计算机和备份。通过将备份存储在云服务器上，损坏本地副本的物理事件不会影响基于云的备份。

2. 备份选项

一旦你决定自动化备份过程，你可能会对可用的选项数量感到惊讶。

- **备份软件**。根据你的操作系统和所需的自定义级别，有几个不同的选项。大多数操作系统都提供免费的备份软件：微软公司的 Windows 系统提供 File History 备份程序，苹果公司的 OS X 系统提供 Time Machine 备份程序。

- **备份频率和时间表**。备份会增加系统的处理器和硬盘负担，降低计算机的性能。根据你的开机时间和使用方式调整备份的频率和时间，使之最符合你的需要。

- **哪些文件需要备份**。你可能希望备份整个硬盘驱动器，或者选择备份具体的文件夹，如照片和视频。大多数备份软件允许用户选择备份哪个文件夹。

- **云服务**。有多种云存储服务可用，根据你的操作系统、备份软件和预算，可以有几种不同选择。广受欢迎的选择包括苹果的 iCloud、微软的 Azure 和谷歌的 Google Drive。还有一些专门的备份程序，它们将云存储计划捆绑在一起，比如 Carbonite

的个人备份计划。

9.7　IT 职业生涯

"前面介绍了隐私、安全和伦理的相关内容,接下来介绍 IT 安全分析师的职业生涯。"

IT 安全分析师负责维护公司网络、系统和数据的安全。他们的目标是确保信息的保密性、完整性和可用性。这些分析师必须保护信息系统免受各种外部威胁,如黑客和病毒,以及警惕可能来自公司内部的威胁。

雇主通常会雇佣有信息系统专业、计算机科学专业本科或大专学历的应聘者。通常需要有这一领域或网络管理方面的经验。IT 安全分析师应具备良好的沟通和研究能力,并能在高压力的情况下完成工作。

IT 安全分析师预计年薪为 46 000~64 000 美元。晋升的机会通常取决于经验。随着恶意软件、黑客和其他类型的威胁变得更加复杂和普遍,预计对这一职位的需求将会增加。

9.8　未来展望:匿名的终结

你喜欢以匿名的方式在网络上与其他人互动吗?在隐藏身份的情况下畅所欲言,是否有一种舒适感?匿名从一开始就是互联网上的一种生活方式。最近,从广告商到政府的各种组织都在质疑互联网能否使人们继续以匿名方式交流下去。基于目前人们在网上共享的信息量,人们有理由怀疑匿名性在未来是否会受到重视。技术已经深刻地影响了人们的匿名性和公众互动方式,并将继续影响人们未来的生活。

有许多因素导致众人质疑匿名性的价值。首先是骚扰问题。网站上的多数论坛和评论区域允许用户匿名发布消息。有些人利用这一特性来发布辱骂性或威胁性的评论。许多儿童和青少年在其生活中的某一时期成为网络骚扰或网络欺凌的受害者。其他一些人则在网上受到跟踪,以至于遭受到了心理上的伤害。专家认为如果匿名评论被禁止,由于匿名性被剥夺,那些人将不愿意再发布上述类型的信息。匿名给法律领域也带来了问题。一些匿名的网络用户发布了一些损害个人或企业声誉的谎言。在现实世界中,那些错误和破坏性的评论可能导致诉讼。出于这些原因,许多立法者提出了一些法案,旨在阻止匿名性带来的各种网络犯罪的发生。将来,为了使用互联网,人们甚至可能需要提供一个真实世界的身份标识。

许多网络公司也在努力终止匿名时代。这是因为他们大部分的钱都是从有针对性的广告中赚来的。为了能给用户提供适当的广告,这些公司需要对用户及其网络活动有相当多的了解。通过对真实姓名和兴趣爱好方面的了解,这些公司可以跟踪用户的网络活动,从而更好地了解用户。目前,你在网上看到的许多广告都是你不感兴趣的产品或服务的。未来,你看到的每一个广告都是为你精挑细选的,因为营销公司会开发一份完整的个人资料,使得他们了解你的一切。

现在,许多网络公司都致力于保护个人隐私,但这仅仅是回避公众对个人的了解。当涉及他们的广告伙伴时,这些网络公司就不会隐藏太多,因为他们不愿意这样做。本质上,无论是放弃一部分(或全部)匿名性以换取有针对性的广告或是其他行为都是用户的一种权衡。虽然许多组织正在努力结束或严格限制匿名性,但有些组织却希望保持互联网的原样。

许多民权团体和记者支持将匿名作为一项基本权利。例如,如果不能匿名,就很难发布揭露企业滥用权力的信息。一些心理学家也支持匿名,认为创建一个单独的在线身份对个人发展是有用的,这样一个人可以探索兴趣,而不留下与自己生活相关的记录。你对可能的匿名终结有何看法?如果每个人都必须提供真实姓名,那么网络上的负面情绪就会减少,这个观点你同意吗?既然广告为网络上的免费服务提供了资金支持,如果广告包含了你感兴趣的东西,你能够对未来的广告更加宽容吗?

9.9　小　　结

1. 隐私

隐私涉及个人数据的收集和使用。有三个主要的隐私问题:**准确性**(谁负责确保数据是正确的)、**所有权**(谁拥有数据)、**访问**(谁控制对数据的访问)。

(1) 大型数据库

大型组织不断地收集汇总人们的各种信息。这种不断增长的数据量,称为**大数据**。**信息转售商**(信息经纪人)收集和销售个人数据。**电子档案**是从数据库汇编而来的,提供了关于个人高度详细和个性化的描述。

当一个人的电子档案与另一个人交换时,就会产生**错误身份**。美国的**信息自由法**规定,个人有权查阅与他们有关的政府记录。

(2) 私有网络

许多公司使用**员工监控软件**监控员工的电子邮件和计算机文件。

(3) 互联网和万维网

许多人认为在使用网络的时候,几乎没有什么可以侵犯他们的隐私。这就是**匿名错觉**。

浏览器存储的信息包括**历史文件**(用于记录哪些站点被访问过)和**临时互联网文件**或**浏览器缓存**(包含网站内容和显示指令)。**cookies** 可以存储和跟踪信息。**隐私模式**(隐私浏览)能够确保浏览活动不被记录。

间谍软件秘密记录和报告网络活动。**击键记录程序**(一种**计算机监控软件**)记录每个活动和按键操作。**反间谍软件**(间谍清除程序)检测和消除各种隐私威胁。

(4) 网络身份

许多人不计后果地发布个人信息,有时甚至是生活的私密细节。利用这些内容可以创建一个**网络身份**。通过网络的存档和搜索功能,任何想要寻找这一身份的人都会毫无疑问地找到他。

(5) 主要的隐私法案

金融服务现代化法案保护个人财务信息;**健康保险携带和责任法案**(**HIPAA**)保护医疗记录;**家庭教育权利和隐私法案**(**FERPA**)限制教育记录的披露。

为了有效且高效地使用计算机，需要意识到技术对人们的潜在影响。读者需要对个人隐私、组织安全性和道德规范保持敏感和了解。

2. 安全

计算机**安全**的重点是保护信息、硬件和软件免受未经授权的使用，以及防止入侵、蓄意破坏和自然灾难造成的损害。对包含个人信息的计算机进行未经授权访问的人通常被称为计算机**黑客**。并不是所有的黑客都有恶意行为，也不是所有的黑客都是罪犯。

(1) 网络犯罪

网络犯罪(计算机犯罪) 指利用计算机技术的专业知识进行犯罪的违法行为。

- **恶意程序(恶意软件)** 包括**病毒(计算机欺诈和滥用法案**将传播病毒定为联邦犯罪)、**蠕虫**和**特洛伊木马**。**僵尸计算机**指受感染的计算机，这些计算机可以被远程控制，并用于恶意的使用目的。僵尸计算机的集合被称为**僵尸网络**或**机器人网络**。
- **拒绝服务(DoS)攻击**指试图关闭或停止计算机系统或网络的行为。
- **流氓 Wi-Fi 热点**模仿合法热点捕捉个人信息。
- 数据操作指更改数据或留下恶作剧信息。**计算机欺诈和滥用法案**有助于预防数据操纵。
- **身份盗窃**指为谋取经济利益而非法盗用他人身份的行为。
- **互联网诈骗**的目的是诱使人们提供个人信息或花费他们的时间和金钱来换取很少或根本没有的回报。常见的**互联网诈骗**行为经常通过**钓鱼网站**或电子邮件来实施。
- **网络欺凌**是指利用互联网、手机或其他设备发送或发布旨在伤害他人或使他人难堪的内容。

(2) 保护计算机安全的措施

破坏计算机系统或数据的方式很多，保护计算机安全的措施也很多，包括：

- 通过生物特征扫描设备和**密码**(秘密单词或短语；"字典攻击"测试大量的单词试图获得访问许可)可以实现访问限制；**安全套件**、**防火墙**、**密码管理器**等有助于执行安全任务。
- 加密指对信息进行编码以使其不可读的过程，拥有特殊信息，即**密钥**的人除外。**超文本传输安全协议(https)** 要求浏览器和网站加密所有消息。虚拟专用网(VPN)加密公司网络和远程用户之间的连接。**WPA2(Wi-Fi 保护接入)** 是家庭无线网络中应用最广泛的加密技术。
- 预测灾难包括物理安全、数据安全和灾难恢复计划。
- 防止数据丢失指通过筛选职务申请者、监管密码、审核和备份数据等措施来保护数据的安全。

3. 伦理

对于如何控制计算机的使用你有什么想法？你可能会首先想到法律。当然，这是对的，但科技发展太快，法律制度很难跟上。当今控制计算机使用方式的基本要素是伦理。

道德标准是道德行为的标准。在我们的社会中，计算机伦理是道德上可以接受的使用计算机的准则。我们都有权得到善待。这包括保护个人信息的权利，如信用评级和病史不会落入未经授权的人手中。

（1）版权与数字版权管理

版权是一种法律概念，赋予内容创作者控制、使用和传播其作品的权利。版权法保护的对象包括绘画、书籍、音乐、电影，甚至电子游戏。

软件盗版是指对软件进行未经授权的复制和分配。软件行业每年因为软件盗版损失超过 600 亿美元。与其相关的两个主题是数字千年版权法和数字版权管理。

- **数字千年版权法**规定程序所有者有权制作程序的备份副本，其他人则不允许以出售或赠送为目的制作副本。从互联网上下载受到版权保护的音乐和视频也是非法的。
- **数字版权管理（DRM）**是一组旨在防止版权侵犯的技术。通常，DRM 用于①控制可以访问给定文件的设备数量；②限制可以访问给定文件的设备种类。

现在，数字媒体有许多合法的来源，包括：

- 可以在电视网络赞助的网站上免费在线观看电视节目。
- 类似潘多拉（Pandora）这样的网站可以让听众免费欣赏音乐。
- 合法销售音乐和视频的在线商店。苹果的 iTunes 音乐商店是这一领域的先驱。

（2）剽窃

剽窃是一种非法的、不道德的表现，具体指把其他人的工作和想法视为自己的成果而不指明其来源的行为。剽窃行为包括在报告或论文中剪切粘贴网页中的内容。

识别和捕获剽窃者相对容易。例如，Turnitin 等服务致力于防止网络剽窃。这项服务将检查一份论文的内容，并将其与包括网页在内的广泛公开的电子文档进行比较。确切的重复和转述是能够区分开来的。

3. IT 职业生涯

IT 安全分析师负责维护公司网络、系统和数据的安全。雇主招聘具有信息系统、计算机科学专业本科或大专学历并且具备网络工作经验的应聘者。年薪为 46 000～64 000 美元。

9.10　专 业 术 语

Incognito 模式（Incognito Mode）

IT 安全分析师（IT security analyst）

安全（security）

安全套件（security suites）

版权（copyright）

病毒（virus）

超文本传输安全协议（HTTPS，Hypertext Transfer Protocol over SecureSocket Layer）

错误身份（mistaken identity）

大数据（big data）

第三方 cookie（cookiethird-party cookie）

第一方 cookie（cookiefirst-party cookie）

电子档案（electronic profile）

恶意软件（malware，malicious software）

反间谍软件（antispyware）

防火墙（firewall）

访问（access）

跟踪（cookietracking cookies）

雇员监控软件（employee-monitoring software）

骇客（cracker）

黑客（hacker）

击键记录程序（keystroke logger）

机器人网络（robot network）

计算机犯罪（computer crime）

计算机监控软件（computer monitoring software）

计算机伦理学，计算机道德（computer ethics）

计算机欺诈和滥用法案（Computer Fraud and Abuse Act）

加密（encryption）

加密密钥（encryption key）

家庭教育权利和隐私法案（Family Educational Rights and Privacy Act，FERPA）

间谍清除程序（spy removal program）

间谍软件（spyware）

健康保险携带和责任法案（Health Insurance Portability and Accountability Act，HIPAA）

僵尸计算机（zombie）

僵尸网络（botnet）

金融服务现代化法案（Gramm-Leach-Bliley Act）

拒绝服务攻击（denial of service attack）

伦理（ethics）

历史文件（history file）

临时网络文件（temporary Internet file）

浏览器缓存（browser cache）

流氓 Wi-Fi 热点（rogue Wi-Fi hotspot）

密码（password）

密码管理器（password managers）

密钥（key）

木马程序（Trojan horse）

匿名错觉（illusion of anonymity）

剽窃（plagiarism）

剽窃者（plagiarist）

蠕虫病毒（worm）

软件盗版（software piracy）

身份盗窃（identity theft）

生物扫描（biometric scanning）

数据安全（data security）

数字版权管理（digital rights management，DRM）

数字千年版权法案（Digital Millennium Copyright Act）

所有权（property）

网络钓鱼（phishing）

网络犯罪（cybercrime）

网络爬虫（web bugs）

网络欺凌（cyberbullying）

网络诈骗（Internet scam）

无线网络保护访问（Wi-Fi Protected Access2，WPA2）

无线网络加密（wireless network encryption）

物理安全，实体安全（physical security）

小数据文件（cookies）

信息经纪人（information broker）

信息经销商（information reseller）

信息自由法案（Freedom of Information Act）

虚拟专用网络（virtual private network，VPN）

隐私（privacy）

隐私浏览，私密浏览（Private Browsing）

隐私模式（privacy mode）

灾难恢复计划（disaster recovery plan）

在线身份，网络身份（online identity）

诈骗（scam）

准确性（accuracy）

字典攻击（dictionary attack）

9.11 习　　题

一、选择题

圈出正确答案的字母。

1. 隐私包括三个主要问题，分别是准确性、所有权和：

　　A. 访问　　　　　　B. 伦理　　　　　　C. 所有权　　　　　D. 安全

2. 高度详细和个性化的个人描述是电子：

　　A. cookies　　　　　B. 历史　　　　　　C. 档案　　　　　　D. 网络爬虫

3. 浏览器将所浏览网站的位置储存于：

　　A. 历史文件　　　　B. 菜单　　　　　　C. 工具栏　　　　　D. 防火墙

4. 确保浏览活动不被记录的浏览器模式是：

　　A. 检测　　　　　　B. 插入　　　　　　C. 隐私　　　　　　D. 睡眠

5. 人们自愿在社交网站、博客、照片和视频分享网站上发布的信息被用来创建：

　　A. 获得批准　　　　B. 防火墙　　　　　C. 网络身份　　　　D. 网络钓鱼

6. 制造和散布恶意程序的计算机罪犯称为：

　　A. 反间谍　　　　　B. 骇客　　　　　　C. 网络商人　　　　D. 身份窃贼

7. 伪装成其他样子进入计算机系统的程序称为：

　　A. 特洛伊木马　　　B. 病毒　　　　　　C. 网络爬虫　　　　D. 僵尸

8. 使用互联网、手机或其他设备发送或发布意在伤害或羞辱他人的内容称为：

　　A. 网络欺凌　　　　B. 在线骚扰　　　　C. 社交网络歧视　　D. 不道德的沟通

9. 用于限制对公司专用网络进行访问的特殊硬件和软件称为：

　　A. 防病毒程序　　　　　　　　　　　　 B. 门沟通

　　C. 防火墙　　　　　　　　　　　　　　 D. 间谍软件清除程序

10. 为防止版权侵犯，公司经常使用：

　　A. ACT　　　　　　B. DRM　　　　　　C. VPN　　　　　　D. WPA2

二、匹配题

将左侧以字母编号的术语与右侧以数字编号的解释按照相关性进行匹配，把答案写在画线的空格处。

a. 准确性　　　　　＿＿＿ 1. 与确保数据正确收集有关的隐私问题。

b. 生物识别　　　　＿＿＿ 2. 收集和销售个人资料的人。

c. cookies　　　　　＿＿＿ 3. 被访问过的网站存储在硬盘上的小数据文件。

d. 加密　　　　　　＿＿＿ 4. 广泛存在的程序，用于秘密记录和报告某人在互联网上的
　　　　　　　　　　　　　　 活动。

e. 信息经纪人　　　＿＿＿ 5. 破坏或瓦解计算机系统的恶意程序。

f. 恶意软件　　　　＿＿＿ 6. 可以被远程控制的受感染的计算机。

g. 网络钓鱼　　　　＿＿＿ 7. 骗子用看似官方的网站欺骗互联网用户。

h. 剽窃　　　　　　＿＿＿ 8. 一种扫描装置，如指纹和虹膜（眼）扫描仪。

i. 间谍软件　　　　＿＿＿ 9. 对信息进行编码以使其不可读的过程，只有那些拥有密钥
　　　　　　　　　　　　　　 的人才能识别该信息。

j. 僵尸计算机　　　＿＿＿ 10. 一种伦理问题，将他人的工作成果和想法视为己有，而不
　　　　　　　　　　　　　　　承认其原始出处。

三、开放式问题

1. 定义隐私，并讨论大型数据库、私有网络、互联网和网络的影响。

2.定义和讨论网络身份和主要的隐私法律。

3.定义安全。定义计算机犯罪和恶意程序的影响,包括病毒、蠕虫、木马和僵尸计算机,以及拒绝服务攻击、流氓 Wi-Fi 热点、数据操纵、身份盗窃、网络诈骗和网络欺凌。

4.讨论保护计算机安全的方法,包括限制访问、加密数据、灾难预测和防止数据丢失。

5.定义伦理,描述版权法和剽窃。

四、讨论题

1. 让 IT 为你所用:云备份

回顾一下 9.6 节"让 IT 为你所用:云备份"的内容,然后回答以下问题:①目前你是如何备份重要文件的? 多久创建一次这样的备份? ②你使用过云服务吗? 如果是,你使用了哪些服务,通常使用它做什么? 如果你没有使用过云服务,请描述如何使用和为什么使用云服务。③你有没有想过要注册一个像 Carbonite 这样的付费的年度订阅服务? 为什么?

2. 隐私:无人机

回顾一下第 200 页关于无人机的"隐私"专栏的内容,然后回答以下问题:①你曾经使用过或看到过无人机吗? 如果是,请描述它的应用。②你认为无人机会对个人隐私构成威胁吗? 为什么? ③如果你只使用无人机拍摄个人房产的鸟瞰照片,是否对隐私造成潜在的侵犯? ④如果你用无人机拍摄邻居家的鸟瞰照片,这会侵犯别人的隐私吗? 为什么?

3. 隐私:社交网络

回顾第 203 页关于社交网络的"隐私"专栏的内容,然后回答以下问题:①你使用过社交网站吗? 如果是的话,你知道哪些网站和他们的政策是在未经明确同意的情况下将你的帖子和照片分享给其他人的吗? ②你认为社交网络在与广告商分享信息时会侵犯个人隐私吗? 为什么? ③假设一名高中教师在她的 Facebook 页面上发布照片,显示她在聚会上喝酒了。当学校董事会注意到这些照片时,老师就被停职了。这是否侵犯了她的权利? 为什么? ④2009 年底,Facebook 允许用户的姓名、照片和基本信息出现在谷歌的搜索结果中。你认为这是符合伦理的吗? 为什么?

4. 伦理:被遗忘的权利

回顾第 208 页"伦理"专栏的内容,然后回答以下问题:①你对被遗忘的权利有什么看法? 阐述你的观点。②个人是否有权利和能力删除自己在互联网上发布的任何令人尴尬的照片? 为什么? ③被定罪的人是否能够从互联网上移除该罪行的任何痕迹? 阐述你的观点。④被遗忘的权利应该适用于每一个人,还是在对待政治家、电影明星或罪犯上有所不同? 阐述你的观点。

5. 隐私:暗网

回顾第 211 页"隐私"专栏的内容,然后回答以下问题:①在阅读"隐私"专栏的内容之前,你是否知道暗网? 如果是的话,请描述一下你是如何知道这些隐藏网站的。②与暗网有关的最大风险是什么? 具体描述。③有必要消除暗网吗? 为什么? ④消除或控制暗网是一种隐私问题吗? 阐述你的观点。

6. 环境:环境道德和信息技术

回顾第 216 页"环境"专栏的内容,然后回答以下问题:①信息技术专业人员是否应该接受环境问题方面的培训或教育? 为什么? ②如果一个人在决策中没有考虑到环境因素,这是不符合伦理的吗？阐述你的观点。③各国政府是否应该制定监管计算机和其他电子设备能源消耗方面的法律？为什么？④使用搜索引擎,查找与"能源之星计划"对应的网站。哪些政府机构负责这个项目？这个项目为人们带来了哪些好处？

7. 伦理：网络中立

回顾第 217 页"伦理"专栏的内容,然后回答以下问题：①政府机构是否应该监管 ISP 的定价政策？为什么？②是否应该审查网页的浏览速度或访问的便捷程度？为什么？③如果一家公司让与其竞争的网站运行缓慢,这是审查吗？为什么？④是否应该允许 ISP 对用户的互联网浏览操作进行监控,从而决定哪些网页应该迅速下载,哪些网页应该缓慢下载？阐述你的观点。

8. 伦理：剽窃

回顾第 219 页"伦理"专栏的内容,然后回答以下问题：①教师使用一个检查剽窃的程序是否合乎伦理？为什么？②学生或任何个人复制网页的全部或部分内容,然后在不明确来源的情况下提交资料是否合乎伦理？为什么？③如何区分利用网页进行研究和剽窃网页内容？请具体阐述。④你的学校是否有针对剽窃网页内容的规定？如果有,规定是什么？如果没有,你会提议哪些适当的规定？

第10章 信息系统

为什么阅读本章

听到有人在深夜潜入自己的家里然后立刻报警；一个快速的反应可能会救自己一命！执法部门利用其信息系统组织资源，对紧急呼叫请求进行优化——加快了响应速度，拯救更多的生命。未来，所有类型的信息系统将自动适应相应的环境，并帮助组织机构应对当前和未来的变化。

本章将介绍每个人为这个日新月异的数字世界做好准备而需要了解的知识和技能，其中包括：

- 组织流——识别信息在组织机构中的流动方式。
- 基于计算机的信息系统——了解信息系统的层级，以及它们是如何帮助企业做出决策的。
- 其他信息系统——了解专家系统，以及如何利用其做出更快、更明智的决策。

学习目标

学习本章后，读者应该能够：

① 解释组织机构功能视图的含义，并描述其中的每项功能。

② 描述组织机构中每个层级的管理范畴和信息需求。

③ 描述信息是如何在组织机构内部流动的。

④ 描述计算机信息系统。

⑤ 区分事务处理系统、管理信息系统、决策支持系统和行政支持系统。

⑥ 区分办公自动化系统和知识工作系统。

⑦ 解释数据工作者和知识工作者之间的区别。

⑧ 定义专家系统和知识库。

10.1　引　　言

信息系统是人员、文档、软件、硬件、数据和互联互通的集合（如我们在第 1 章中讨论的）。它们协同工作，为组织机构运行提供必要的信息。这些信息是企业成功地生产产品和提供服务的关键，对于以利润为导向的企业而言，也是获得利润的关键。

为什么在组织机构中使用计算机？毫无疑问，可以很容易地说出一个原因：保存活动的记录。然而，另一个原因可能不那么明显：帮助做出决策。例如，销售点终端记录每一次的销售活动以及对应的销售人员。可以使用这些信息制定决策。例如，它可以帮助销售经理决定哪些销售人员因为工作出色而获得年终奖金。

互联网、通信链接和数据库将你与远远超出台式机所拥有的信息资源和信息系统连接起来。个人计算机为用户提供了比几年前更多的信息。此外，用户还可以获得更高质量的信息。正如我们在本章中所展示的，当用户进入一个计算机信息系统时，他不仅得到了信息——他还可以得到决策上的帮助。

要在组织机构中高效且有效地使用计算机，需要了解信息是如何在组织机构的不同功能区域和管理级别中流动的。需要了解不同类型的计算机信息系统，包括事务处理系统、管理信息系统、决策支持系统和行政支持系统。还需要了解数据库的作用和重要性，以支持每个级别或类型的信息系统。

10.2　组织机构信息流

计算机信息系统不只是跟踪交易和日常业务操作。它们还支持信息在组织机构内部纵向和横向的流动。要理解这一点，我们需要了解组织机构的结构是什么样的。了解组织结构的一种方法是从功能角度来审视它。也就是说，可以研究组织机构中不同的基本功能区，以及在这些功能区里工作的不同类型的人。

在我们描述这些组织机构信息流时，考虑一下它们是如何应用于一个假设的体育用品制造商 HealthWise 集团的。这家公司生产体育器材。它的产品范围涵盖从足球到瑜伽垫等各个品类（参见图 10-1）。

和许多组织机构一样，可以从包含不同管理层次的功能视角对 HealthWise 集团进行审视。企业的高效运作需要在整个组织机构内部有高效且协调的信息流通。

图 10-1　瑜伽垫

10.2.1　功能

根据所提供的服务或产品,大多数组织机构都有专门从事五项基本职能之一的部门,即会计部、市场营销部、人力资源部、生产部和研发部(参见图 10-2)。

人力资源部门涉及整个组织机构中所有以人为中心的活动。在HealthWise集团,该部门正在实施一项旨在吸引新雇员和留住现有雇员的新福利计划。

功能视角

会计部门跟踪所有的金融活动。在HealthWise集团,该部门负责记录公司和体育用品商店间的账单和其他金融交易。该部门还负责编制包括预算和财务执行情况预测的财务报表。

研发部门进行基础研究,并将新发现与公司现有产品和新产品联系起来。HealthWise集团的研发人员从运动生理学家那里获取关于肌肉发育的新理念。他们利用这些知识来设计新的健身设备。

市场营销部门负责商品和服务的计划、定价、促销、销售和分配。在HealthWise集团,该部门甚至参与创建通过公司网页分发的客户简讯。

生产部门利用原材料和人员创造成品和服务。这可能是一种制造活动,或者是(如果是零售商店)一种经营活动。在HealthWise集团,这个部门购买钢和铝用于生产举重和运动机械。

图 10-2　组织机构的五大功能

- **会计部**记录所有的财务活动,包括向客户收费、支付员工工资等。例如,在 HealthWise 集团,会计部门跟踪所有的销售、支付和资金转移活动。会计部门还为公司提供详细说明财务状况的报告。
- **市场营销部**负责对组织机构的商品和服务进行计划、定价、促销、销售和分发。在 HealthWise 集团,商品包括与体育和其他类型的体育活动相关的多种产品。
- **人力资源部**专注于人——负责员工招聘、培训、晋升以及组织机构内其他任何以人为中心的活动。在 HealthWise 集团,人力资源部门负责实施新的一揽子福利计划用于雇用新的技术工人等。
- **生产部**实际上负责利用原材料和人员创造成品和服务。在 HealthWise 集团,这包括制造各种运动设备,如瑜伽垫。
- **研发部**研究、调查和开发新的产品和服务。例如,在 HealthWise 集团,科学家正在研究一种轻巧而廉价的合金,用于制造一种新的重量训练设备。

尽管名称可能不同,但几乎每个或大或小的组织机构都有执行这些基本职能的部门。无论在一个组织机构中做什么工作都可能隶属于这些职能部门之一。

10.2.2　管理层

当然,大多数在组织机构中工作的人都不是管理者。组织机构金字塔的底部是装配工、油漆工、焊工、司机等。这些人生产商品、提供服务。在这些人之上是具有主管、主任、区域经理和副总裁等头衔的不同级别的管理人员。为了确保工作完成,这些人需要负责计划、领导、组织和控制等事宜。

例如,在 HealthWise 集团,西北地区的销售经理指导和协调他所在地区的所有销售人员工作。其他职位可能是市场部副总裁、人力资源总监或生产经理。在较小的组织机构中,这些职务常常合并在一起。

许多组织机构的管理人员分为三个层次。这些层次分别是主管、中层管理人员和高层管理人员(参见图 10-3)。

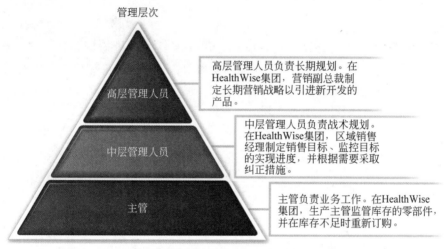

图 10-3　管理人员的三个层次

- 主管:主管负责管理和监督雇员或工人。因此,这些管理人员负有与业务工作相关的责任。他们监管日常活动,必要时立即采取纠正措施。
- 中层管理人员:中层管理人员负责控制、计划(也称为战术规划)和决策制定。他们实现组织机构的长期目标。
- 高层管理人员:高层管理人员关注长远规划(也称为战略规划)。他们需要有助于规划组织机构未来发展和方向的信息。

10.2.3　信息流

每个层次的管理人员都有不同的信息需求。高层管理人员需要描述业务整体运作的汇总信息。因为需要预测和制订长期计划,高层管理人员还需要组织机构以外的信息。中层管理人员需要汇总的信息——周报告或月报告。他们需要预测预算和评价主管的业绩。主管需要所属部门的详细的、最新的、日常的信息,以使他们可以保证业务顺利执行(参见图 10-4)。

为了支持这些不同的需求,信息向不同的方向流动(参见图 10-5)。对于高层管理人员来说,来自组织机构内部的信息流是纵向的和横向的。高层管理人员,如首席执行官

图 10-4　主管监管日常活动

(CEO)，需要来自下级和所有部门的信息。他们还需要组织机构以外的信息。例如，在 HealthWise 集团，他们正在决定是否在美国西南部引入一种健康追踪器。营销副总裁必须查看相关数据。这些数据可能包括目前正在使用 HealthWise 集团健康应用程序的人数和年轻人数量的普查数据。可能还包括相关健康监控设备的历史销售记录。

信息流

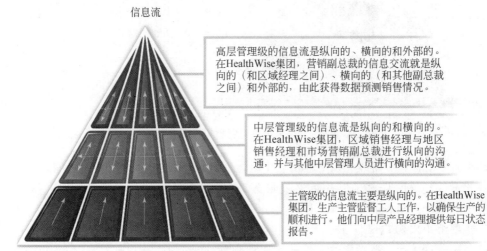

高层管理级的信息流是纵向的、横向的和外部的。在HealthWise集团，营销副总裁的信息交流就是纵向的（和区域经理之间）、横向的（和其他副总裁之间）和外部的，由此获得数据预测销售情况。

中层管理级的信息流是纵向的和横向的。在HealthWise集团，区域销售经理与地区销售经理和市场营销副总裁进行纵向的沟通，并与其他中层管理人员进行横向的沟通。

主管级的信息流主要是纵向的。在HealthWise集团，生产主管监督工人工作，以确保生产的顺利进行。他们向中层产品经理提供每日状态报告。

图 10-5　组织机构内部的信息流

　　对于中层管理人员来说，信息流也是纵向的和横向的，并且跨越职能范畴。例如，HealthWise 集团的销售经理会与生产部门的中层管理人员进行协作来设定销售目标。生产部门的中层管理人员向销售经理提供诸如生产什么产品，生产多少产品，什么时候生产这样的信息。区域销售经理还要配合高层管理人员制定战略目标。他们也要为下属的主管制定销售目标并监督执行。

　　对于主管而言，信息流主要是垂直的。也就是说，主管主要与中层管理人员和下属员工进行沟通。例如，在 HealthWise 集团，生产主管很少与会计部门的人员沟通。然而，他们会不断地与生产线工人和他们自己的经理沟通。

现在我们知道许多组织机构是如何结构化的,信息是如何在组织机构内部流动的。但是,如何建立一个计算机信息系统来满足其需求呢?操作人员应该具备哪些能力才能使用该系统呢?

☑ 概念检查

■ 一个组织机构中的五个基本职能部门是什么?

■ 管理分为哪三个层次?分别加以讨论。

■ 描述组织机构内部的信息流。

10.3 计算机信息系统

几乎所有的组织机构都有计算机信息系统。这些系统用于收集和处理数据,大型组织机构通常会赋予其正式名称。虽然不同的组织机构可能使用不同的名称,但最常见的名称是事务处理、管理信息、决策支持和行政支持系统(参见图 10-6)。

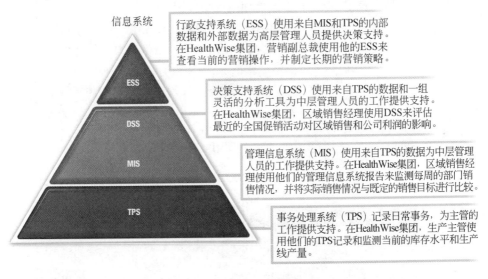

图 10-6 计算机信息系统的类型

- 事务处理系统:事务处理系统(TPS)记录日常事务,如客户订单、账单、库存量和生产量。TPS 通过生成数据库辅助主管工作,该数据库是其他信息系统的基础。
- 管理信息系统:管理信息系统(MIS)用标准报表的形式为中层管理人员汇总事务处理系统中的详细数据。这类报告可能包括每周销售量和生产进度。
- 决策支持系统:决策支持系统(DSS)提供了灵活的分析工具。决策支持系统帮助中层管理人员和组织机构中的其他人员分析一系列的问题,例如外部事件和趋势对组织机构的影响。与管理信息系统一样,DSS 利用了事务处理系统中的详细数据。
- 行政支持系统:行政支持系统(ESS),也称为行政信息系统(EIS),是一种易于使用的系统,它以高度概括的形式表示信息。它帮助高层管理人员监督公司的运作并制定战略计划。ESS 将从 TPS 生成的数据库、从 MIS 生成的报告与外部数据结合起来。

☑ **概念检查**

● 什么是事务处理系统？该系统对主管有什么帮助？

● 什么是管理信息系统？什么是决策支持系统？二者有什么区别？

● 什么是行政支持系统？谁会使用该系统？该系统用来干什么？

10.4　事务处理系统

事务处理系统帮助组织机构跟踪常规操作，并将这些事件记录在数据库中。因此，一些公司称其为数据处理系统（DPS）。业务数据——例如 HealthWise 集团产品的客户订单——构成了一个记录公司交易的数据库。该事务数据库可以用于支持 MIS、DSS 和 ESS 等系统。

对任何组织机构而言，最重要的事务处理系统是应用于会计领域的事务处理系统（参见图 10-7）。每个会计部门都负责 6 项基本活动。其中的 5 个分别是销售订单处理、应收账款、库存和采购、应付账款和工资。所有这些都记录在第 6 项活动总分类账中。

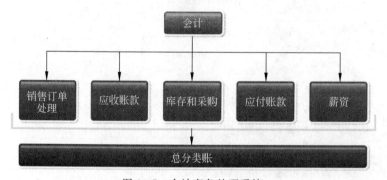

图 10-7　会计事务处理系统

让我们分析这 6 项活动。它们将为几乎任何人们可能为之工作的组织机构建立会计系统的基础。

- **销售订单处理**活动记录了客户对公司产品或服务的请求。例如，就 HealthWise 集团而言，当订单请求一组杠铃时，仓库就会收到发货通知。

- **应收账款**活动记录了客户支付或是拖欠的款项。HealthWise 集团跟踪来自其直接销售商品的体育用品商店、健身房和健身俱乐部支付的账单。

- 公司存储的零件和成品称为**库存**。在 HealthWise 集团，库存包括仓库中所有待出售的运动器械、橄榄球、足球和瑜伽垫（参见图 10-8）。**库存控制系统**记录仓库中各类零件或成品的数量。

  采购是指购买材料和服务。通常使用**订购单**。用表格形式显示提供材料或服务的公司名称以及正在购买的产品信息。

- **应付账款**是指公司因收到材料或服务而应向供应商支付的款项。在 HealthWise 集团,这包括用于购买制造锻炼设备的钢铁和铝等材料而需支付的款项。
- **薪资**活动与计算员工薪资有关。薪资数额一般由工资率、工作时间和扣减(如税收、社会保障、医疗保险)决定。工资数额可以从员工的时间卡中计算,在某些情况下,也可以从主管手里的时间表中计算。
- **总分类账**记录上述所有交易的全部概况。一个典型的总分类账系统可以生成损益表和资产负债表。**损益表**显示了一个公司的财务业绩——收入、支出,以及它们在特定时期的差额。**资产负债表**列出了一个组织机构的总体财务状况。它们包括资产(例如,建筑物和所有资产)、负债(债务)以及所有者对组织机构的拥有比例(股权)。

　　每天人们都会接触到许多其他的事务处理系统。这包括自动取款机,用于记录取款情况;在线注册系统,跟踪学生入学情况;超市折扣卡,记录客户的消费情况。

图 10-8　库存控制系统管理仓库中的商品

☑ **概念检查**

▉ 事务处理系统的作用是什么?

▉ 描述一下会计部门使用的事务处理系统中的 6 项活动。

▉ 除了财会使用的事务处理系统,描述 3 种其他的事务处理系统。

10.5　管理信息系统

　　管理信息系统(MIS)是一个基于计算机的信息系统,它以概括化、结构化的形式生成标准化的报表(参见图 10-9)。它为中层管理人员提供工作支持。MIS 在很大程度上不同于事务处理系统。事务处理系统创建数据库,而管理信息系统使用数据库。事实上,一个管理信息系统可以从几个部门的数据库中提取数据。因此,管理信息系统需要一个数据库管理系统,该系统集成了不同部门的数据库。中层管理人员经常需要来自不同职能领域的汇总数据。

	Health wise 集团 区域销售报告		
区域	实际销量	目标	差额
Central	166,430	175,000	(8,570)
Northern	137,228	130,000	7,228
Southern	137,772	135,000	2,772
Eastern	152,289	155,000	(2,711)
Western	167,017	160,000	7,017

图 10-9　管理信息系统报告

管理信息系统产生预先确定的报告。也就是说,它们遵循预定的格式,并且总是显示相同类型的内容。虽然报告可能因行业不同而不同,但有三种常见类别的报告:定期报告、异常报告和需求报告。

- **定期报告**按照周、月或季度定期编写。例如,HealthWise 集团的月销售和生产报告。地区销售经理的销售报告被合并成区域销售经理的月度报告。为了便于比较,区域经理也能够看到其他区域经理的销售报告。
- **异常报告**会引起人们对不寻常事件的关注。例如,一份销售报告显示某些商品的销售量明显高于或低于市场部的预测。如果西北销售区域运动自行车销量低于预期,区域经理就会收到异常报告。该报告可用来提醒地区经理和销售人员对此产品给予更多关注。
- 与定期报告相反,**需求报告**是按要求编写的。例如,一份关于妇女和少数群体从事工作的数量和类型的报告。这样的报告不是定期需要的,但在政府提出要求时可能就需要这样的报告。对 HealthWise 集团而言,许多政府合同要求提供这些信息。用于证明,HcalthWise 集团的业务是在政府的某些平等机会指导方针之内开展的。

☑ **概念检查**

■ 管理信息系统的作用是什么?

■ 什么是预先确定的报告?

■ 描述管理信息系统中三种常见类别的报告。

10.6　决策支持系统

管理人员经常需要处理意外问题。例如,在 HealthWise 集团负责生产的经理可能会预先考虑劳工罢工会对生产计划带来什么影响等问题。决策支持系统(DSS)可以为管理人员提供此类意外和非经常性问题的答案。

决策支持系统与简单记录数据的事务处理系统有很大的不同。它也不同于在预定的报告中汇总数据的管理信息系统。决策支持系统用于分析数据。此外,它还能生成没有固定格式的报告。这使得决策支持系统成为一种灵活的分析工具。

决策支持系统必须易于使用，否则很可能根本就不会被使用。HealthWise 集团的营销经理可能想知道哪些地区没有达到他们的月度销售配额。为了找出答案，执行人员可以用“销量＜配额”为条件查询销售数据库（参见图 10-10）。

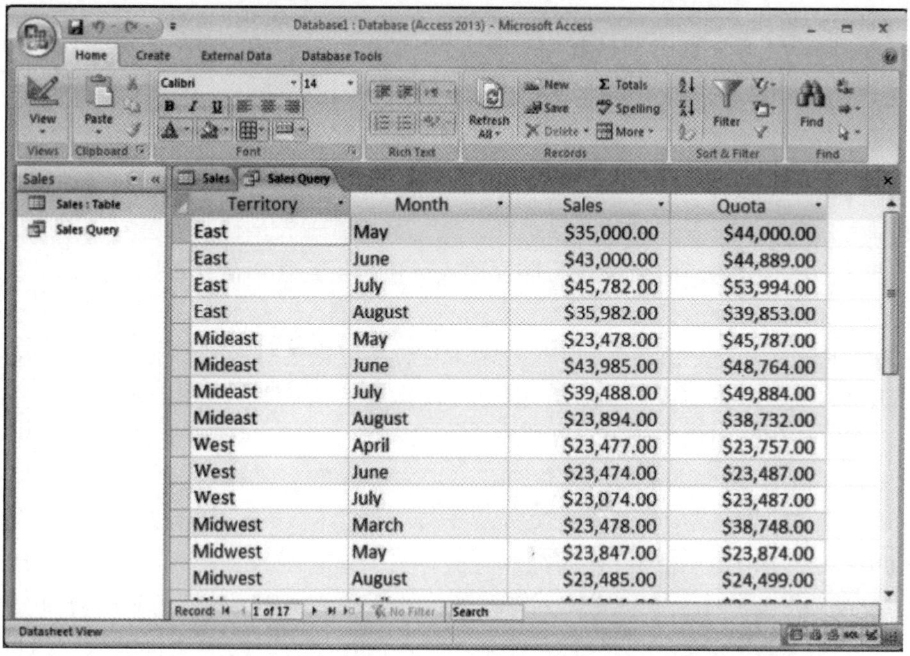

Territory	Month	Sales	Quota
East	May	$35,000.00	$44,000.00
East	June	$43,000.00	$44,889.00
East	July	$45,782.00	$53,994.00
East	August	$35,982.00	$39,853.00
Mideast	May	$23,478.00	$45,787.00
Mideast	June	$43,985.00	$48,764.00
Mideast	July	$39,488.00	$49,884.00
Mideast	August	$23,894.00	$38,732.00
West	April	$23,477.00	$23,757.00
West	June	$23,474.00	$23,487.00
West	July	$23,074.00	$23,487.00
Midwest	March	$23,478.00	$38,748.00
Midwest	May	$23,847.00	$23,874.00
Midwest	August	$23,485.00	$24,499.00

图 10-10　以“销量＜配额”为条件查询决策支持系统后的显示结果

决策支持系统是如何工作的？从本质上讲，它由 4 个部分组成：用户、系统软件、数据和决策模型。

- **用户**可以是你自己。一般来说，用户就是必须要做出决定的人，例如管理者，通常是中层管理者。
- **系统软件**本质上是指操作系统——在幕后处理具体操作过程的程序。为了给用户提供一个友好的、直观的界面，软件通常是由菜单或图标驱动。也就是说，屏幕显示了易于理解的命令或图标列表，为用户提供操作选项。
- 决策支持系统中的**数据**通常存储在数据库中，由下述两种类型组成。**内部数据**——来自组织机构内部的数据——主要由事务处理系统的事务组成。**外部数据**是从组织机构外部收集的数据，例如，营销研究公司、行业协会和政府提供的数据（如客户简介、人口普查数据和经济预测数据）。
- **决策模型**为决策支持系统提供了分析能力。决策模型有三种基本类型：战略模型、战术模型和操作模型。**战略模型**协助高层管理人员进行长期规划，如制定公司目标或规划厂址。**战术模型**辅助中层管理人员完成组织机构中的控制工作，如财务计划和销售促销计划。**操作模型**帮助低层管理人员完成组织机构中的日常活动，如评估和维护质量控制。

有些决策支持系统是专为支持多个决策者或一组决策者而设计的。这些系统被称为组决策支持系统（GDSS），其中包括支持小组会议和协同工作的工具。

☑ 概念检查

■ 决策支持系统的作用是什么？

■ 描述决策支持系统的 4 个组成部分。

■ 区分三种基本类型的决策模型。

10.7　行政支持系统

使用决策支持系统需要经过一些培训。许多高层管理人员让其办公室的其他人员操作决策支持系统并汇报他们的结论。高层管理人员还想要比管理信息系统更简洁的系统——能够生成非常有针对性的报告。

行政支持系统（ESS）由诸如 MIS 或 DSS 这样的复杂软件组成，它可用于显示、总结和分析组织机构数据库中的数据。然而，需要将行政支持系统设计成便于使用的形式。例如，一位几乎没有空闲时间的高管可以在未经深入培训的情况下获得必要的信息。因此，信息往往以非常简洁的、内容丰富的图形化形式显示出来。

以 HealthWise 集团总裁所使用的行政支持系统为例，该系统可以安装在他的个人计算机上。每天早上的第一件事，总裁在他的计算机上运行行政支持系统，如图 10-11 所示。请注意，屏幕简要显示了公司 5 个不同部门的活动状态。在这个特别的早晨，行政支持系统显示 4 个部门的业务进展顺利。然而，在第一个部门，即会计部，逾期付款账目的比例增加了 3%。3% 似乎不算多，但 HealthWise 集团逾期付款问题由来已久，致使公司陷入现金短缺的境地。总裁决定查看细节。为此，他选择"1.会计部"。

与此同时，屏幕上显示了逾期账目的数据图，参见图 10-12。今年的逾期账目数据以深色显示。一年前的同比数据用浅色显示。今年和去年的差异是很明显的，并清楚地呈现出来。例如，去年大约有 60 000 美元迟交了 1～10 天。今年，80 000 多美元迟交了 1～10 天。总裁知道他必须采取一些行动加速客户付款。例如，他可能会提示财务副总裁注意这一点。副总裁可能会决定实施一项新政策，向提前付款者提供折扣，或向逾期付款者收取更高的利息。

图 10-11　行政支持系统的开始界面

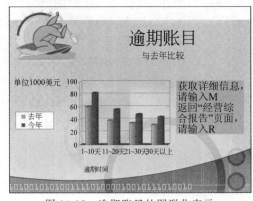

图 10-12　逾期账目的图形化表示

　　行政支持系统允许公司的高层管理人员直接获得有关公司业绩的信息。大多数公司向其他高管提供直接的电子通信链接。此外，一些行政支持系统能够从公司以外的数据库中检索信息，例如商业新闻服务。这使得一家公司能够监视竞争对手的状况，并持续关注可能影响其业务的相关新闻事件。例如，跑步和有氧舞蹈造成的运动损伤增加的消息，以及随之而来的人们对这些活动兴趣的下降，可能会让 HealthWise 集团调整相关的系列鞋的销售和生产目标。

　　不同类型的信息系统概要请参见图 10-13。

类型	描述
事务处理系统	跟踪日常操作并在数据库中记录事件；也称为数据处理系统
管理信息系统	使用事务处理系统创建的数据库生成标准化报告（定期报告、异常报告和需求报告）
决策支持系统	使用数据（内部和外部）和决策模型（战略、战术和操作）分析意外情况
行政支持系统	以灵活、易用、图形化的格式为高层管理人员提供概要信息

图 10-13　信息系统总结

☑ 概念检查

　　■ 行政支持系统的作用是什么？

　　■ 描述 4 种类型的信息系统。

　　■ 行政支持系统与管理信息系统、决策支持系统有哪些相似和不同之处？

10.8　其他信息系统

　　我们只讨论了 4 种信息系统：事务处理系统为低层管理人员提供工作支持，管理信息系统和决策支持系统为中层管理人员提供工作支持，行政支持系统为高层管理人员提供工作支持。还有许多其他类型的信息系统为不同的个人和工作提供支持。其中发展最快的是旨在支持信息工作者的信息系统。

　　信息工作者负责信息的分发、交流和创建工作。举几个例子，他们可能是该组织机构的行政助理、书记员、工程师和科学家等。有些工作涉及信息的分发和通信（如行政助理和书记员，参见图 10-14），他们被称为数据工作者。其他人则参与信息的创造（如工程师和科学家），他们被称为知识工作者。

　　两个支持信息工作者的系统是：

　　● **办公自动化系统**：**办公自动化系统**（**OAS**）主要是为

图 10-14　行政助理和书记员
　　　　　　属于数据工作者

了服务数据工作者而设计的。这些系统的重点是完成文档管理、通信和调度等工作。文档管理使用文字处理、网页编辑、桌面出版和图像技术等类型的软件。项目管理是为调度、计划和控制项目资源而设计的程序。Microsoft Project 是应用最广泛的项目管理程序。视频会议系统是一种计算机系统，它允许位于不同地理位置的人进行通信，并举行面对面的会议（参见图 10-15）。

图 10-15　视频会议：个人和小组可以看到和共享信息

- **知识工作系统**：知识工作者也要使用办公自动化系统。此外，他们还使用称为**知识工作系统（KWS）**的专用信息系统来创建其特长领域的信息。例如，参与产品设计和制造的工程师会使用**计算机辅助设计/计算机辅助制造（CAD/CAM）**系统（参见图 10-16）。这些知识工作系统由功能强大的个人计算机组成，这些计算机能运行集成了设计和制造活动的专用程序。例如，CAD/CAM 广泛应用于汽车及其他产品的制造过程中。

另一个被广泛应用的知识工作系统是专家系统。

图 10-16　CAD/CAM：设计和制造工程师使用的知识工作系统

在某一特定领域——医学、会计、工程等——的专家通常因其专业知识可以获得丰厚的报酬。不幸的是对于他们的客户而言，这些专家收费昂贵，并且不能随时咨询。

如果要以某种方式提取人类专家的知识，并通过计算机程序让每个人都能获得这些知识，该怎么做呢？这就是专家系统正在做的事情。**专家系统**，也称为**基于知识的系统**，是一种利用数据库向用户提供帮助的人工智能应用。这个数据库被称为**知识库**，包含从人类专家那里提取出来的事实和规则。用户通过描述特定的情况或问题与专家系统进行交互。专家系统接收输入并搜索知识库，直到提出解决方案或建议为止。

在过去的十年中，专家系统在医学、地质学、建筑学和自然科学等领域得到了发展。有诸如"溢油顾问""鸟类物种识别""助产士助理"等的专家系统。

☑ 概念检查

- 什么是信息工作者？
- 谁是数据工作者？哪种类型的信息系统是为他们提供工作支持的？
- 谁是知识工作者？哪种类型的信息系统是为他们提供工作支持的？
- 什么是专家系统？什么是知识库？

10.9　IT 职业生涯

前面已经分析了信息系统的相关内容，接下来介绍信息系统经理的职业生涯。

信息系统经理监督程序员、计算机专业技术人员、系统分析人员和其他计算机专业人员的工作。他们完成公司计算机政策、计算机系统的制定和实施工作。

大多数公司都在物色具有强大技术背景的人充当顾问，有时顾问职位要求商业硕士学位。雇主寻找具有突出的领导能力、良好的沟通技巧的人。信息系统经理必须能够以技术和非技术术语与人沟通。信息系统经理职位往往由曾经担任过顾问或管理工作的人员担任。因为企业和社会都要不断地解决重要的安全问题，因此需要那些在计算机和网络安全方面有经验的人员。

信息系统经理的年薪可达 95 000～125 000 美元，其晋升机会通常包括该领域的领导职位。

10.10　未来展望：IBM 的"沃森"系统
——终极信息查找机器

有没有注意到我们身边存在多少信息，从图书馆的书籍、期刊到网上的数百万篇文章？有没有想过，专业人士如何能够阅读所有的研究资料，以求在该领域跟上时代的步伐？现在，随着信息量的增加，这些专业人员发现很难跟得上了。未来，IBM 希望通过名为"沃森（Watson）"的信息搜索超级计算机来改变这一局面。展望未来，技术一直在制造更好的信息工具，并将继续发展以改善我们的生活。

2011 年，"沃森"计算机击败了游戏节目"危险边缘"中的两位最佳选手。这一成就之所以如此显著，是因为计算机必须阅读问题，理解问题的内涵，并在 2 亿页的文本中搜索，找出最佳答案,然后在其他参赛者面前按下蜂鸣器,才能给出答案。沃森在大约 3s 内完成了所有这些步骤。

凭借这一技能,IBM 预测沃森可以成为最终的研究人员,帮助各个行业的专业人士在几秒钟内找到他们想要的信息。一些组织机构已经"雇佣"了沃森。根据病人的特殊情况,一家医疗公司将利用沃森协助制定治疗方案。它通过查阅数百万页的医学研究资料帮助医生和护士迅速地为病人确定最有可能的诊断和治疗方案。为了帮助沃森了解更多的医学领域,IBM 已经与一个癌症中心合作,借此"教"沃森学会如何处理大量与癌症相关的研究和案例。在金融领域,沃森最近一直在了解华尔街的复杂性,希望帮助金融公司确定风险和回报,改善对客户的建议。

在未来,IBM 设想沃森的技术将成为医疗行业和金融行业不可分割的一部分。此外,它们还看到了沃森在呼叫中心和技术支持服务中的实际应用。如果广泛使用这种信息技术,就会有无数的组织和消费者受益。它将改变所有人的研究方式,并为最棘手的问题寻求答案。

对沃森强大的服务能力你有什么看法?你认为有一天你能在自己最喜欢的搜索引擎上使用这种强大的技术吗?在家里会使用沃森吗?你认为这会是一种有益的辅助工具,还是一台有可能夺走专业人员工作机会的机器?

10.11 小 结

1. 组织信息流
组织机构中的信息在职能部门和管理层之间流动。

(1) 功能

大多数组织机构都有单独的部门来履行 5 项职能:

- **会计部**——跟踪所有财务活动并生成定期财务报表。
- **市场营销部**——宣传、推广和销售产品(或服务)。
- **生产部**——使用原材料和人来生产成品或提供服务。
- **人力资源部**——寻找和雇用员工;处理诸如病假、退休福利、评价、薪酬和职业发展等问题。
- **研发部**——进行产品研究和开发;监测新产品并排除故障。

(2) 管理层

三个基本的管理层次是:

- **高层管理人员**——关注长期规划和预测。
- **中层管理人员**——负责控制、规划、决策和实现长期目标。
- **主管**——控制业务事项,监督日常事件,监督员工。

(3) 信息流

信息在组织内部向不同的方向流动。

- 对于高层管理人员来说,信息流主要是从组织内部向上流动,或是从外部进入组织。
- 对于中层管理人员来说,部门内部之间的信息流是横向和纵向的。

- 对于主管而言,信息流主要是纵向的。

要在组织机构中高效有效地使用计算机,需要了解信息是如何在职能部门和管理级别间流动的。需要了解不同类型的计算机信息系统,包括事务处理系统、管理信息系统、决策支持系统和行政支持系统。

2. 信息系统

(1) 事务处理系统

事务处理系统(TPS),有时称为**数据处理系统**(DPS),记录日常事务。会计活动包括销售订单处理、应收账款、库存和采购、应付账款、工资和总分类账。总分类账用于编制损益表和资产负债表。

(2) 管理信息系统

管理信息系统(MIS)产生预定的报告(定期、异常、需求)。

(3) 决策支持系统

决策支持系统(DSS)关注意想不到的问题,包括用户、系统软件、数据(内部和外部)和决策模型。决策模型的三种类型是战略模型、战术模型和操作模型。组决策支持系统(GDSS)为决策团队提供决策支持。

(4) 行政支持系统

行政支持系统(ESS)类似于 MIS 或 DSS,但使用更方便。行政支持系统是专门为高层决策者设计的。

(5) 其他信息系统

其他一些信息系统的设计目的是为了给从事信息创建、分发和交流工作的信息工作者提供帮助。三个这样的系统是:

- **办公自动化系统**(OAS),为从事信息分发和通信的数据工作者提供支持。项目管理程序和视频会议系统都属于办公自动化系统。
- **知识工作系统**(KWS),为创造信息的知识工作者提供支持。许多工程师使用计算机辅助设计/计算机辅助制造(CAD/CAM)系统。
- **专家(基于知识的)系统**,是一种知识工作系统。该系统使用知识库将专家知识应用于特定的用户问题。

3. IT 职业生涯

信息系统经理监督其他各类计算机专业人员的工作。需要有很强的领导能力和沟通能力;需要有顾问或经理的从业经验。年薪为 95 000～125 000 美元。

10.12　专业术语

办公自动化系统(office automation system,OAS)	电视会议系统(video conferencing system)
操作模型(operational model)	订单(purchase order)
策略模型(strategic model)	定期报告(periodic report)
	高层管理(top management)

工资（payroll）

购买（purchasing）

管理信息系统（management information system，MIS）

管理者，主管（supervisor）

行政信息系统（executive information system，EIS）

行政支持系统（executive support system，ESS）

会计（accounting）

计算机辅助设计/计算机辅助制造系统（computer-aided design/computer-aided manufacturing system）

决策模型（decision model）

决策支持系统（decision support system，DSS）

库存控制系统（inventory control system）

库存清单（inventory）

内部数据（internal data）

人力资源（human resources）

生产（部门）（production）

市场营销，销售（部门）（marketing）

事务处理系统（transaction processing system，TPS）

数据（data）

数据处理系统（data processing system，DPS）

数据工作者（data worker）

损益表，收益表（income statement）

外部数据（external data）

系统软件（system software）

项目经理（project manager）

销售订单处理（sales order processing）

信息工作者（information worker）

信息系统（information system）

信息系统经理（information systems manager）

需求报告（demand report）

研究（部门）（research）

异常报告（exception report）

应付账款（accounts payable）

应收账款（accounts receivable）

用户（user）

战术模型（tactical model）

知识工作系统（knowledge work system，KWS）

知识工作者（knowledge worker）

知识库（knowledge base）

知识库系统（knowledge-based system）

中层管理（middle management）

专家系统（expert system）

资产负债表（balance sheet）

总分类账（general ledger）

组决策支持系统（group decision support system，GDSS）

10.13 习　　题

一、选择题

圈出正确答案的字母。

1.组织机构的哪一项基本职能包含了从客户收费到支付员工工资等所有的财务活动？

    A. 会计 　　　　　　B. 市场营销 　　　　C. 生产 　　　　　　D. 研究

2.哪个管理层的信息流是纵向、横向和来自外部的？

    A. 高层 　　　　　　B. 主管 　　　　　　C. 中层 　　　　　　D. 领班

3.哪种基于计算机的信息系统使用来自事务处理系统和分析工具的数据为中层管理人员提供支持？

  A. 行政支持系统   B. 管理信息系统

  C. 决策支持系统   D. 事务处理系统

4. 应付账款是指公司已经( )供应商提供的材料和服务而未支付的款项。

  A. 创造   B. 输出   C. 发明   D. 接收

5. 哪种会计活动跟踪所有交易的全部概况？

  A. 资产负债表 B. 总分类账 C. 损益表 D. 库存控制

6. 哪种会计报表列出一个组织机构的总体财务状况？

  A. 资产负债表 B. 总分类账 C. 损益表 D. 库存控制

7. 需要定期编制哪种报告？

  A. 需求报告 B. 异常报告 C. 库存报告 D. 定期报告

8. 决策支持系统由 4 个部分组成：用户、系统软件、决策模型和( )。

  A. 应用软件 B. 数据   C. 操作系统 D. 电子表单

9. 哪种类型的工作者参与信息的分发、沟通和创建？

  A. 行政工作者 B. 领班工作者 C. 信息工作者 D. 知识工作者

10. 哪种类型的程序是用于安排、计划和控制项目资源的？

  A. 审核   B. 桌面排版 C. 项目管理 D. 日程安排

二、匹配题

将左侧以字母编号的术语与右侧以数字编号的解释按照相关性进行匹配,把答案写在画线的空格处。

a. 数据

b. 异常报告

c. 市场营销部

d. 中层

e. 管理信息系统

f. 工资

g. 处理

h. 标准化

i. 系统

j. 视频会议

____1. 计划、定价、促销、销售和分配组织机构的商品和服务的职能。

____2. 管理层,其中信息流是纵向的和横向的。

____3. 基于计算机的信息系统,使用来自事务处理系统的数据为中层管理人员的工作提供支持。

____4. 记录客户对公司产品或服务的要求,这种会计活动是销售订单( )。

____5. 计算雇员薪水的会计活动。

____6. 管理信息系统产生的报告类型。

____7. 引起人们关注不寻常事件的报告类型。

____8. 软件类型,在幕后工作处理具体操作过程。

____9. 参与信息分发和交流的工作者类型。

____10. 计算机系统,使位于不同地理位置的人能够进行交流并进行面对面的会议。

三、开放式问题

1. 命名并讨论大多数组织机构的 5 个共同职能。

2. 讨论三种管理层次在企业中的作用。

3. 最常见的 4 种计算机信息系统是什么？

4. 描述不同类型的报告及其在管理决策中的作用。

5. 办公自动化系统和知识工作系统有什么区别?

四、讨论题

1. 知识扩展:行政支持系统

通过网络搜索,至少研究 3 种不同的行政支持系统。对每一种进行讨论,然后回答以下问题:①你研究了哪些行政支持系统?②行政支持系统的共同特点是什么?③每种行政支持系统旨在协助哪些具体类型的决策?④不同类型的公司偏好哪种行政支持系统?提供一些例子。

2. 技术写作:身份盗窃

当有人获取你的个人信息并利用它盗取你的财产时,身份盗窃就会发生。一个常见的场景是小偷使用你的社会保险号码开设一个信用卡账户。当小偷不付钱的时候,损害的是你的信用记录。深入思考这一骗局,然后回答以下问题:①列出个人为避免身份被盗窃而应采取的 3 个步骤。②为保障安全,列出公司在其资料系统内保存个人资料的 3 个步骤。③互联网活动如何助长身份盗窃的可能性?如何防止这种情况?

第11章 数 据 库

为什么阅读本章

从信用卡消费到 Facebook 登录,巨大的数据库正在记录人们的每一个数字活动。这些数据库可用于根据用户的兴趣定制广告,预测用户的信用评分,甚至评估用户在家的安全性。未来,一个拥有所有美国公民 DNA 数据和城市中每一项数字活动记录的数据库可能会对犯罪进行预测,甚至识别可能的罪犯。

本章将介绍每个人为这个日新月异的数字世界做好准备而需要了解的知识和技能,其中包括:

- 不同的数据组织方法——理解关系数据库、多维数据库和层次数据库的重要性。
- 数据库类型——为个人、公司、分布式或商业等不同情况确定合适的数据库。

学习目标

学习本章后,读者应该能够:

① 区分数据的物理视图和逻辑视图。
② 描述数据的组织方式:字符、字段、记录、表和数据库。
③ 给关键字段下定义并说明如何利用关键字段将数据集成到数据库中。
④ 定义和比较批处理和实时处理。
⑤ 描述数据库,包括对数据库和数据库管理系统的需求。
⑥ 描述5种常用的数据库模型:层次模型、网状模型、关系模型、多维模型和面向对象模型。
⑦ 区分个人数据库、公司数据库、分布式数据库和商业数据库的不同之处。
⑧ 描述战略数据库的使用和安全问题。

11.1 引 言

就像图书库一样,辅助存储的设计目的也是为了存储信息。如何组织这些信息?什么是数据库,为什么需要了解它们?

几十年前,一台计算机被认为是一个除了它的硬盘之外只能获取有限信息的孤岛。现在,通过通信网络和互联网,个人计算机可以直接以电子方式获得几乎不受限制的信息来源。

当今世界,几乎所有的信息都存储在数据库中。它们几乎是包括学校、医院和银行在内的每一个组织机构的重要组成部分。要在当今世界中有效地竞争,就需要知道如何找到信息并理解它是如何存储的。

要有效、高效地使用计算机,需要理解数据字段、记录、表和数据库,需要了解数据库的不同结构和类型。此外,最需要知道的问题是数据库的使用方法和存在的问题。

11.2 数   据

正如在本书中所讨论的,信息系统由人员、文档、软件、硬件、数据和互联网组成。本章的重点是数据,数据可以定义为关于人、地点、事物、事件的事实或观察记录。更具体地说,本章重点讨论数据库是如何存储、组织和使用数据的。

以前,数据仅限于用键盘记录的数字、字母和符号。现在,数据要丰富得多,包括:

- 使用麦克风和语音识别系统捕捉、解释和保存的音频。
- 从互联网上下载,保存在智能手机、平板计算机和其他设备上的音乐。
- 由数码相机拍摄的,由图像编辑软件编辑的并通过互联网与其他人分享的照片。
- 由数码摄像机、电视调谐器卡和网络摄像机拍摄的视频。

有两种方法或视角来审视数据。这两种视角分别是物理视图和逻辑视图。物理视图主要关注数据的实际格式和位置。正如在第 5 章中所讨论的,数据被记录为数字位,位通常被组合成字节,字节使用诸如 Unicode 这样的编码方案来表示字符。通常,只有非常专业的计算机专业人员关心物理视图。另一个视角是逻辑视图,关注的是数据的含义、内容和上下文。最终用户和大多数计算机专业人员都更关注这一视角。它们涉及应用程序对数据的实际操作。本章介绍数据的逻辑视图以及数据在数据库中是如何存储的。

☑ **概念检查**

■ 描述一些不同类型的数据。
■ 什么是数据的物理视图?
■ 什么是数据的逻辑视图?

11.3 数 据 组 织

了解数据库的第一步是学习数据是如何组织的。在逻辑视图中,数据被组织成组或类别。每一组都比前一组更复杂(参见图 11-1)。

- 字符:字符是最基本的逻辑数据元素。可以是单个字母、数字、特殊字符(如标点符号)或符号(如 $)。
- 字段:下一个更高的数据层次是字段,即一组相关字符。在我们的示例中,Brown 位于"姓氏"数据字段中。它由构成姓氏的单个字母(字符)组成。数据字段表示某个实体(人员、地点、事物或对象)的属性(描述或特征)。例如,员工是一个具有包括姓氏在内许多属性的实体。
- 记录:记录是相关字段的集合。记录表示描述实体的属性的集合。在我们的示例中,员工的薪资记录由描述一个员工属性的数据字段组成。这些属性是"名字""姓氏""员工 ID"和"薪资"。
- 表:表是相关记录的集合。例如,薪资表包括员工(实体)的薪资信息(记录)。

- 数据库：数据库是逻辑上相关的多个表的集合。例如，人事数据库由所有相关的员工表组成，包括"薪资"表和"福利"表。

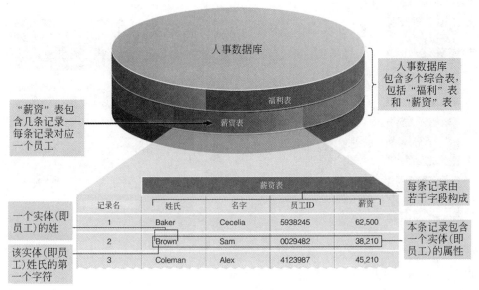

图 11-1 逻辑数据组织

11.3.1 关键字段

表中的每个记录至少有一个特殊的字段，称为关键字段。该字段也称为主键，用于唯一标识一个记录。表可以通过公共关键字段与其他表关联或连接。

对于大多数员工数据库，关键字段是员工标识号。可以使用不同表中的关键字段来集成数据库中的数据。例如，在人事数据库中，"薪资"表和"福利"表都包含"员工 ID"字段。通过把具有相同关键字(员工 ID)的记录组合在一起可以将两个表中的数据关联起来。

11.3.2 批处理和实时处理

传统上，可以用两种方式对数据进行处理，即批处理和实时处理。批处理可以称为"稍后"处理，实时处理可以称为"现在"处理。这两种方法已经用于处理常见的记录保存操作，如薪资处理和订单销售。

- 批处理：在批处理过程中，数据收集时间为几个小时、几天甚至几个星期。然后将其作为"批"进行一次性处理。如果你有信用卡，你的账单就能反映批处理的过程。也就是说，在这个月里，你的消费记录会保存在你的信用卡上。每次支付费用时，都会向信用卡公司发送交易的电子副本。在这个月的某个时候，该公司的数据处理部门将所有这些事务(以及许多其他客户的事务)放在一起，并同时处理它们。然后公司寄给你一张账单，上面写着你所欠的金额(参见图 11-2)。
- 实时处理：实时处理也称为联机处理，指在事务发生的同时处理数据。例如，每当你在 ATM 上提取现金时，就会进行实时处理。在你提供了账户信息和特定的取款金额后，银行的计算机会验证账户中是否有足够的资金。如果有，现金就会分配给

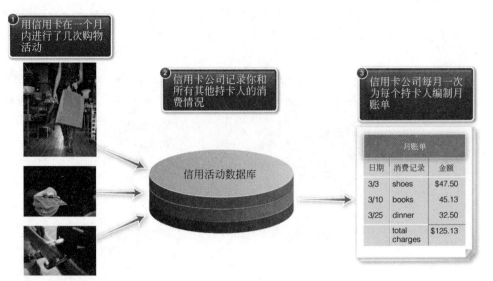

图 11-2　批处理：信用卡月账单

你，同时立即更新账户余额（参见图 11-3）。

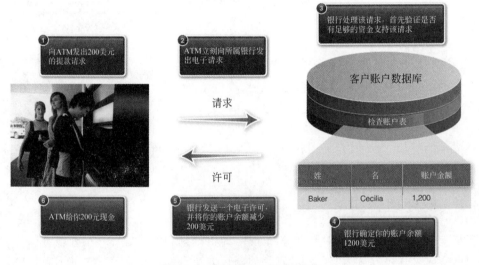

图 11-3　实时处理：ATM 提款

☑ 概念检查

■ 从逻辑的角度描述数据是如何组织或分类的。

■ 什么是关键字段，如何使用它们？

■ 比较批处理和实时处理。

11.4　数据库概述

许多组织机构都有关于同一主题或个人的多个文件。例如，客户的姓名和地址可以出现在销售部门、结算部门和信贷部门的不同文件中。这称为数据冗余。如果客户搬迁，则必须更新每个文件中的地址信息。如果忽略了一个或多个文件，就可能会导致问题。例如，订购的产品可能会发送到新地址，但账单可能会发送到旧地址。这种情况是由于缺乏数据完整性造成的。

此外，分散在不同文件中的数据也没有那么有用。例如，市场部可能想为订购大量商品的顾客提供特殊的促销服务。要筛选出这些客户，营销部门需要获得许可并访问结算部门的文件。如果所有数据都在一个共同的数据库中，效率就会高得多。数据库可以提供所需的信息。

11.4.1　对数据库的需求

对于一个组织机构来说，拥有数据库具有如下好处。

- 共享：在组织中，一个部门的信息可以随时与其他部门共享。通过账单数据，市场部门可以知道哪些客户订购了大量商品。
- 安全：赋予用户密码，他们只能访问授予权限的信息。因此，薪资部门可以使用雇员的薪资率，而其他部门则不能。
- 减少数据冗余：没有公共数据库，各个部门必须创建和维护自己的数据，就会产生数据冗余。例如，员工的家庭地址可能会出现在几个文件中。冗余数据导致存储空间利用率低和数据维护的问题。
- 数据完整性：当有多个数据源时，每个数据源都可能不同。一个客户的地址可以在一个系统中被列为"Main Street"，而在另一个系统中被列为"Main St."。有了这样的差异，很可能会将同一客户视为两个独立的个体。

11.4.2　数据库管理

为了创建、修改和访问数据库，就需要特殊的软件。该软件称为数据库管理系统，通常缩写为 DBMS(Database Management System)。

某些 DBMS，例如微软的 Access，是专门为个人计算机设计的。其他 DBMS 是为专用数据库服务器而设计的。DBMS 软件由 DBMS 引擎、数据定义、数据操纵、应用程序生成和数据管理 5 个子系统组成。

- DBMS 引擎建立了数据的逻辑视图和物理视图之间的桥梁。当用户请求数据(逻辑视图)时，DBMS 引擎将处理实际查找数据的细节(物理视图)。
- 数据定义子系统使用数据字典或模式定义数据库的逻辑结构。数据字典包含数据库中数据结构的描述。对于一个特定的数据项，它用于定义该特定字段的名称。它定义每个字段的数据类型(文本、数值、时间、图形、音频和视频)。Access 数据字典形式的一个示例如图 11-4 所示。
- 数据操纵子系统提供了维护和分析数据的工具。维护数据也称为数据维护。它包括添加新数据，删除旧数据和编辑现有数据等操作。分析工具支持查看数据的所有或选定部分,查询数据库和生成报表。具体的工具包括按例查询和一种称为结构化查询语言(SQL)的专用编程语言。(结构化查询语言和其他类型的编程语言将在第13章中讨论)。

- 应用程序生成子系统提供的工具包括创建数据输入表单和专用的编程语言,这些语言可与常见的、广泛使用的编程语言(如 C++ 或 Visual Basic)对接或协同工作。

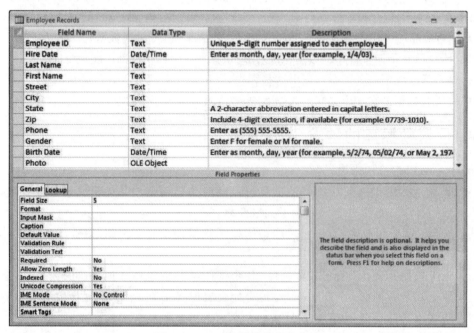

图 11-4　Access 的数据字典表单

Access 中应用程序生成子系统创建的数据输入表单如图 11-5 所示。

图 11-5　Access 的数据输入表单

- 数据管理子系统帮助管理整个数据库,包括维护安全性,提供灾难恢复支持和监视数据库操作的总体性能。大型组织机构通常雇用训练有素的计算机专业人员与数据管理子系统进行交互,这些专业人员称为数据库管理员 DBA(Database Administrator)。数据库管理员的其他职责包括确定处理权限或确定哪些人可以访问数据库中的哪种类型的数据。

☑ 概念检查

- 什么是数据冗余?什么是数据完整性?
- 拥有数据库有什么好处?
- 什么是 DBMS 软件?
- 列出 5 个基本子系统并对每个子系统进行描述。
- 什么是数据字典?什么是数据维护?什么是处理权限?

11.5 数据库管理系统

DBMS 程序用于处理逻辑上结构化或以特定方式排列的数据。这种排列称为数据库模型。这些模型为数据库中的所有数据定义规则和标准。例如,Microsoft Access 使用关系数据模型处理数据库。5 种常见的数据库模型是层次、网状、关系、多维和面向对象模型。

11.5.1 层次数据库

曾经,几乎所有为大型机设计的 DBMS 都使用层次数据模型。在层次数据库中,字段或记录是在结点中构造的。结点是像倒置树的枝干一样连接起来的点。每个条目都只有一个父结点,而父结点可能有几个子结点。这有时被描述为“一对多”的关系。要找到一个特定的字段,必须从顶部的父结点开始,向下搜索到对应的子结点。

像公司中管理人员的层次结构一样,系统中下面的结点从属于上面的结点。音乐文件的组织系统是层次数据库的一个例子(参见图 11-6)。父结点是特定用户的音乐库。这个父结点有 4 个子结点,都贴着“艺术家”的标签。“Coldplay”是其中的子结点之一,它又有三个自己的子结点。它们被贴上“专辑”的标签。“Greatest Hits”专辑有三个子结点,标签为“歌曲”。

层次数据库的问题是,如果删除一个父结点,那么所有从属的子结点都会被删除。此外,除非首先添加父结点,否则无法添加子结点。最重要的限制是结构的僵化:每个子结点只有一个父结点,子结点本身之间没有任何关系或连接。

11.5.2 网状数据库

针对层次数据模型的局限性,开发了网状模型。网状数据库也具有结点的分层排列。但是,每个子结点可能有多个父结点。这有时被描述为一种多对多的关系。父结点和子结点之间还有其他的连接,即指针。因此,可以通过多条路径到达某个结点。结点也可以通过不同的分支来搜索。

例如,一所大学可以使用这种类型的组织结构来记录学生的上课情况(参见图 11-7)。如

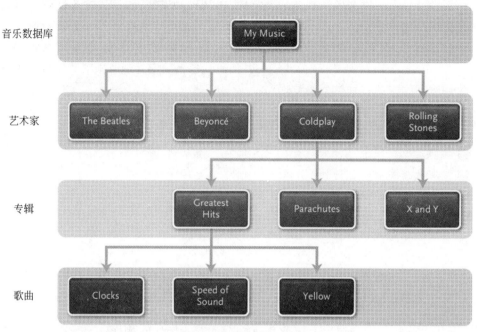

音乐数据库

艺术家

专辑

歌曲

图 11-6　层次数据库

果通过这种组织结构进行搜索,可以看到每个学生可以有一个以上的教师。每位教师也可以教授多门课程。学生可以选修一门以上的课程。这说明网状结构更灵活,在许多情况下比层次结构更有效。

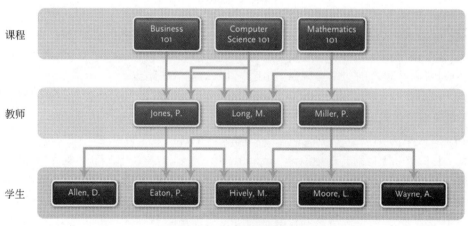

课程

教师

学生

图 11-7　网状数据库

11.5.3　关系数据库

关系数据库是更灵活的数据组织形式。在此结构中,没有到达某个层次的访问路径。相反,数据元素存储在不同的表中,每个表由行和列组成。表和表中的数据称为关系。

关系数据库的示例如图 11-8 所示。车主表包含所有注册司机的执照号码、姓名和地址。在表中，一行是包含某个司机信息的记录。每一列都是一个字段。这些字段是驾照号码、姓、名、街道、城市、州和邮政编码。所有相关表都必须有一个公共数据项，以便将存储在一个表中的信息与存储在另一个表中的信息连接起来。本例中，这三个表是由驾照号码字段关联的。

图 11-8　关系数据库

拦截超速汽车的警察可以使用驾驶员驾照号码在机动车管理部门的数据库中查找司机的信息（如图 11-9 所示）。他们还可以在未支付罚单表中检查任何未支付的交通违规行为。最后，如果警员怀疑这辆车是偷来的，他们可以在车辆表中查找司机所拥有的车辆信息。

图 11-9　机动车管理部门可以使用的关系数据库

关系数据库最有价值的特性是简单。条目可以很容易地添加、删除和修改。层次数据库和网状数据库则相对僵化。关系模型常用于个人计算机 DBMS(如 Access)中。关系数据库也广泛用于大型和中型系统中。

11.5.4　多维数据库

多维数据模型是关系数据模型的一个变体和扩展。关系数据库使用由行和列组成的表,而多维数据库则扩展这个二维数据模型以包括多个维度,有时称为数据立方体。数据可以被看作是一个有三个或多个边,并由单元格组成的立方体。立方体的每一条边都被认为是数据的一个维度。这样,就可以表示和有效地分析数据之间的复杂关系。

多维数据库比关系型数据库拥有更多的优势。最重要的两个优势是:

- 概念模型。多维数据库和数据立方体为用户提供了一个直观的模型,在该模型中可以对复杂的数据和关系进行概念化阐释。
- 处理速度。可以以更快的速度对大型多维数据库进行分析和查询。例如,在多维数据库中只需几秒钟就能完成的查询,可能需要几分钟或几个小时才能在关系数据库上完成。

11.5.5　面向对象数据库

其他的数据结构主要用于处理结构化数据,如姓名、地址、薪资等。面向对象的数据库更灵活,可以存储数据以及操作数据的指令。此外,这种结构的设计理念是为面向对象的软件开发提供输入,这部分内容将在第 13 章进行介绍。

面向对象数据库使用类、对象、属性和方法来组织数据。

- 类是事物的一般定义。
- 对象是类的特定实例,可以同时包含数据和操作数据的指令。
- 属性是对象所拥有的数据字段。
- 方法是检索或操作属性值的指令。

例如,一个健康俱乐部可能使用面向对象的雇员数据库(参见图 11-10)。该数据库使用 Employee 类来定义存储在数据库中的 employee 对象。该类的定义包括 First name、Last name、Address 和 Wage 属性以及 Pay 方法。Bob、Sarah 和 Omar 都是具有特定属性值的对象。例如,对象 Bob 存储了"Bob、Larson、191 Main St.、18"属性值。虽然层次数据库和网状数据库仍然被广泛地使用着,但如今关系、多维和面向对象数据模型更加流行。

有关 DBMS 组织结构的总结,请参见图 11-11。

☑ 概念检查

■ 什么是数据库模型?

■ 列出 5 个数据库模型并讨论每一个模型。

■ 关系数据库和多维数据库有什么区别?

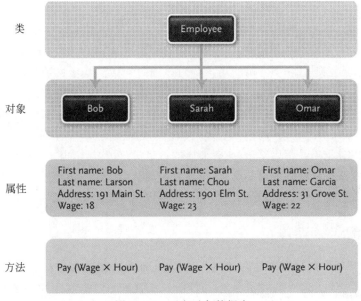

图 11-10　面向对象数据库

组织结构	说明
层次	按倒置的树形组织结点中的数据；每个父结点可以有几个子结点；每个子结点只能有一个父结点
网状	除了每个子结点可以有多个父结点外，其他与层次结构一样
关系	数据存储在由行和列组成的表中
多维	数据存储在具有三维或多个维度的数据立方体中
面向对象	使用类、对象、属性和方法组织数据

图 11-11　DBMS 组织结构总结

11.6　数据库类型

数据库可大可小，访问性可以是有限的，也可以是可广泛访问的。数据库可分为 4 种类型：个人数据库、公司数据库、分布式数据库和商业数据库。

11.6.1　个人数据库

个人数据库也称为个人计算机数据库。它是一个集成文档的集合，主要由一个人使用。通常，数据和 DBMS 由用户直接控制。这种数据库要么存储在用户的硬盘上，要么存储在局域网的文件服务器上。

在生活中，可能会经常发现这种数据库很有价值。例如，如果做销售，可以使用个人计算机数据库来跟踪客户；销售经理，可以跟踪销售人员和他们的表现；作为广告客户经理，可以跟踪不同项目和每个客户的收费时长。

11.6.2 公司数据库

当然,公司创建数据库是供自己使用的。公司数据库可以存储在中央数据库服务器上,并由数据库管理员管理。整个公司的用户都可以通过连接到局域网或广域网的个人计算机访问该数据库。

正如我们在第 10 章中所讨论的,公司数据库是管理信息系统的基础。例如,百货公司可以在数据库中记录所有销售事务;销售经理可以使用这些信息来查看哪些销售人员销售的产品最多;经理可以确定年终销售奖金;或者商店的订货员/采购员可以了解哪些产品卖得好,哪些卖得不好,并在重新订购时做出调整;一位高管可能会将商店的销售趋势与外部数据库中有关消费者和人口趋势的信息结合起来。这些信息可以用来调整整个商店的销售策略。

11.6.3 分布式数据库

很多时候,公司中的数据不是存储在一个位置,而是存储在多个位置上的。可以通过各种通信网络对其访问。这样的数据库是一个分布式数据库。也就是说,并非数据库中的所有数据都位于一个位置。通常,在客户机/服务器网络上的数据库服务器提供了数据之间的链接功能。

例如,有些数据库信息可以在区域办事处,有些信息可以在公司总部,有些可以在用户的当前位置,有些甚至在海外。一家连锁百货公司的销售数据可以存储在不同的商店,但地区办事处或连锁总部的高管都可以访问到所有这些数据。

11.6.4 商业数据库

商业数据库通常是一个组织机构为涵盖特定主题而开发的大型数据库。它向公众或特定的外部群体提供访问该数据库的有偿服务。有时,商业数据库也称为信息实用程序或数据银行。LexisNexis 就是一个例子,它提供各种信息收集和报告服务(参见图 11-12)。

一些最广泛使用的商业数据库是:

- Dialog 信息服务数据库——提供商业信息以及技术和科学信息。
- 道琼斯全球资讯数据库——提供商业、投资和股票方面的世界新闻和信息。
- LexisNexis 数据库——提供关于法律新闻、公共记录和商业问题方面的新闻和信息。

大多数商业数据库是为组织机构和个人使用而设计的。组织机构通常支付会员费,外加每小时的使用费。个人用户往往能够在数据库中免费检索现有信息的摘要。他们只需为那些深入调查而选定的信息付费。

4 种数据库类型的总结,请参见图 11-13。

📝 **概念检查**

▓ 列出 4 种类型的数据库并对其进行描述。

▓ 给出不同类型数据库的简单例子。

▓ 公司数据库和分布式数据库有什么区别?

图 11-12　商业数据库（LexisNexis）

类型	说明
个人数据库	只有一个人使用的集成文档
公司数据库	组织机构中共享的公共操作文件或常用文件
分布式数据库	在地理上广泛分布的数据库，并使用数据库服务器进行访问
商业数据库	可供用户使用的、多种主题的信息实用程序或数据银行

图 11-13　针对 4 种类型数据库的总结

11.7　数据库使用与问题

数据库为提高生产力提供了巨大的机会。事实上，现在认为公司资料库，也就是电子数据库，比书籍和期刊更有价值。然而，维护数据库意味着用户必须不断努力防止数据库被篡改或滥用。

11.7.1　使用策略

数据库帮助用户与时俱进、制定未来规划。为了满足管理人员和业务专业人员的需要，许多组织机构从各种内部和外部数据库中收集数据，然后将这些数据存储在一种称为数据仓库的特殊类型的数据库中。通常使用一种称为数据挖掘的技术来搜索这些数据库，以查找相关的信息和模式。

有数百个数据库可用于帮助用户实现一般的和特定的业务目标,包括:

- 商业目录,提供地址、金融、营销信息、产品、贸易和品牌名称。
- 人口数据,如县和市的统计数据、目前的人口和收入估计数、就业统计数据、普查数据等。
- 商业统计信息,例如关于上市公司的财务信息,某些零售商店的市场潜力以及其他商业数据和信息。
- 文本数据库,提供商业出版物、新闻稿、公司和产品评论等文章。
- 主题广泛的 Web 数据库,包括上述所有内容。如前所述,像谷歌这样的网络搜索网站拥有大量的可利用互联网内容的数据库。

11.7.2　安全

正是因为数据库如此宝贵,它们的安全性已经成为一个关键的问题。正如我们在第 9 章中所讨论的,数据库存在一些安全问题。一个值得关注的问题是,存储在数据库中的私人信息可能被用于错误的目的。例如,使用一个人的信用记录或医疗记录作为雇用或晋升的依据。另一个值得关注的问题是,未经授权的用户对数据库进行访问。过去已发生过多起计算机病毒针对数据库或网络进行的攻击。

从安全性出发,可能需要在公司机房设置警卫并检查每个进入者的身份。一些安全系统要求电子检查指纹(参见图 11-14)。对于使用广域网的组织来说,安全性特别重要。即便在没有实际进入受保护区域的情况下,也可能会发生违规行为。正如前几章所提到的,今天大多数大公司都使用称为防火墙的特殊硬件和软件来控制对其内部网络的访问。

图 11-14　安全:电子指纹扫描

☑ 概念检查

- ■ 什么是数据仓库? 什么是数据挖掘?
- ■ 什么是数据库安全问题?
- ■ 什么是防火墙?

11.8　IT 职业生涯

以上是对数据库的分析,下面介绍数据库管理员的职业生涯。

数据库管理员使用数据库管理软件来确定组织、访问公司数据的最有效方法。此外,数据库管理员通常负责维护数据库安全和备份系统。数据库管理是一个快速增长的行业,预计就业将大幅增长。

数据库管理员职位通常需要计算机科学、信息系统专业本科学历和技术经验。对于那些在这一行业寻找工作的人而言,实习经历和拥有最新技术经验是一个相当大的优势。可以把在金融等行业学到的技能结合到数据库管理的新职业中。为了实现这一目标,许多人寻求计算机科学方面额外的培训。

数据库管理员的年薪为 76 000~98 000 美元。晋升机会包括担任首席技术官或从事其他管理职位。

11.9　未来展望：未来的犯罪数据库

你曾经想象过一个没有暴力犯罪的世界吗？如果政府能够保证所有潜在的犯罪都能被提前制止,你愿意做什么(或者放弃什么)？我们即将通过庞大有力的数据库,以及能够分析数据并做出预测的计算机程序来实现这一目标。棘手的部分是数据库需要从每个居民身上获取大量的个人信息。展望未来,技术已经可以构建完善的犯罪数据库,并将继续发展以改善我们的生活。

目前,美国等国家的国家犯罪数据库致力于保存罪犯的个人数据。这些数据库不仅包含诸如姓名、出生日期等基本信息,而且还包含指纹、照片,甚至是 DNA 样本。假设罪犯的信息已经存储在数据库中,这样就可以更容易地查明在犯罪发生后是谁犯了罪。虽然罪犯最终会被抓获,但是对于无辜的受害者来说为时已晚。因此,研究人员目前正在研究扩大数据收集的可能性,然后使用有效的程序来找出谁有可能在未来犯下暴力罪行。

在过去的几年里,各种研究机构一直在探索能够预测犯罪行为的模型。它们分析了从儿童虐待到当前就业状况的对应数据。他们的目标是找出通常导致暴力犯罪行为的各种组合因素。其他研究人员正在深入研究人类 DNA,寻找任何可能与反社会或暴力行为相关的序列。如果可以找到这样的模式,那么我们所需要做的就是找到符合这些特征的个体。问题是,国家犯罪数据库没有包含全体居民的记录。此外,这些数据库也没有包含个人生活中每个层面的全部数据。然而,这种情况可能会改变。

多年来,犯罪数据库一直在扩大。然而,在美国,每个州都自主决定要收集的数据和收集数据的对象。一个州可能只从暴力罪犯和性犯罪者那里提取 DNA 样本,而另一个州则可能从犯有较轻罪行的人那里收集数据。如果未来的犯罪数据库要做出预测,执法部门就必须从生活在美国的每一个人那里提取 DNA 样本。此外,政府还需要访问所有包含此人信息的数据库——包括学校、企业、保险公司和医疗机构的数据库。只有这样,这些未来的程序才能预测哪些人具有可能导致潜在犯罪行为的模式。一旦这些人被发现,就可以授权执法部门进行密切监控,甚至可以通过心理或医疗援助进行干预。

如果可以开发出犯罪预测程序,需要收集的数据类型将会面临法律的挑战。每个人都要去权衡个人隐私与减少犯罪可能性之间的利弊。不可避免地,也要考虑到我们对政府的信任问题。你对这种未来的数据库有什么看法？你会相信具有所有这些个人和生物信息的政府吗？你认为为了安全而放弃隐私是值得的吗？

11.10 小 结

1. 数据组织

数据按照以下形式进行组织：

- 字符——最基本的逻辑元素，由单个数字、字母和特殊字符组成。
- 字段——字符的高一级层次，由一组相关字符组成。例如，一个人的姓氏。数据字段表示某个实体（人员、地点、事物或对象）的属性（描述或特征）。
- 记录——相关字段的集合。例如，由与一名雇员有关的数据字段组成的薪资记录。
- 表——相关记录的集合。例如，由所有雇员记录组成的薪资表。
- 数据库——相关表的集合。例如，人员数据库包含所有相关的雇员表。

（1）关键字

关键字段（主键）是一个记录中的字段，用于唯一标识一个记录。

- 表可以通过关键字字段与其他表相关联（连接）。
- 可以使用不同文件中的关键字字段来集成数据库中的数据。
- 常见的关键字字段是员工 ID 号和驾照号码。

（2）批处理与实时处理

传统上，有两种方式处理数据：批处理或实时处理。

- 批处理——在一段时间内收集数据，然后一次性处理（按"批"）。例如，每月的信用卡账单通常是通过处理过去一个月的信用卡购买活动而产生的。
- 实时处理（联机处理）——在事务发生的同时处理数据。直接访问存储设备使实时处理成为可能。例如，使用 ATM 的支取现金请求启动资金验证、批准或不批准、现金支付以及账户余额更新等操作。

为了高效、有效地使用计算机，需要理解数据字段、记录、表和数据库，需要了解数据库的不同架构方式和类型。此外，最需要知道的是数据库的使用方法和问题。

2. 数据库

数据库是逻辑相关的文档、记录等集成数据的集合。

（1）对数据库的需求

数据库的优点是共享数据、提高安全性、减少数据冗余和增强数据完整性。

（2）数据库管理

数据库管理系统（DBMS）是用来创建、修改和访问数据库的软件。DBMS 由 5 个子系统组成：

- **DBMS 引擎**提供了数据的逻辑视图和物理视图之间的桥梁。
- **数据定义子系统**使用数据字典或模式定义数据库的逻辑结构。
- **数据操作子系统**提供数据维护和数据分析工具，包括按例查询和结构化查询语言（SQL）。
- **应用程序生成子系统**提供了使用专用编程语言创建数据输入表单的工具。
- **数据管理子系统**管理数据库。数据库管理员（DBA）是帮助定义处理权限的计算机专业人员。

3. DBMS 的结构

DBMS 程序用于处理特定的数据结构或数据库模型。这些模型为数据库中的所有数据定义规则和标准。5 种主要的数据库模型是层次模型、网状模型、关系模型、多维模型和面向对象模型。

（1）层次数据库

层次数据库使用结点来连接、构造字段和记录；在"一对多"关系中，实体可能有一个父结点和多个子结点。

（2）网状数据库

网状数据库类似于层次结构，但在"多对多"关系中子结点可能有多个父结点。其他连接称为指针。

（3）关系数据库

关系数据库中的数据存储在表（关系）中。相关表必须有公共数据项（关键字字段）。表及表中的数据称为关系。

（4）多维数据库

多维数据库将二维的关系表扩展到三维或更多维度，有时称为数据立方体。

多维数据库提供了比关系数据库更灵活的结构，提供了一种更直观的数据建模方法。

（5）面向对象数据库

面向对象数据库存储数据、指令和非结构化的数据。使用类、对象、属性和方法来组织数据。

- **类**是事物的一般定义。
- **对象**是类的特定实例，可以同时包含数据和操作数据的指令。
- **属性**是对象所拥有的数据字段。
- **方法**是检索或操作属性值的指令。

4. 数据库的类型

有 4 种类型的数据库：

- 个人（个人计算机）数据库：由一个人使用。
- 公司数据库：存储在中央服务器上，可被多人访问。
- 分布式数据库：地理上分散分布，通过通信链路访问。
- 商业数据库（信息实用程序和数据银行）：规模巨大，用于特定主题。

5. 数据库的使用和相关问题

数据库为提高生产力提供了一个很好的可能性；然而，安全性始终是一个令人关注的问题。

（1）使用策略

数据仓库支持数据挖掘。数据挖掘是一种搜索和探索数据库中相关信息和模式的技术。

（2）安全

数据的非法使用和未经授权的访问是两个重要的安全问题。大多数组织机构使用防火墙来保护它们的内部网络。

6. IT 职业生涯

数据库管理员使用数据库管理软件来确定组织、访问公司数据的最有效方法。他们还负责数据库安全和系统备份。要求计算机科学、信息系统专业本科学历和技术经验。年薪为 76 000～98 000 美元。

11.11 专 业 术 语

按例查询（query-by-example）

表（table）

层次数据库（hierarchical database）

处理权限（processing rights）

对象（object）

多对多关系（many-to-many relationship）

多维数据库（multidimensional database）

方法（method）

防火墙（firewall）

分布式数据库（distributed database）

父结点（parent node）

个人计算机数据库（personal computer database）

个人数据库（individual database）

公司数据库（company database）

共同数据项（common data item）

关键字段（key field）

关系（relation）

关系数据库（relational database）

记录（record）

结点（node）

结构化查询语言（structured query language, SQL）

类（class）

联机处理（online processing）

逻辑视图（logical view）

面向对象数据库（object-oriented database）

模式（schema）

批处理（batch processing）

商业数据库（commercial database）

实时处理（real-time processing）

实体（entity）

属性（attribute）

数据（data）

数据仓库（data warehouse）

数据操纵子系统（data manipulation subsystem）

数据定义子系统（data definition subsystem）

数据管理子系统（data administration subsystem）

数据库（database）

数据库管理系统（database management system，DBMS）

数据库管理员（database administrator，DBA）

数据库模型（database model）

数据库引擎（DBMS engine）

数据立方体（data cube）

数据冗余（data redundancy）

数据挖掘（data mining）

数据完整性（data integrity）

数据维护（data maintenance）

数据银行（data bank）

数据字典（data dictionary）

网状数据库（network database）

物理视图（physical view）

信息实用程序（information utility）

一对多关系（one-to-many relationship）

应用程序生成子系统（application generation subsystem）

指针（pointers）

主键（primary key）

子结点（child node）

字段（field）

字符（character）

11.12　习　　题

一、选择题

圈出正确的字母。

1. 关于人、地点、事物和事件的事实或观察是：

　　A. 数据　　　　　　　B. 事件　　　　　　　C. 记录　　　　　　　D. 表

2. 最基本的逻辑数据元素，例如单个字母、数字或特殊字符称为一个：

　　A. 字符　　　　　　　B. 元素　　　　　　　C. 短语　　　　　　　D. 记录

3. 数据库中的每个记录至少具有一个特殊字段，称为：

　　A. 关键字段　　　　　B. 结构　　　　　　　C. 类型　　　　　　　D. 视图

4. 数据库安全的一个要素是只向授权用户提供：

　　A. 类　　　　　　　　B. 结点　　　　　　　C. 密码　　　　　　　D. 关系

5. 数据的逻辑视图和物理视图之间的桥梁是通过以下方式提供的：

　　A. DBMS(数据库管理系统)　　　　　　　B. 记录

　　C. SQL(结构化查询语言)　　　　　　　　D. 表

6. 与数据管理子系统交互的训练有素的计算机专家被称为：

　　A. DBMS(数据库管理系统)　　　　　　　B. 数据库模型师

　　C. DBA(数据库管理员)　　　　　　　　　D. 关系专家

7. 在网状数据库中，每个子结点可能有多个父结点；这称为：

　　A. 层次　　　　　　　B. 多对多关系　　　　C. 父母关系　　　　　D. 关系型关系

8. 父结点和子结点之间的连接由以下方法提供：

　　A. 字符　　　　　　　　　　　　　　　　　B. DBA

　　C. 对象　　　　　　　　　　　　　　　　　D. 指针

9. 与关系数据库相比，多维数据库最重要的两个优点是处理速度和：

　　A. 概念化　　　　　　B. 控制　　　　　　　C. 格式　　　　　　　D. 对象化

10. 面向对象数据库按类、属性、方法和(　　　　)组织数据。

　　A. 对象　　　　　　　C. 空间　　　　　　　B. 关系　　　　　　　D. 时间

二、匹配题

将左侧以字母编号的术语与右侧以数字编号的解释按照相关性进行匹配，把答案写在画线的空格处。

　　a. 属性　　　　　　　____ 1. 视图，该视图关注数据的实际格式和位置。

　　b. 批处理　　　　　　____ 2. 一组相关字符。

　　c. 分布式结构　　　　____ 3. 在几个小时、几天甚至几周内收集数据，然后一次性处理的处理类型。

　　d. 字段

　　e. 层次结构　　　　　____ 4. 在各个部门创建和维护自己的数据时经常发生的数据问题。

　　f. 物理视图

g. 冗余　　　　　　＿＿＿5. 数据字典的另一个名称。

h. 关系结构　　　　＿＿＿6. 数据库结构的类型,其中字段或记录是在连接的结点中进
　　　　　　　　　　　　　　　行构造的,这些结点就像倒挂树的分支。

i. 模式

j. 速度　　　　　　＿＿＿7. 数据库结构的类型,数据元素存储在不同的表中。

＿＿＿8. 多维数据库最重要的两个优点是概念化和处理＿＿＿。

＿＿＿9. 面向对象的数据库通过类、对象、方法和＿＿＿组织数据。

＿＿＿10. 数据库类型,使用通信网络将存储在不同位置的数据链
　　　　　接起来。

三、开放式问题

1. 描述数据组织的 5 种逻辑形式或类别。

2. 批处理和实时处理有什么区别?

3. 确定并定义 DBMS 程序的 5 个部分。

4. 分别描述 5 种常用的数据库模型。

5. 数据库有哪些优点和局限性? 为什么需要关心安全问题?

四、讨论题

1. 应用技术:互联网电影数据库

互联网电影数据库(IMDb)是一个流行的商业数据库。登录该网站,浏览其中的内容,搜索一些电影,然后回答以下问题:①IMDb 包含了哪些类型的信息? ②你搜索了什么?结果是什么? ③根据你对数据库的了解,你认为 IMDb 是关系数据库还是层次数据库? 证明你的结论。

2. 技术写作:信息共享

目前,公司会收集关于用户购买记录和个人消费习惯方面的信息。有时,公司间会分享信息,以建立详细的用户信息档案。有人建议立法规范或停止这类交换。考虑一下你对这种信息交换的感受,然后回答以下问题:①哪些伦理和隐私方面的问题是与分享个人数据的公司相关的? ②消费者如何从中受益? ③这是否会伤害消费者? 如果杂货店将你的购物信息分享给你的人寿保险公司,会发生什么? ④你认为消费者在个人信息收集的隐私方面应该享有哪些权利? 如何执行这些权利? 阐述你的观点。

3. 技术写作:数据库安全

保障数据库中数据的安全通常与数据库设计一样重要。通过网络研究数据库的安全性,然后回答以下问题:①描述数据库必须预防的几个安全风险。②描述为确保数据库安全可以采取的一些步骤。

第 12 章　系统分析与设计

为什么阅读本章

当一个组织设计和实现一个新的系统时,一些工作就可能岌岌可危了。一个设计良好的系统可以创造一个职业;反之,如果设计得不好,则可能会毁掉一家公司。系统分析与设计详细说明了该如何创建新系统的框架。未来,信息系统将依赖基于云的服务,使升级更容易,并提供更高的安全性和可靠性。

本章将介绍每个人为这个日新月异的数字世界做好准备而需要了解的知识和技能,其中包括:

- 系统生命周期——理解信息系统开发的各个阶段,避免混淆、失误和低效。
- 原型设计和快速开发——学习系统生命周期的最新替代方案,以快速有效地响应意想不到的系统设计挑战。

学习目标

在读完本章后,读者应当能够:

① 描述系统生命周期的 6 个阶段。
② 识别信息需求并制定可行的解决方案。
③ 分析现有的信息系统,并评估替代系统的可行性。
④ 识别、获取和测试新的系统软件和硬件。
⑤ 从现有的信息系统切换到一个风险最小的新系统。
⑥ 完成系统的审计和定期评估。
⑦ 描述原型和快速应用程序开发。

12.1　引　　言

组织机构中的大多数人都参与了某种形式的信息系统。对于一个创建系统并有效使用它的组织机构来说,完成上述工作需要相当多的思考和努力。幸运的是,实现这一目标可以被划分成 6 个阶段。其整个过程称为系统分析与设计。

大的组织机构可能会犯大的错误。例如,一家大型汽车制造商曾经花了 400 亿美元在自动化工厂中投入工厂机器人和其他高科技产品。不幸的是,制造商永远无法使这些新变化发挥作用,只能拆除大部分设备并重新安装其原有的生产系统。为什么高科技生产系统会失败? 可能的原因是,没有足够的精力用于培训员工使用新系统。

政府也会犯大错误。一年之内,美国国税局计算机系统不堪重负,无法及时提供退税。这是怎么发生的? 尽管在大部分的系统中存在广泛的测试,但是并不是所有的测试都能够完成。

因此,当新系统被逐步实施时,美国国税局发现它不能像预期的那样迅速地处理纳税申报。

这两个例子都说明了进行全面规划的必要性——特别是当一个组织正在尝试实现一种新的系统时。系统分析与设计降低了这种巨大失败的可能性。

为了有效地使用计算机,需要了解系统分析与设计的重要性,需要了解组织机构的图表与其管理结构之间的关系。此外,需要了解系统开发生命周期的 6 个阶段:初步调查、系统分析、系统设计、系统开发、系统实现和系统维护。

12.2 系统分析与设计概述

我们在上一章中描述了不同类型的信息系统。现在让我们考虑:到底什么才算得上是一个系统? 我们可以把它定义为一组活动和元素,组织在一起用于实现一个目标。正如我们在第 10 章中所看到的,信息系统是硬件、软件、人员、程序文档、数据和互联网的集合。这些元素协同工作提供了运行一个组织机构所必需的信息。这些信息有助于生产产品或服务,并为以利润为导向的企业带来利润。

关于收到的订单、产品发货、欠款等诸如此类的信息,从外部流入一个组织机构。关于哪些供货已经收到,哪些客户已经支付了账单,等等,这些信息也在组织机构内部流动。为了避免混淆,信息的流动必须遵循由一组规则和过程确定的路径。但是,有时,组织机构需要改变它们的信息系统。原因包括组织机构的增长、合并和收购,新的市场机会,政府规章的修订以及新技术的使用等。

系统分析与设计是一个包含 6 个阶段的问题解决过程,用来检查和改进信息系统。这6 个阶段构成了系统生命周期(如图 12-1 所示)。

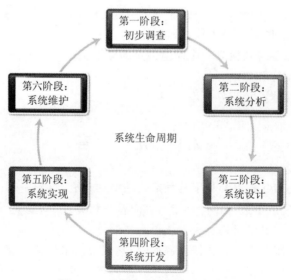

图 12-1 系统生命周期的 6 个阶段

这些阶段如下:

① 初步调查:确定和总结组织机构存在的问题或需求,并形成一个简短报告。

② 系统分析：对当前系统进行深度研究。新的需求被确定并形成文档。

③ 系统设计：设计一个新的或替代性的信息系统，并给出设计报告。

④ 系统开发：获取、开发和测试新的硬件和软件。

⑤ 系统实现：安装新的信息系统，并且培训用户来使用该系统。

⑥ 系统维护：在这个持续进行的阶段，系统根据需要定期进行评估和更新。

在组织机构中，这个 6 阶段系统生命周期是由计算机专业人士使用的，这些人也被称为系统分析员。系统分析员研究组织机构的系统，确定要采取什么行动，以及如何使用计算机技术来帮助组织机构。

作为一个最终用户，不管是独自工作，还是与系统分析师一起工作，理解系统的生命周期如何工作是十分重要的。事实上，最终用户可能需要使用这个过程。

越来越多的最终用户开发自己的信息系统。这是因为许多组织机构中，系统分析师有三年的工作积压。例如，假设用户意识到在其组织机构中需要某些信息，获得这些信息需要引入新的硬件和软件，用户就会去系统分析师那里寻求有关这些事宜的专家级帮助。这时，用户会发现系统分析人员工作过度劳累，需要三年时间才能满足用户的请求！这就是许多管理者自己来学习如何完成这 6 个阶段的原因。

在任何情况下，学习本章叙述的 6 个阶段将提高用户的计算机的效率和有效性。它也会带给用户能够解决各种各样问题的技能。对一个组织机构来说这些技能可以让用户更有价值。

☑ **概念检查**

■ 什么是系统？

■ 系统生命周期的 6 个阶段。

■ 系统分析员做什么？

12.3　第一阶段：初步调查

系统生命周期的第一阶段是为提出的项目做初步调查，确定构建一个新的信息系统的必要性。这通常是由最终用户或经理提出的，他们需要对一些不合理的事情进行改善。例如，假设你为**优势广告公司**工作，这是一家快速成长的广告公司。优势广告公司可以为许多不同的客户设计大量不同的广告。该机构既雇用正式员工，也雇用兼职自由职业者。你的责任之一是记录为每个客户所做的工作以及完成工作的员工。此外，你为每个项目编制最终的账单。

你如何弄清楚哪些客户需要为哪些员工所做的哪些工作支付费用？这类问题对许多服务型组织都是普遍存在的（如律师事务所和承包公司）。事实上，这在任何组织机构中都是一个问题，雇员依据他们的工作时间来获取佣金，而客户需要工作时间的证明。

在第一阶段，系统分析师或最终用户关心三个任务：①简要地明确问题，②提出替代方案，③准备一个简短的报告（参见图 12-2）。这个报告将帮助管理层来决定是否进一步推进该项目。（如果你是一个最终用户，你可能不会产生一个书面报告。相反，你可能会直接向你的上级报告自己的想法。)

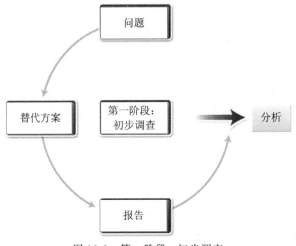

图 12-2   第一阶段：初步调查

12.3.1   明确问题

明确问题意味着检查当前使用的信息系统。通过采访和观察确定需要哪些信息？这些信息由谁使用，什么时候使用，为什么使用。如果是大型信息系统，这项调查应该由一个系统分析师完成。如果系统很小，调查可以由最终用户完成。

例如，假设**优势广告公司**的客户经理、文案和平面设计师将他们目前在不同工作上花费的时间记录在他们的台历上。可能的例子是，"A 客户，电话会议，15 分钟"；"B 客户，设计布局，2 小时"。

在采访了几个客户经理和倾听他们的挫折经历之后发现，这个方法有点杂乱无章。参见图 12-3。需要呈现给客户的日历条目写得太不专业了。此外，一个大的项目经常有很多人为之工作，很难将所有的工作整合在一起为客户形成一个清单。一些自由职业者在家里工作，他们的时间是不定的。这些都明确表明现存问题是：公司现有的手动时间计费系统速度太慢了，而且难以使用。

图 12-3   确定当前系统存在问题的一个步骤是高管访谈

作为一个最终用户,在使用这个系统的过程中,你可能会遇到困难。例如,你在别人的办公室,可能有一个客户打电话给你,但是你的桌面日历在你自己的办公室。此时你有两个选择:你可以随身携带你的日历,或者在你回到办公室的时候,你需要仍然记得记录在什么的事务上花费了多长时间。向客户经理报告的行政助理会不断要求你(和其他人)提供有关日历行程的复印件,这样不同的客户就可以为你所完成的不同任务的工作量支付费用。

毫无疑问,你认为一定会有一个更好的方法来处理上述的时间和计费。

12.3.2　提出替代系统

简而言之,这一步是为目前的工作体系提出一些可能的替代品。例如,**优势广告公司**可以雇佣更多的行政助理,从每个人的日历(包括打电话给在家工作的人)收集信息,也可以使用工作人员和自由职业者目前使用的联网计算机,用现有系统来完成上述工作。也许,你会认为已经有一些现成的打包软件可用于时间计费系统,至少会让你自己的工作更容易。

12.3.3　准备简短的报告

对于大型项目,系统分析师会写一个总结报告,总结初步调查的结果以及建议的替代系统。该报告还可能包括项目系统的下一步发展。这个报告提交给更高层的管理人员,提出继续该项目还是中止该项目的建议。管理层会决定是否执行第二阶段,即系统分析。

对于优势广告公司,这样的报告可能会指出频繁的计费延迟问题。甚至可以说,有些工作是不被处理的"漏网之鱼"或没有收取费用。因此,正如分析师所言,项目可能仅通过消除丢失或遗忘的费用就能判断值得投资。

☑ 概念检查

- 初步调查阶段的目的是什么?
- 在这个阶段,系统分析师关心的三个任务是什么?
- 由谁确定是否启动第二阶段?

12.4　第二阶段:系统分析

在第二阶段,即系统分析阶段,会收集关于当前系统的数据。这些数据随即会被分析,并确定新的需求。这里我们不关心新的设计,只关注新系统的需求。系统分析涉及采集和分析数据。通常是通过将分析报告形成文档来完成系统分析(参见图 12-4)。

12.4.1　数据采集

在采集数据时,系统分析师或最终用户进行系统分析工作,即对第一阶段采集的数据进行扩充,并要添加有关当前系统如何工作的详细信息。数据是从观察和访谈中获得的。此外,对使用该系统的人进行问卷调查,也可以获得数据。对描述正规的权力系统和标准工作流程的文档进行研究,从中也能获得数据。组织结构图就是这样一份文档,它显示了管理层

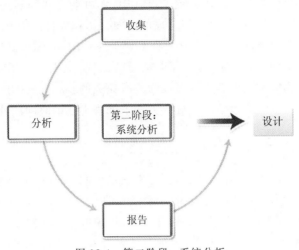

图 12-4   第二阶段：系统分析

次和正规的权力系统。

12.4.2   数据分析

在数据分析步骤中，要弄清楚目前信息是如何流动的，并明确指出为什么信息流动不合理。这一步的关键之处是把信息流动逻辑运用到现有安排中，研究其可行程度如何。很多时候，因为未遵循规定的程序，当前系统没有正确操作。也就是说，系统可能不需要重新设计。相反，需要向系统中的人显示如何遵循正确的流程。

在分析阶段，有许多不同的工具来帮助系统分析人员和最终用户。其中最重要的有自顶向下的分析方法、网格图、系统流程图、数据流图和自动设计工具。

- **自顶向下的分析方法**：自顶向下的分析方法用于标识一个复杂系统的顶层组件。然后每个组件被分解成越来越小的组件。这种方法使得每个组件更容易分析和处理。

    例如，系统分析员可能会查看当前提交给客户的复杂广告活动的账单。分析师可能会记录支出项的类别：雇员工资、电话和邮寄费用、差旅费、用品费等。

- **网格图**：一个网格图会显示输入和输出文档之间的关系。

    例如，时间表是生成一个特定报告（如客户的账单）的许多输入之一，其他输入可能是电话会议和差旅费的单据。在网格表上，列表示输入，如时间表；行表示输出文档，如不同客户的账单。在行和列交叉位置的复选标记，意味着输入文档已经用于创建输出文档。图 12-5 展示了数据输入和输出之间的关系。

- **系统流程图**：系统流程图所使用符号的解释显示在图 12-6 中。系统流程图显示了数据从输入到处理、最后到输出的流程。系统流程图的一个例子是记录广告创意人员的时间，如图 12-7 所示。注意，系统流程图描述的是现行的人工的（或者说非计算机化的）系统。（系统流程图不同于程序流程图，后者是非常详细的。程序流程图将在第 13 章中讨论。）

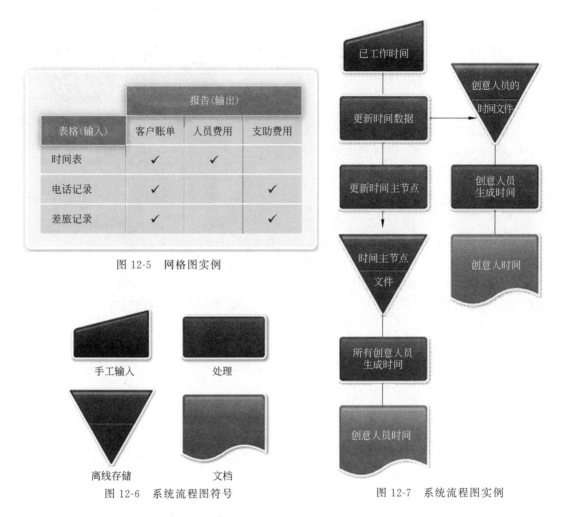

图 12-5　网格图实例

图 12-6　系统流程图符号

图 12-7　系统流程图实例

- **数据流图**：数据流图显示一个信息系统的数据流或信息流。数据从起源到处理、存储和输出的完整过程都被记录下来。图 12-8 展示了数据流图的一个例子，所使用符号的解释如图 12-9 所示。

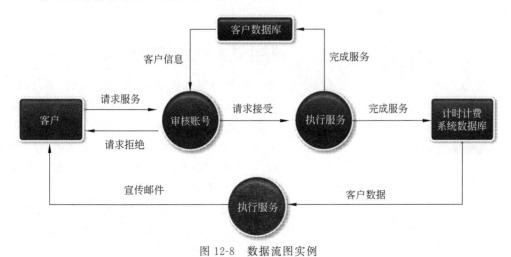

图 12-8　数据流图实例

- **自动设计工具**：自动设计工具是按照系统分析师给出的需求，能够自动评估可替换软硬件的软件包，又被称为计算机辅助软件工程（CASE）工具。这些工具并不局限于系统分析，同样可以用于系统的设计和开发。CASE工具缓解了系统分析师的许多重复性任务，能制定清晰的文档，同时对大型项目而言，还能协调团队成员的活动。

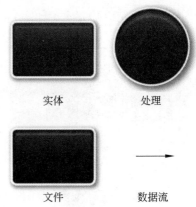

实体　　　　　　处理

文件　　　　　　数据流

图 12-9　数据流图符号

12.4.3　系统分析总结

在较大的组织机构中，系统分析阶段最后通常编写一份报告，以供更高的管理层使用。系统分析报告描述了当前信息系统、新系统的需求以及可能的开发计划。例如，在**优势广告公司**，系统流程图显示人工时间计费系统中的当前信息流。在系统流程图中的一些模块可能会被符号替代，这些符号表示计算机化的信息系统能做得更好。

管理层将研究报告，并决定是否继续这个项目。让我们假设更高层管理者已经决定继续项目。现在进入第三阶段——系统设计。

☑ 概念检查

■ 分析阶段的目的是什么？

■ 列表描述 5 个重要的分析工具。

■ 什么是系统分析报告？

12.5　第三阶段：系统设计

第三阶段是系统设计。它由三个任务组成：①设计替代系统，②选择最佳的系统，③编写系统设计报告，参见图 12-10。

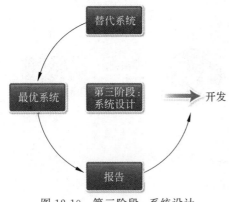

替代系统

最优系统　　第三阶段：系统设计　　→ 开发

报告

图 12-10　第三阶段：系统设计

12.5.1　设计替代系统

在几乎所有情况下，不止一个设计可以满足信息需求。系统设计师评估每个替代系统的可行性。可行性指的是三个方面：

- **经济可行性**：新系统所承诺的收益能证明其成本是合理的吗？新系统要多久才能盈利？
- **技术可行性**：可靠的硬件、软件和培训能使系统工作吗？如果不能，可以想办法获得吗？

- **操作可行性**：在组织机构中，系统可以真正工作吗？或者说，人员——雇员、经理、客户——抵制这个系统吗？

12.5.2 选择最优系统

在选择最好的设计时，管理者必须考虑 4 个问题：①系统与组织机构的整体信息系统运行是否匹配；②系统是否足够灵活，能够应对未来的修改；③对未经授权的使用，系统能否保证安全；④系统的收益是否大于成本。

例如，就**优势广告公司**而言，必须考虑的一个方面就是安全。是允许自由职业者和客户直接把数据输入计算机的时间计费系统，还是应该保持手动提交时间表？在允许这些人直接输入信息外，还允许他们访问他们不应该看到的文件吗？也许，这些文件包含的机密信息，是那种**优势广告公司**的竞争对手能获利的机密信息。

12.5.3 撰写系统设计报告

系统设计报告是为更高层管理人员准备的，它详细描述了可选的设计方案，展示了设计方案的成本效益比，说明了替代方案对组织影响。它通常得出的结论是，建议选择其中的一个设计方案。

☑ **概念检查**

■ 设计阶段的目的是什么？

■ 区分经济可行性、技术可行性和操作可行性。

■ 在选择最好的系统设计时，确定需要考虑的因素。

12.6 第四阶段：系统开发

第四阶段是系统开发。它有三个步骤：①获取软件，②获取硬件，③测试新系统，参见图 12-11。

12.6.1 获取软件

新信息系统的应用软件可以通过两种方式获得。它可以购买现成的打包软件，并可能对打包软件进行修改；也可以专门设计。如果需要创建专用的软件，在接下来的第 13 章将会介绍其开发步骤。

在系统分析人员的帮助下，你可以看到为服务型组织设计的时间计费打包软件。不幸的是，你发现打包软件不能满足要求。似乎大部分的软件包都只适合一个人。然而，似乎没有一个软件是专为许多人协同工作而设计的。看起来，

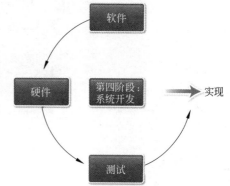

图 12-11 第四阶段：系统开发

软件将不得不进行定制设计。(我们在 13 章中讨论软件开发的流程)。

12.6.2　获取硬件

一些新系统可能不需要新的计算机设备,但有些系统会。所以需要确定需要什么设备,以及系统需要安装在什么地方。这是一个非常重要的问题。切换或升级设备会是一个非常昂贵的提议。随着公司的发展,个人计算机系统还足够吗?网络是可扩展的吗?使用者需要忍受昂贵的培训吗?

系统分析师会告诉你,在**优势广告公司**目前正在使用几种不同的厂家和型号的个人计算机。幸运的是,所有计算机都通过局域网连接到保存时间计费数据的文件服务器。为维护安全,系统分析师建议,可以为公司之外的自由职业者安装电子邮箱,他们可以使用这个电子邮箱提交计时数据。因此,现有的硬件能够顺利运行。

12.6.3　测试新系统

软件和设备安装后,就要对系统进行测试。将样本数据输入系统中,然后评估这些处理过的信息,查看其结果是否正确。如果新系统很复杂,测试可能需要几个月的时间。

在测试步骤中,请创意服务部门的人员测试系统,参见图 12-12。观察到有些人不知道从哪里输入他们的工作时间。为了解决这个问题,需要修改软件,以改进显示的用户输入界面。在系统彻底进行了必要的测试和修正后,才可以把它投入使用。

图 12-12　为测试系统,需输入样本数据并解决问题

☑ **概念检查**

● 开发阶段的目的是什么?

● 获取应用软件的方法有哪些?

12.7　第五阶段：系统实现

第五阶段是系统实现，其另一个名称是转换，即从旧系统转换到新系统，并且训练人员使用新系统的过程。

12.7.1　转换类型

转换方法有 4 种：直接转换、并行转换、试点转换和分阶段转换。

- 在**直接转换**的方法中，转换是通过放弃旧系统，启动新系统来实现的。这可能会有风险。如果新系统出现任何错误，不能退回去使用旧系统。

  直接的方法不可取，因为它风险太大。一个新的系统几乎总是会出现或大或小的问题。在大型系统中，一个问题可能就意味着灾难。

- 在**并行转换**的方法中，新老系统是并行运行的，直到新系统被证明是可靠的。

  这种方法的风险低。如果新系统失败，组织就可以切换到旧系统继续运行。然而，同时保持足够的设备和人来有效管理两个系统的开销非常昂贵。因此，只有在发生故障或中断操作，损失巨大的情况下才使用并行方法。

- 在**试点转换**方法中，新系统仅在组织机构的一个部门进行试用。一旦系统在该部门运行平稳，就推广到组织机构的其他部门。

  试点转换的方法肯定比并行的方法更加便宜。但它还有一定的风险。然而风险可以控制，因为问题仅局限于组织机构的某些部门，问题不会影响整个组织机构。

- 在**分阶段**方法中，新系统在一段时间内逐渐实现。整个实现过程分解成多个部分或阶段。实现过程从第一阶段开始，一旦成功，则第二阶段开始。这一过程持续进行，直到所有阶段操作顺利。通常，这种方式代价昂贵，因为实现总是需要慢慢地完成。然而，它无疑是风险最小的方法之一。

在一般情况下，试点和分阶段方法是最受欢迎的。当在一个组织机构中许多人执行相似的操作时，试点转换是首选，例如，在同一家百货商店的所有销售人员。分阶段更适合一个组织机构内的员工执行不同操作的情形。

在最高管理层的支持下，你和系统分析师决定试点实施。这种方法被选中，部分原因是基于成本并且可以找到具有代表性的用户组。创意服务部门预先测试了系统，并支持采用新系统。该部门的一个组将会试用该时间计费系统。

12.7.2　培训

毋庸置疑，对用户进行培训是很重要的。不幸的是，它是最常见的被忽视的活动之一。有些人可能很早就开始训练，甚至早在设备交付之前，这样他们可以更容易进行调整。在某些情况下，会引入专业的软件培训师向人们展示如何操作这个系统。然而，**优势广告公司**时间计费软件的使用非常简单，系统分析师足以胜任培训师的工作。

☑ **概念检查**

■ 实现阶段的目标是什么？

■ 简要介绍了 4 种转换方法。

■ 哪两种转换方法受到组织机构的青睐？

12.8 第六阶段：系统维护

系统维护阶段在实现阶段之后，是系统生命周期中的最后一个步骤。这是一个非常重要的要长期进行的活动。和其他任何阶段相比，大多数组织机构在本阶段花费更多的时间和金钱。维护有两部分：系统审计和定期评估。

在系统审计过程中，需要把系统的性能与原设计规范进行比较，以便确定新系统实际上是否有更高的生产率。如果新系统做不到，则系统需要改进重新设计。

系统审计后，如果有必要的话，新的信息系统会进行进一步的修改。所有系统都需要时时评估，确定其是否达成目标，并能够提供其期望的功能。

☑ **概念检查**

■ 维护阶段的目的是什么？

■ 说出维护的两个部分。

在图 12-13 中总结了系统生命周期的 6 个阶段。

阶段	活动
1. 初步调查	明确问题、提出替代方案、准备简短报告
2. 系统分析	数据采集、数据分析、形成文档
3. 系统设计	设计替代系统、选择最优替代系统 · 撰写报告
4. 系统开发	开发软件、获取硬件、测试系统
5. 系统实现	转换、培训
6. 系统维护	执行系统审计、定期评估

图 12-13 系统生命周期的总结

12.9 原型和快速应用程序开发

系统分析与设计是否有必要经历系统生命周期的每一个阶段？经历每一个阶段可能是理想情况，但往往没有时间去这么做。例如，硬件的更新可能会很快，以至于有没有机会去对硬件进行评估、设计和测试，以检测其是否像描述的那样。有两个替代方法需要的时间更少，它们是原型设计和快速应用程序开发。

12.9.1　原型设计

原型意味着建立一个模型或原型,可以在实际的系统安装之前进行修改。例如,优势广告公司的系统分析师可能开发一个建议的菜单或原型菜单,作为时间计费系统的一个可能的屏幕显示。用户将进行尝试并向系统分析师提供反馈。系统分析师将修改原型,直到用户认可。通常,原型设计的开发时间更短;然而,有时更加难以管理项目、控制成本,见图 12-15。

图 12-14　Serena 提供的原型软件

12.9.2　快速应用程序开发

快速应用程序开发(RAD)涉及强大的软件开发工具、小型的专业团队和训练有素的人员。例如,优势广告公司的系统分析师会使用专门的开发软件(类似 CASE 软件),精选的用户和管理人员组成小团队,并从其他高资质分析师那里获得帮助。虽然时间计费系统开发可能会花费更多,但开发时间更短,系统的完成质量会更好。

☑ 概念检查

⬤ 什么是原型?

⬤ 什么是 RAD?

⬤ 在系统生命周期的方法中,快速应用程序开发的两种方法的优势是什么?

12.10　IT 职业生涯

前面介绍了系统分析与设计的相关知识，下面介绍系统分析师的职业生涯。

系统分析师遵循着系统生命周期中所描述的步骤。分析师计划和设计新系统，或重组公司的计算机资源以求最佳利用。分析师经历系统生命周期中的所有步骤：初步调查、分析、设计、开发、实现和维护。

系统分析师的职位通常需要计算机科学专业或信息系统和技术专业本科或专科学历。在这个行业中，如有实习和最新技术的使用经验，对于那些寻求工作的人，是一个相当大的优势。系统分析师可以赚取 50 000～64 000 美元的年薪。未来晋升的职位是首席技术官或其他管理职位。

12.11　未来展望：跟上技术发展的挑战

你注意到新产品和服务发布的速度了吗？你最喜欢的网站是否经常更新以跟上竞争对手？大多数观察人士坚定地相信商业活动的步伐正在加速。在很多情况下，开发产品并把它推向市场，耗时只是几个月，而不再以年计算。特别是互联网技术，为快速推出新产品和新服务提供了工具支持。正如我们对未来的展望，技术正在创建更好的商业工具，并将继续发展来提高我们的生活水平。

为了保持竞争力，公司必须整合这些新的技术，并将其应用到它们的现有的经营方式中。在许多情况下，传统的系统生命周期在开发上所花费的时间太长，有时以年计算。因此许多组织积极响应，实现原型和快速开发模式。其他人争取外部的专门从事系统开发的咨询服务。然而，许多专家认为，生命周期管理的未来在于依靠云业务——企业将转向提供数据处理和软件作为一种服务的公司，而不是自己拥有这些系统。

在未来，许多公司将不再拥有大的服务器和数据库系统。它们将向亚马逊这样的公司按月付费，获得其大型数据中心通过网络提供的服务。这些公司的数据中心能够保证服务的安全性和可靠性，并且可以基于业务的需要扩充或者调整规模。未来的系统分析师将不必担心新的软件或数据库管理系统的硬件需求。对企业及其客户而言，实现新系统将容易得多。所有的硬件升级都由提供云服务的公司完成，软件也由提供云服务的公司拥有。当然这一切都需要良好的通信基础设施，电信公司每年都在为此努力。

你怎么看待系统的许多方面向云迁移呢？由另外一家公司保存你的商业数据是否存在风险？你认为云计算会使企业以更低的成本更快地发布可靠的产品吗？

12.12　小　　结

1. 系统分析与设计

一个系统是用于实现一个目标的、有组织的活动和元素的集合。系统分析与设计是一

个由 6 个阶段组成的解决问题的过程,这 6 个阶段组成系统生命周期。这些阶段是:

- 初步调查:标识组织机构的问题或需求,并形成简短的总结报告。
- 系统分析:深度研究现行系统,确定新的需求,并记录新的发现。
- 系统设计:设计新的或替代系统以满足新的需求,并形成设计报告。
- 系统开发:获取、开发和测试必要的硬件和软件。
- 系统实现:安装新的系统,对使用人员进行培训。
- 系统维护:定期评估,如有需要,则更新系统。

系统分析员是计算机专业人员,通常参与完成 6 个阶段组成的系统生命周期。

2. 第一阶段:初步调查

初步调查决定新信息系统的需求。它通常由最终用户或经理提出。这一阶段定义了三个工作:明确问题、提出替代系统、准备简短的报告。

(1) 明确问题

研究当前信息系统来确定谁需要什么信息,什么时候需要信息,以及信息为什么必要。如果现有的信息系统很大,那么由系统分析师进行调查。否则,由最终用户进行调查。

(2) 提出替代系统

提出一些可能的替代系统。基于在明确问题时所做的访谈和观察确定替代系统。

(3) 准备简短的报告

总结第一阶段初步调查的工作结果,并和相关人员沟通,需要准备一个简短的报告提交给管理层。

为了准确高效地使用计算机,需要理解系统分析与设计的重要性。需要知道系统开发生命周期的 6 个阶段:初步调查、分析、设计、开发、实现和维护。此外,需要理解原型和快速应用程序开发。

3. 第二阶段:系统分析

在系统分析中,采集有关当前系统的数据。重点在于,确定一个新系统的需求。这一阶段的三个任务是数据采集、数据分析和系统分析总结。

(1) 数据采集

数据通过观察、访谈、问卷调查和查阅文档进行采集。组织结构图是一种帮助文档,能够显示公司的职能和管理层次。

(2) 数据分析

有几种用于数据分析的工具,包括自顶向下分析、网格图和系统流程图。

(3) 系统分析总结

为了总结第二阶段的工作结果并为之与更高层管理人员沟通,需要准备系统分析报告。

4. 第三阶段:系统设计

在系统设计阶段,将会设计出一个新的或可以替代的信息系统。这一阶段包括以下三个任务:

(1) 设计替代系统

设计替代信息系统。从以下方面对替代系统做出评估:

- 经济可行性——成本与收益;系统能够盈利的时间。

- 技术可行性——硬件和软件可靠性；可得到的培训。
- 操作可行性——在组织机构内系统会正常工作吗？

（2）选择最佳系统

选择最佳系统时应考虑 4 个问题：

- 系统能够融入整体信息系统吗？
- 系统是否足够灵活，如有需要，能够在未来进行修改吗？
- 对未经授权使用，系统安全吗？
- 系统的收益会超过其成本吗？

（3）编写系统设计报告

为了记录第三阶段的工作成果，并与更高层管理人员沟通，需要准备系统设计报告。

5. 第四阶段：系统开发

在系统开发阶段，获取和测试软件和硬件。

（1）获取软件

有两种方法可以获取软件，分别是购买现成的打包软件和设计定制程序。

（2）获取硬件

获取硬件需要考虑未来公司的增长、现有的网络、通信能力以及培训。

（3）测试新系统

使用样本数据，对新系统进行测试。对于一个复杂的系统来说，这一步可能会需要几个月的时间。

6. 第五阶段：系统实现

系统实现（也称为转换）阶段，是改换使用新系统并对人员进行培训的过程。

（1）转换类型

有 4 种方法：直接、并行、试点和分阶段。

- 直接方法——放弃旧系统，启动新系统。该方法风险很大，不推荐使用。
- 并行方法——将新旧系统同时运行，直到新的系统证明了其价值。风险非常低，然而代价非常昂贵，一般不推荐。
- 试点方法——将组织中旧系统的一部分替换成新系统，直到新系统证明了它的价值。比并行方法便宜，但风险大些，在组织内部有很多人执行相似的操作时推荐使用此方法。
- 分阶段方法——在整个组织中，逐步实施新的系统。与并行转换相比风险更小，但更昂贵。在组织内部有许多人执行不同操作的情况下推荐使用此方法。

（2）培训

培训是很重要的，然而经常被忽视。一些人可能早在设备交付之前就开始进行培训了，这样他们可以更容易调整。有时会使用专业培训师，其他时候由系统分析员充当培训师。

7. 第六阶段：系统维护

（1）系统审计

一旦系统开始运行，系统分析师通过把新系统与其原始设计规范进行比较来执行系统审计。

（2）定期评估

对新系统进行定期评估，以确保其运行效率。

8. 原型设计和快速应用程序开发

由于时间压力，系统开发并不总是顺序完成系统生命周期的每一个阶段。需要时间更少的两个选择是：**原型**和**快速应用程序开发**。

（1）原型开发

原型开发意味着建立一个模型或原型，能在实际系统安装以前进行修改。通常情况下，原型的开发时间短，然而管理项目及控制成本更加困难。

（2）快速应用程序开发

快速应用程序开发（RAD）使用强大的开发软件，采用小规模专业团队和训练有素的人员。通常，开发成本更高，然而通常所用时间更少，质量更好。

9. IT 职业生涯

系统分析员计划并设计新系统，或重组公司的计算机资源，使得计算机资源能够更好地得以利用。他们会完成系统生命周期的所有步骤。系统分析员需要拥有计算机科学专业或信息系统专业的本科或专科学历，需要有技术经验。年薪为 50 000～64 000 美元。

12.13　专 业 术 语

并行方法（parallel approach）

操作可行性（operational feasibility）

初步调查（preliminary investigation）

分阶段方法（phased approach）

计算机辅助软件工程工具（computer-aided software engineering tools）

技术可行性（technical feasibility）

经济可行性（economic feasibility）

快速应用程序开发（rapid applications development）

试点方法（pilot approach）

数据流图（data flow diagram）

网格图（grid chart）

系统（system）

系统分析（systems analysis）

系统分析报告（systems analysis report）

系统分析与设计（systems analysis and design）

系统分析员（systems analyst）

系统开发（systems development）

系统流程图（system flowchart）

系统设计（systems design）

系统设计报告（systems design report）

系统审计（systems audit）

系统生命周期（systems life cycle）

系统实现（systems implementation）

系统维护（systems maintenance）

原型设计（prototyping）

直接法（direct approach）

转换（conversion）

自动设计工具（automated design tools）

自上而下分析方法（top-down analysis method）

组织结构图（organization chart）

12.14 习 题

一、选择题

圈出正确答案的字母。

1. 一个信息系统是一个集硬件、软件、人员、文档、互联网以及（　　　）为一体的集合。

    a. 数据   b. 数据库管理系统   c. 专家   d. 系统分析员

2. 系统生命周期的第一阶段是什么？

    a. 需求分析   b. 初步调查   c. 系统分析   d. 系统设计

3. 哪个阶段涉及安装新系统和培训人员？

    a. 初步调查   c. 系统分析   c. 系统设计   d. 系统实现

4. 哪个阶段关注的是确定系统需求而不是设计？

    a. 初步调查   b. 系统分析   c. 系统设计   d. 系统实现

5. 哪个系统分析工具显示了输入文档和输出文档之间的关系？

    a. 自动化设计工具   b. 数据流图   c. 网格图   d. 系统流程图

6. 哪些工具缓解系统分析员的许多重复性任务，制定清晰的文档，并且，对于较大的项目，能协调团队成员的活动？

    a. 自动化的系统生命周期   b. 计算机辅助软件工程工具

    c. 数据流分析器   d. 流程图

7. 哪个阶段涉及经济、技术和运行可行性？

    a. 初步调查   b. 系统分析   c. 系统设计   d. 系统实现

8. 什么类型的可行性评估会涉及组织内人员会接受还是拒绝一个新系统？

    a. 行为   b. 经济   c. 操作   d. 技术

9. 哪种转换方法是在组织中首先只尝试新系统的一部分？

    a. 直接   b. 试点   c. 并行   d. 分阶段

10. 使用强大的开发软件、小的专业团队和训练有素的人员的系统生命周期方法是（　　　）。

    a. AAD   b. CASE   c. 原型   d. RAD

二、匹配题

将左侧以字母编号的术语与右侧以数字编号的解释按照相关性进行匹配，把答案写在画线的空格处。

a. 分析   ＿＿＿ 1. 系统分析与设计是一个由 6 个阶段组成的解决问题过程，

b. 转换   用于改进系统的＿＿＿＿。

c. 直接   ＿＿＿ 2. 系统生命周期的一个阶段，深度研究现有系统。

d. 实现   ＿＿＿ 3. 系统分析包括建议替代＿＿＿＿。

e. 维护   ＿＿＿ 4. 系统生命周期中最后一个也是一直进行的阶段是系

f. 分阶段   统＿＿＿＿。

g. 解决方案   ＿＿＿ 5. 能够显示管理层和正规的权力系统的文档是＿＿＿＿。

h. 系统　　　　　　＿＿＿ 6. 这一阶段始于设计替代系统。

i. 系统设计　　　　＿＿＿ 7. 系统实现的另一个名字。

j. 组织结构图　　　＿＿＿ 8. 旧系统被替换并开始培训的阶段。

　　　　　　　　　＿＿＿ 9. 四种转换方法,分别是并行方法、试点方法、分阶段方法
　　　　　　　　　　　　和＿＿＿＿＿＿。

　　　　　　　　　＿＿＿ 10. 新系统在一段时间内逐步实施的方法。

三、开放式问题

回答下列问题。

1. 什么是系统? 系统生命周期的 6 个阶段是什么? 为什么公司要经历这个过程?

2. 在分析阶段使用的工具是什么? 什么是自顶向下的分析? 如何使用?

3. 描述系统转换的每种类型。最常用的是哪一个?

4. 什么是系统维护? 会在什么时候发生?

5. 解释原型和快速应用程序开发。什么时候它们可能会被公司用到?

四、讨论题

(1) 技术应用：系统分析软件

有一些公司专门经营系统分析支持软件。使用互联网,搜索并连接到其中的一个公司,然后回答下列问题：①描述这些用于加强系统分析的产品。②对于你描述的每个产品,列出其应用于系统生命周期的哪个或哪些阶段。③选择你更愿意使用的产品,并说明原因。

(2) 技术写作：选择管理

考虑以下场景：你是一名经理,提出了一个新的系统,这将使你的公司更有效率。然而,实现该系统将使一些任务变得过时,并使许多同事失去工作。然后回答以下问题：①在这种情况下,你对公司的道德责任是什么? ②你对同事的道德责任呢? ③在这种情况下,你会怎么做? 说明你的答案。

第13章　程序开发和语言

为什么阅读本章

设计糟糕的软件在一眨眼的时间内就可以毁掉一个公司。从股票购买到心脏起搏器，我们的生活越来越多地依赖于数字设备和使这些设备赖以运行的程序。未来，具有复杂人工智能的机器人将处理日常琐事，而用户将使用英语会话指令为这些机器人编写程序。

本章将介绍每个人为这个日新月异的数字世界做好准备而需要了解的知识和技能，其中包括：

- 软件开发生命周期——理解软件开发的步骤，为协助或管理软件开发项目做好准备。
- 程序设计语言——理解汇编、过程化和自然语言之间的差异，从而选择所需要的最佳语言。

学习目标

在阅读本章之后，读者应该能够：
① 定义程序开发，描述软件开发的 6 个步骤。
② 比较设计工具，包括自顶向下设计、伪代码、流程图和逻辑结构。
③ 描述程序测试和发现、消除错误的工具。
④ 描述计算机辅助软件工程工具和面向对象软件开发。
⑤ 解释五代程序设计语言。

13.1　引　　言

在上一章中，我们讨论了系统分析与设计。我们讨论了用于检查和改进信息系统的 6 个阶段系统生命周期的方法。其中一个阶段是系统开发，即获得新的硬件和软件。本章涉及系统开发这个阶段，更具体地说，本章关注于开发新的软件或程序设计。我们将分两个部分描述程序开发：程序开发过程中的步骤和一些可用的程序设计语言。

为什么要知道程序开发方面的知识呢？答案很简单。很多人可能需要在工作过程中与程序员打交道，将来也可能需要自己做一些程序开发。一个日益增长的趋势是终端用户软件开发。这意味着终端用户正在开发自己的应用程序。

要高效和有效地使用计算机，需要了解系统开发与程序设计之间的关系。此外，需要知道程序开发的 6 个步骤，包括程序规范、程序设计、程序代码、程序测试、程序文档和程序维护。

13.2　程序和程序开发

　　程序开发到底是什么？许多人认为这只是简单地在计算机中录入单词。这可能是其中的一部分，但这肯定不是全部。程序开发，如我们之前已经暗示过，实际上是一个解决问题的过程。

13.2.1　什么是程序

　　要了解程序开发是如何进行的，应首先思考程序是什么。程序是计算机为完成将数据处理成信息的任务而需要执行的一系列指令。这些指令由用程序设计语言编写的语句组成，程序设计语言有 C++、Java 或 Visual Basic 等。

　　现在读者已经熟悉了程序的一些类型。正如我们在第 1 章和第 3 章讨论的，应用程序被广泛地用于完成各种不同类型的任务。例如，我们使用字处理程序来创建文档和用电子表格程序来分析数据。这些程序可以购买，并被称为预先编写或打包的程序。程序也可以创建或定制。在第 12 章，我们看到系统分析师研究了优势广告公司的时间计费软件的可用性。用现成的软件来完成任务，还是应该定制一个新的软件，这是程序设计中首先需要决定的事情之一。

13.2.2　什么是程序开发

　　程序是计算机处理数据所执行的一系列指令。程序开发，也称为软件开发，通常经过 6 个步骤过程，我们称之为软件开发生命周期（SDLC，software development life cycle）（参见图 13-1）。

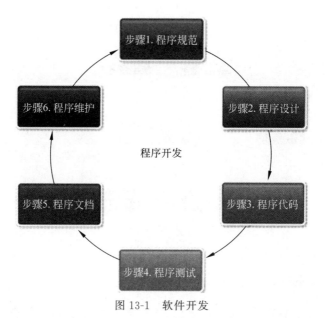

图 13-1　软件开发

这 6 个步骤如下：

① 程序规范：确定程序的目标、输出、输入和处理要求。

② 程序设计：使用诸如自顶向下的程序设计、伪码、流程图和逻辑结构等编程技术创建解决方案。

③ 程序代码：用一种程序设计语言编写程序。

④ 程序测试：通过寻找语法或逻辑错误来测试或调试程序。

⑤ 程序文档：文档编写是一个贯穿于程序开发流程的持续过程。这一阶段的重点是将程序中使用的书面描述和流程正式化。

⑥ 程序维护：定期审查已完成的程序，以评估其准确性、效率、标准化和易用性。根据需求对程序的代码进行更改。

在组织机构中，称为软件工程师或程序员的计算机专业人员使用这个 6 个步骤。软件工程师从薪水、声望和安全感来看在 100 多个广泛从事的工作岗位中排在前几位。

人们很可能发现自己直接与程序员协同工作，或者通过系统分析员间接地与之协同工作。或实际上已经为自己开发的系统进行程序设计。不管是什么情况，重要的是要理解程序开发 6 个步骤的整个过程。

☑ 概念检查

■ 什么是程序？

■ 什么是程序开发的 6 个步骤？

13.3　第 1 步：程序规范

程序规范也称程序定义或程序分析。它需要程序员或者终端用户详细说明 5 项内容：①程序的目标，②预期输出，③所需的输入数据，④处理需求，⑤文档（参见图 13-2）。

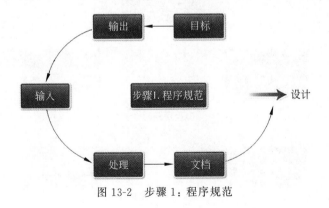

图 13-2　步骤 1：程序规范

13.3.1　程序目标

人们每天都要解决各种各样的问题。一个问题可能是决定如何通勤到学校或工作单位，或者家庭作业或报告先做哪一个。因此，每天都要确定目标——想要解决的问题。程序设计也是一样的。需要清楚地说明想要解决的问题。例如，"我想用优势广告公司的时间计费系统来记录我在不同工作上为不同的客户花费的时间。"

13.3.2　预期输出

最好总是在输入之前明确输出。也就是说，需要列出想从计算机系统中得到什么。然后应该决定输入什么内容。最好的方法是画图。终端用户，而不是程序员应该勾画或编写希望输出完成后的样子，它可能被打印出来或显示在显示器上。

例如，如果想要一份时间计费报告，可以写或者画一些如图 13-3 所示的内容。程序输出的另一种形式可能是给客户的账单。

客户姓名：Allen Realty				年月：2020年1月
日期	工人	正常工作 时间&效率	加班时间&比率	账单
1/2	M. Jones	5 @ $10	1 @ $15	$65.00
	K. Williams	4 @ $30	2 @ $45	$210.00

图 13-3　终端用户预期输出的草图

13.3.3　输入数据

一旦知道了所需的输出，就可以确定输入数据和该数据的来源。例如，对于时间计费报告，可以指定要处理的数据来源之一是时间卡。这些通常是电子或纸质形式提交的工作日志或工时报表。

图 13-4 所示的日志是优势广告公司的人工系统中使用的输入数据类型的一个例子。请注意，使用军用时间。例如，人们用"1745"代替"5:45 P.M."的写法。

日志			
工人： 日期：			
客户	工作	起始时间	结束时间
A	TV commercial	800	915
B	Billboard ad	935	1200
C	Brochure	1315	1545
D	Magazine ad	1600	1745

图 13-4　用军事时间表示工作时间输入数据示例

13.3.4　处理需求

在这里定义了必须发生的处理任务，以便将输入数据处理为输出。对于优势广告公司的时间计费程序，其任务之一是为不同的客户因不同的任务而添加工作时间。

13.3.5　程序规范文档

与系统生命周期一样,持续编写的文档是必需的。应该记录程序目标,期望输出,必需的输入和需求处理。这就引出了下一步,程序设计。

☑ **概念检查**

■ 什么是程序规范?

■ 描述第一个过程——程序目标。为什么在输入之前确定输出?

■ 讨论处理需求和程序规范文档。

13.4　第 2 步:程序设计

有了程序规范之后,将开始程序设计(参见图 13-5)。这里将规划一个解决方案,最好使用结构化编程技术。这些技术包括:①自顶向下的程序设计;②伪代码;③流程图;④逻辑结构。

13.4.1　自顶向下的程序设计

首先确定程序的输出和输入。然后使用自顶向下的程序设计来确定程序的处理步骤。这些步骤称为程序模块(或模块)。每个模块由逻辑相关的程序语句组成。

时间计费报告就是自顶向下程序设计的例子,如图 13-6 所示。显示的每个方框都是一个模块。在自顶向下的设计原则下,每个模块应该有

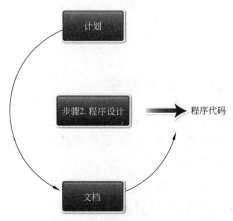

图 13-5　步骤 2:程序设计

单独的功能。程序必须按顺序从一个模块进入到下一个模块,直到计算机处理完所有模块。

三个方框——"获得输入""计算计费时间""产生输出"——分别对应于三种主要的计算机系统操作:输入、处理和输出。

13.4.2　伪代码

伪代码是将要编写的程序逻辑的大纲。这就像在编写程序之前对程序进行总结。图 13-7 显示了可能为时间计费程序中的一个模块编写的伪代码。这显示了确定工作时间背后的原因——为客户 A 因不同的工作任务而工作(包括加班超时时间)。其次,请注意,这表达了希望程序做什么的逻辑。

13.4.3　流程图

我们在上一章中提到了系统流程图。这里我们关注的是程序流程图。这些图形显示了

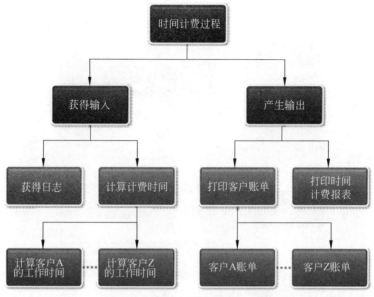

图 13-6　自顶向下程序设计实例

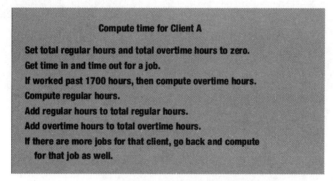

图 13-7　伪代码示例

解决程序设计问题的详细步骤顺序。图 13-8 显示了几个标准的流程图符号。一个程序流程图的例子如图 13-9 所示。这个流程图表示在自顶向下的程序设计中一个模块"计算为客户 A 工作时间"的所有逻辑。

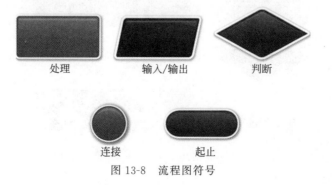

图 13-8　流程图符号

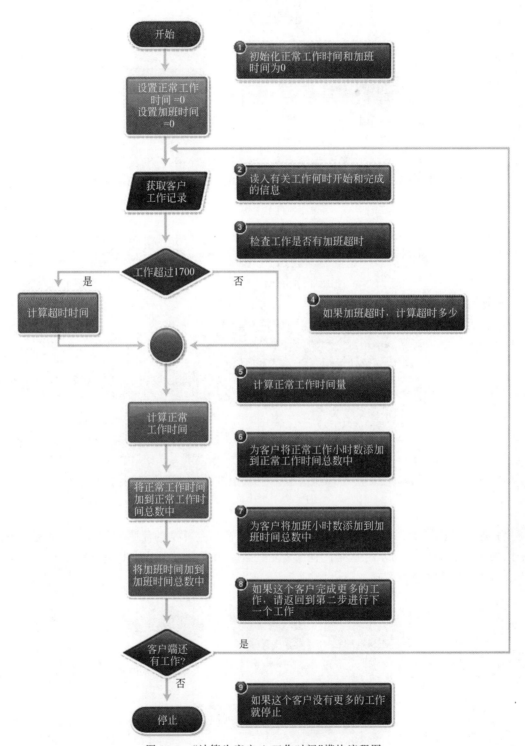

图 13-9 "计算为客户 A 工作时间"模块流程图

从这个流程图中可以看出为什么计算机是一台计算机，而不仅仅是加法器。计算机最强大的能力之一是它们具有进行逻辑比较的能力。例如，计算机可以比较两项，以确定其中一项是否小于、大于或等于另一项。

但我们有没有忽略了什么？我们如何知道在流程图中加入哪些迂回曲折的步骤，使它能合乎逻辑地工作呢？答案是使用逻辑结构，正如我们将要解释的。

13.4.4　逻辑结构

如何连接流程图的各个部分？最好的方法是使用顺序、选择和循环三种逻辑结构及其组合。这样能让我们编写结构化程序，从而消除编程中的大部分麻烦。下面详细介绍逻辑结构。

- 在顺序结构中，一个程序语句接着另一个程序语句。考虑一下，例如，"计算时间"流程图（参见图 13-9）。"将正常工作时间加到正常工作时间总数中"和"将加班时间加到加班时间总数中"形成一个顺序结构（参见图 13-10）。它们在逻辑上顺序执行。没有"是"或"否"的问题，或建议其他结果的决定。

- 当必须做出决定时可以使用选择结构。决定的结果决定了要遵循两个路径中的哪一个（参见图 13-11）。这个结构也被称为 IF-THEN-ELSE 结构，因为这就是可以制定决策的方法。例如，考虑"计算时间"流程图中的选择结构，它涉及计算加班时间（工作时间超过了 1700?）（参见图 13-9）。它可以详细表述如下：

    如果这项工作完成的时间晚于 17：00（下午五点），则加班小时等于超过 17：00 点的小时数，否则加班小时等于零。

    参见图 13-11。

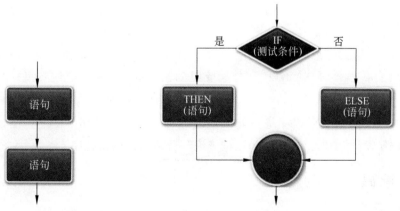

图 13-10　顺序逻辑结构　　　图 13-11　选择（IF-THEN-ELSE)逻辑结构

- 重复或循环结构描述了一个过程，只要某个条件保持为真，就重复这个过程。该结构被称为"循环"或"迭代"，因为程序一次又一次地循环（迭代或重复）。考虑"计算时间"流程图中的循环结构，它关注于检测是否有更多的工作（还有为客户所做的工作吗?）。详细说明如下：

DO 读入工作信息 WHILE（只要还有工作）。

参见图 13-12。

在结束程序设计步骤之前，要做的最后一件事是编写设计逻辑的文档。此报告通常包括伪代码、流程图和逻辑结构。现在已经为下一步即程序代码做好了准备。

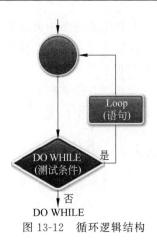

图 13-12　循环逻辑结构

☑ **概念检查**

■ 定义程序设计步骤的目标。

■ 讨论自顶向下的程序设计、伪代码、流程图和逻辑结构。

■ 描述三种逻辑结构。

13.5　第 3 步：程序代码

编写程序也称为编码。在这一步，使用在程序设计步骤中设计的逻辑来实际编写程序

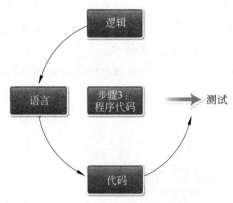

图 13-13　步骤 3：程序代码

（参见图 13-13）。这是"程序代码"，它指示计算机做什么。许多人认为编码就是编程。然而，正如我们已经指出的，它只是程序开发过程中的 6 个步骤之一。

13.5.1　优秀程序

一个优秀程序有什么特点？首要的是，它应该是可靠的——也就是说，它应该在大多数条件下工作并产生正确的输出。它应该捕捉明显和常见的输入错误。它也应该有很好的文档记录，并且可以被程序员理解，而不仅是编写它的人。

毕竟，将来可能有人需要对程序进行修改。编写有效程序的最佳方法之一是使用 13.4 节"第 2 步：程序设计"中所描述的逻辑结构来编写所谓的**结构化程序**。

13.5.2　编码

构想完程序逻辑之后，下一步是编写代码，即使用适当的计算机语言编写程序。

程序设计语言使用一组符号、单词和短语指示计算机执行具体操作。程序设计语言为各种不同类型的应用处理数据和信息。图 13-14 显示的程序代码是用 C++ 编写的用来计算计时的模块，C++ 是一种广泛使用的程序设计语言。图 13-15 中列举了 C++ 和其他一些使用广泛的程序设计语言。

一旦完成编码后，下一步是测试或调试程序。

```
#include <fstream.h>

void main (void)
{
    ifstream input_file;

    float total_regular, total_overtime, regular, overtime;
    int hour_in, minute_in, hour_out, minute_out;
    input_file.open("time.txt",ios::in);

    total_regular = 0;
    total_overtime = 0;

    while (input_file != NULL)
    {
        input_file >> hour_in >> minute_in >> hour_out >> minute_out;

        if (hour_out > 17)
            overtime = (hour_out-17) +(minute_out/(float)60);
        else
            overtime = 0;
            regular = ((hour_out - hour_in) +(minute_out
                        - minute_in)/(float)60)    - overtime;
        total_regular += regular;
        total_overtime += overtime;
    }

    cout <<"Regular: " << total_regular <<endl;
    cout <<"Overtime " << total_overtime <<endl;
}
```

图 13-14　C++ 代码用于计算正常工作时间和加班时间

语言	说明
C++	扩展的C语言，使用能在程序间进行复用和交换的对象或程序模块
Java	主要用于网络应用程序，类似于C++，可以在各种操作系统下运行
JavaScript	嵌入在网页中提供动态和交互内容
Visual Basic	使用图形界面，简单易学，能快速开发Windows应用程序和其他应用程序
Swift	使用图形用户界面和用于触摸屏界面的特殊代码创建苹果iOS App应用程序

图 13-15　使用广泛的编程语言

☑ 概念检查

● 什么是编码？
● 一个优秀的程序具有什么特征？
● 什么是程序设计语言？

13.6　第 4 步：程序测试

这一步是指测试程序并且消除错误（"把错误挑出来"）的过程（参见图 13-16）。它意味着在计算机上运行程序，然后修复不能正常工作的部分。程序设计错误有两种类型：语法错误和逻辑错误。

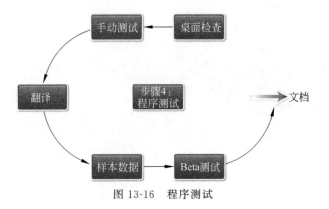

图 13-16　　程序测试

13.6.1　语法错误

语法错误违反了程序设计语言的规则。例如,在 C++ 中,每个语句必须以半角分号(;)结尾。如果遗漏分号,则由于语法错误,程序将不会运行或执行。例如,图 13-17 显示了计算时间模块的测试,发现了一个语法错误。

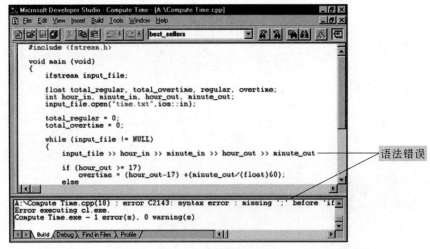

图 13-17　　语法错误识别

13.6.2　逻辑错误

当程序员使用不正确的计算或遗漏一个程序模块,逻辑错误就发生了。例如,一个工资程序没有计算加班时间会有逻辑错误。

13.6.3　测试过程

有多种方法来查找和消除这两种类型的错误,其中包括桌面检查、手动测试、翻译、运行和 beta 测试。

- 桌面检查：在桌面检查（也称代码审查）中，程序员坐在桌前检查（校对）程序的打印件。程序员逐行检查程序列表，仔细查找语法错误和逻辑错误。
- 用样本数据进行手动测试：使用计算器和样本数据，程序员跟踪每个程序语句并执行每一次计算。为了查找编程逻辑错误，程序员将比较手动计算值与程序计算的值。
- 尝试翻译：使用翻译程序完整地对程序进行处理。翻译器试图将书面程序从编程语言（如 C++）转换为机器语言。在程序运行之前，它必须没有语法错误。这些错误将通过翻译程序来识别（参见图 13-17）。
- 在计算机上测试样本数据：在纠正所有语法错误之后，程序将进行逻辑错误测试。样本数据用于测试每个程序语句是否能正确执行。
- 由一组选定的潜在用户进行测试：这有时称为 beta 测试。它通常是程序测试的最后一步。潜在用户试用程序并提供反馈。

步骤 4 总结：程序测试的过程请参见图 13-18。

任务	说明
1	桌面检查用于检查语法和逻辑错误
2	用样本数据进行手动测试
3	翻译程序用来识别语法错误
4	用样本数据运行程序
5	潜在用户进行beta测试

图 13-18　第 4 步：程序测试过程

☑ 概念检查

● 什么是调试？

● 语法错误和逻辑错误有什么区别？

● 简要说明测试过程。

13.7　第 5 步：程序文档

文档由关于程序及其如何使用的书面说明和规程组成（参见图 13-19）。这并不是在编程过程结束时才做的事情。程序文档贯穿于所有程序设计步骤。在这个步骤中，所有先前的文档都经过审查、定稿和发布。对于将来可能参与该项目的人来说，文档是很重要的。这些人包括：

- 用户。用户需要知道如何使用软件。一些组织机构可能会提供培训课程，指导用户使用程序。然而，其他组织机构可能希望用户能够从书面文档中学习。打印的说明书和

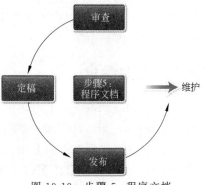

图 13-19　步骤 5：程序文档

大多数应用程序中的帮助选项是这类文档的两个例子。

- 操作员。必须为计算机操作员提供文档。例如,如果程序向他们发送错误消息,他们需要知道如何处理它们。
- 程序员。随着时间的推移,即使是原始程序的创建者也可能不会记住那么多的程序序。其他程序员希望更新和修改程序——也就是说,执行程序维护。如果没有足够的文档,他们可能会感到沮丧。这类文档应该包括文本和程序流程图、程序列表和样本输出。它还可以包括显示特定程序与信息系统中的其他程序关系的系统流程图。

☑ **概念检查**

- 什么是文档?
- 什么时候产生程序文档?
- 谁受文档影响?

13.8　第 6 步:程序维护

最后一步是程序维护(参见图 13-20)。高达 75% 的应用程序总生命周期成本是用于维护的。这种现象非常普遍,因此需要一个特殊的职位——维护程序员。

程序维护的目的是确保当前的程序操作无误,有效并且高效。这个领域的工作分为两类:运行和修改需求。

13.8.1　运行

运行活动涉及定位和纠正操作错误,使程序更易于使用,使用结构化编程技术使软件标准化。对于设计得当的程序,这些活动应该是最少的。

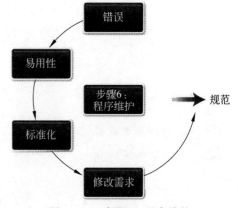

图 13-20　步骤 6:程序维护

程序修改或校正通常被称为补丁。对于已经开发出来的软件,软件制造商通常会定期为其软件发送补丁或更新。如果是重大修正,它们被称为软件升级。

13.8.2　修改需求

所有的组织机构都会随着时间的推移而变化,它们的程序也需要随之改变。由于各种原因,包括新税法、新信息需求和新的公司政策等,计划需要调整。重大修订可能要求整个程序开发过程从程序规范重新开始。

理想情况下,软件项目按照软件开发的 6 个步骤顺序执行。但是,有些项目在了解所有需求之前就开始了。在这些情况下,软件开发生命周期(SDLC)成为一个循环的过程,在整个软件开发过程中重复了几次。例如，敏捷开发，一种流行的开发方法，从程序的核心功能工作开始，然后扩展到客户对结果满意为止。这 6 个步骤是尽可能快地重复一遍又一遍，逐步创建应用程序的更多功能版本。

图 13-21 总结了程序开发过程的 6 个步骤。

步骤	主要活动
1.程序规范	决定程序目标，预期输出，所需输入和处理需求
2.程序设计	用结构化程序设计技术设计
3.程序代码	选择程序语言；编写程序
4.程序测试	使用桌面检查（代码审查）和手动检查；尝试翻译；样本测试；潜在用户beta测试
5.程序文档	为用户、操作员和程序员编写文档
6.程序维护	随时调整错误、低效或无效的操作和非标准代码

图 13-21　程序开发的 6 个步骤总结

☑ 概念检查

■ 程序维护的目的是什么？

■ 讨论程序运行活动。补丁是什么？软件更新？

■ 什么是需求修改，它们如何影响程序？

13.9　计算机辅助软件工程和面向对象编程

效率和生产力无处不在。它们对软件开发尤其重要。有两种资源可以提供帮助，那就是计算机辅助软件工程（CASE）工具和面向对象（OOP）的软件开发。

13.9.1　计算机辅助软件工程工具

专业的程序员不断地寻找方法，使他们的工作更容易、更快、更可靠。我们在第 12 章中提到的一个工具，计算机辅助软件工程能满足这个需要。计算机辅助软件工程工具在程序设计、编码和测试方面提供一些自动化和帮助（参见图 13-22）。

13.9.2　面向对象软件开发

传统的系统开发是一种专注于完成某一目标所需过程的谨慎、渐近的方法。面向对象软件开发较少关注过程，而更多地关注于定义与以前定义的过程（即对象）之间的关系。

面向对象程序设计是将程序组织成对象的过程。每个对象都包含执行任务所需的数据和处理操作。下面详细解释对象的含义。

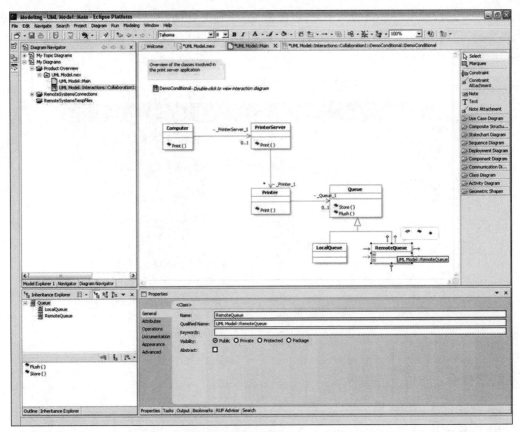

图 13-22　计算机辅助软件工程工具：代码生成工具

在过去，程序是作为巨大的实体，从第一行到最后一行开发出来的。这可以比喻为从零开始造一辆车。面向对象的编程就像用预制构件（化油器、交流发电机、挡泥板等）建造汽车一样。面向对象程序使用的对象是可重用的、独立的组件。用这些对象构建的程序假定某些函数是相同的。例如，许多程序，从电子表格到数据库管理器，都有一条按字母顺序排列名称列表的指令。程序员可能会在许多其他程序中使用这个对象进行字母排序。没有必要每次都重复开发这个功能。C++ 语言是应用最广泛的面向对象编程语言之一。

📋 概念检查

- ⬤ 什么是计算机辅助软件工程？
- ⬤ 什么是面向对象的软件开发？
- ⬤ 什么是面向对象程序设计？

13.10　程序设计语言的发展

程序设计语言从低级到高级分为几个层次或世代。当程序设计语言接近于计算机自己使用的语言时，它们被称为低级语言。计算机理解由 0 和 1 组成的位和字节。当它们接近于人类使用的语言时，程序设计语言被称作高级语言——也就是说，对于说英语的人来说，它们更像是英语。

程序设计语言可以分为 5 代：①机器语言，②汇编语言，③面向过程语言，④面向任务的语言，⑤问题和约束语言。

13.10.1 第一代：机器语言

我们在第 5 章讲到字节是由位组成的，由 1 和 0 组成。这些 1 和 0 可能对应于计算机中的电流的开启或关闭。它们还可以对应于存储介质，如磁盘或磁带中存在或缺失的磁荷。基于这个双状态系统，人们设计了编码方案，允许我们构造字母、数字、标点符号和其他特殊字符。正如我们所看到的，这些编码方案的例子包括：美国信息交换标准码（ASCII），扩展的二进制编码的十进制交换码（EBCDIC）、统一字符编码（Unicode）。

以 1 和 0 表示的数据是用机器语言编写的。机器语言非常难以理解，例如下面的代码：

```
1111001001110011110100100001000001110000000101011
```

机器语言也因计算机的不同而不同，这是另一个使机器语言难以让使用者使用的因素。

13.10.2 第二代：汇编语言

计算机在处理或运行任何程序之前，程序必须被转换或者翻译成机器语言。汇编语言使用缩写词或助记符，如 ADD，它自动转换为若干个由 1 和 0 组成的适当序列。与机器语言相比，汇编语言更容易理解和使用。例如，上面给出的机器语言代码可以用汇编语言表示为：

```
ADD 210(8,13),02B(4,7)
```

当然，这仍然是相当模糊的，因此汇编语言也被认为是低级语言。

汇编语言也因计算机而异。第三代，我们发展到高级语言，其中许多高级语言被认为是可移植的语言。也就是说，它们可以在多种类型的计算机上运行——它们可以从一台机器"移植"到另一台机器。

13.10.3 第三代：高级过程语言

人们能够理解更像他们自己的语言（例如英语）而不是机器语言或汇编语言。这些更像英语的程序设计语言被称为"高级"语言。然而，大多数人仍然需要一些培训才能使用高级语言。过程性语言尤其如此。

过程性语言，也称为 3GL（第三代程序设计语言）能够表达解决一般问题的逻辑式过程。因此，过程性语言旨在解决一般问题，并且是使用最广泛的创建软件应用程序的语言。C++ 语言是当今程序员广泛使用的一种过程性语言。例如，C++ 被用于优势广告公司的时间计费报告。请再次参见图 13-14。

请考虑以下 C++ 程序的语句，该程序根据考试成绩来区分字母等级：

```
if (score >= 90) grade = 'A';
```

此语句测试分数是否大于或等于 90。如果是，那么等级是 A。

与汇编语言一样，过程语言必须翻译成计算机能处理的机器语言。根据语言的不同，此翻译由编译器或解释器完成。

- **编译器**将程序员编写的被称为**源代码**过程性语言程序转化为称为目标代码的机器语言代码。这个目标代码可以保存并在以后运行。使用编译器的过程性语言如 C++ 和 VisualBasic 的标准版本。
- **解释器**在执行过程语言之前，一次一行地把程序语句转换为机器代码。在这个过程中，不保存目标代码。使用解释器的过程性语言如 BASIC 的标准版本。

使用编译器和使用解释器有什么区别？要运行一个程序，编译器需要两个步骤。第一步是将整个程序的源代码转换到目标代码。第二步是运行目标代码。相反，解释器一次只转换并运行一行。编译器语言的优点是，一旦获得了目标代码，程序就会执行得更快。解释器语言的优点是程序更容易开发。

13.10.4　第四代：面向任务的语言

第三代语言很有价值，但它们需要程序设计方面的培训。面向任务的语言，也被称为 4GL（第四代语言），是非常高级的语言，几乎不需要用户的特殊培训。

与通用语言不同，面向任务的语言用来解决具体问题，而第三代程序设计语言则专注于过程和逻辑的组合以解决各种问题。第 4 代程序设计语言是非过程性的，重点是指定程序要完成的具体任务。第四代程序设计语言更像英语，更容易编程，并被非程序员广泛应用。其中某些第四代程序设计语言被用于非常具体的应用。例如，IFPS（交互式财务计划系统）用于开发金融模型。许多第四代程序设计语言都是数据库管理系统的一部分。第四代程序设计语言包括查询语言和应用程序生成器。

- **查询语言**：查询语言使非程序员能够轻松地使用某些容易理解的命令从数据库中搜索和生成报表。最广泛使用的查询语言之一是 SQL（结构化查询语言）。例如，让我们假设优势广告公司有一个包含所有客户呼叫服务的数据库，并且它的管理部门希望列出所有支付加班费的客户列表。创建此列表的 SQL 命令是：

```
SELECT client FROM dailyLog WHERE serviceEnd >17
```

  此 SQL 语句从 dailyLog 数据表中选择或标识在 17 点（军事时间，表示下午 5 点）之后请求服务的所有 client（字段名称）。微软 Access 可以通过使用其查询向导生成类似的 SQL 命令。

- **应用程序生成器**：应用程序生成器或程序编码器是一种程序，它提供预先编写的代码模块。当使用应用程序生成器时，程序员可以通过引用执行某些任务的模块来快速创建程序。这大大减少了创建应用程序的时间。例如，Access 有一个报表生成应用程序和一个报表向导，用于使用数据库信息创建各种不同类型的报表。

13.10.5　第五代：问题和约束语言

随着几代的演化，计算机语言变得更像人类语言了。显然，第四代查询语言使用的命令包括 SELECT、FROM 和 WHERE 这样的单词，它们比由 0 和 1 组成的机器语言更像人类语言。然而，第四代程序设计语言与人们使用的诸如英语和西班牙语等自然语言仍相去甚远。

程序设计语言的下一阶段将是第五代语言(5GL),或包含人工智能概念的计算机语言,它允许一个人为一个系统提供问题和一些约束,然后请求解决方案。此外,这些语言还将使计算机像人们一样学习和应用新的信息。我们将更直接地使用自然语言与计算机通信,而不是通过输入具体命令进行编码的。

考虑下面在第五代程序设计语言中可能出现的自然语言语句,这条语句用于推荐治疗方案:

Get patientDiagnosis from patientSymptoms"sneezing", "coughing", "aching"

(从"打喷嚏""咳嗽""疼痛"等症状得到病人诊断结论)

什么时候第五代程序设计语言会成为现实? 很难说。然而,研究人员正积极致力于第五代程序设计语言的开发,并取得了一定的成功。

各代程序设计语言的总结参见图 13-23。

语言世代	语句实例
第一代: 机器语言	111100100111001111010010000100000111000000101011
第二代: 汇编语言	ADD 210(8,13),02B(4,7)
第三代: 过程语言	if (score > = 90) grade = 'A';
第四代: 任务语言	SELECT client FROM dailyLog WHERE serviceEnd > 17
第五代: 问题与约束语言	Get patientDiagnosis from patientSymptoms "sneezing", "coughing", "aching"

图 13-23　五代程序设计语言的总结

☑ 概念检查

● 低级语言和高级语言的区别是什么?
● 机器语言和汇编语言有什么不同?
● 过程语言和面向任务的语言有什么不同?
● 定义问题和约束语言。

13.11　IT 职业生涯

前面介绍了程序设计和程序设计语言的相关知识,下面介绍计算机程序员的职业生涯。

计算机程序员通过计算机创建程序、测试程序和排除程序故障。程序员还可以更新和修复现有的程序。大多数计算机程序员受雇于创建和销售软件的公司,但是程序员也受雇于其他各种行业。许多计算机程序员以顾问的身份在一个项目中工作,这意味着他们受雇于一家公司只是为了完成一个具体的程序。随着技术的发展,对程序员从事最基本的计算机功能工作的需求已经减少了。然而,对精通高级程序的计算机程序员的需求仍在继续增长。

编程方面的工作通常需要有计算机科学或信息系统本科学历。然而,有两年制学位的人也可以在这个领域获得职位。招聘程序员的雇主通常强调应聘者的经验。那些有耐心、逻辑思维能力强、注重细节的程序员总是很抢手。此外，能够与非技术人员交流技术信息的程序员更受欢迎。

计算机程序员的年薪为 51 000～64 000 美元。优秀程序员的晋升机会包括首席程序员或主管职位。具有专业知识和经验的程序员有机会担任顾问。

13.12　未来展望：你自己的可编程机器人

你有没有梦想过拥有自己的机器人来帮助你完成所有的家务？如果那个机器人能听懂你说的每一个字，而不需要你编写复杂的程序，那岂不是件好事吗？随着机器人领域的不断进步，这样的机器人在未来将成为可能。目前，机器人被用于许多制造业，从汽车到冷冻煎饼，无所不在。最近，已经有几家公司正在为个人和教育机构大规模生产可编程机器人。这些机器人迟早会理解人类指令，而不是复杂的编程语言。技术一直在制造更好的编程工具，在我们展望未来的时候，它将继续进化，以改善我们的生活。

提供给消费者的最早的机器人之一是来自 iRobot 的 Roomba，它本质上是一个自动化的智能吸尘器。从那以后，同一家公司发布了能清洗地板、清洁泳池和清洗排水沟的机器人。这个程序由机器人的开发者来控制，终端用户除了启动机器人几乎不能做任何事情。尽管这些机器人表现良好，但它们的功能受限于为它们所编制程序能实现的任务。

一家名为 Aldebaran 的机器人公司采取了不同的方式，创造了叫作 Nao 的小型仿人机器人，终端用户可以对其进行编程。虽然 Nao 机器人正在大量生产，但它们对一般家庭来说太贵了一点。目前，它们正在向学校和研究机构销售。使用图形用户接口，学生可以创建机器人能够执行的程序，或者，程序员可以使用几种受支持的语言之一来为 Nao 编写他们自己的自定义脚本。

在未来，将不需要有人使用软件或编程语言来与机器人交流，开发人员将开发复杂的软件来赋予机器人理解自然语言所需的人工智能。这个软件将嵌入到机器人的芯片中。当你购买一个机器人时，你所要做的就是用正常的英语会话说出命令。如果你想让机器人帮你清理游泳池或举起一个沉重的箱子，你可以用你告诉别人的方式告诉机器人。

制造机器人所需的硬件部件正变得越来越便宜。然而，软件仍然是一个挑战。人类的语言和对话要让计算机完全理解仍然很困难。语音识别技术在不断进步，我们会看到这种技术嵌入到最新的智能手机中。尽管如此，仍有许多改进之处才能使仿人机器人能够与我们对话。

你认为在你的有生之年，你能拥有一个仿人机器人吗？你认为程序员能够让这些机器人变得足够聪明，能够进行对话并执行各种各样的任务吗？

13.13　小　　结

1. 程序和程序开发
程序是计算机要执行的指令列表。程序开发（软件开发）是为创建程序而采取的 6 个步骤的过程。

这些步骤是：

- 程序规范——定义目标、输入、输出和处理需求。
- 程序设计——使用结构化程序设计工具和技术创建解决方案，如自顶向下程序设计、伪代码、程序流程图、逻辑结构。
- 程序代码——使用程序设计语言编写程序代码（也称编码）。
- 程序测试——通过查找语法和逻辑错误来测试或调试程序。
- 程序文档——在程序设计过程中持续的过程。
- 程序维护——定期评估程序的准确性、效率、标准化和易用性，并根据需求修改程序代码。

为了有效和高效地使用计算机，需要了解程序开发的 6 个步骤：程序规范、程序设计、程序编码、程序测试、程序文档和程序维护。此外，还需要了解计算机辅助软件工程、面向对象程序设计和程序设计语言的发展。

2. 步骤 1：程序规范

程序规范也称为程序定义或程序分析，包括与目标、输出、输入、需求和文档相关的 5 项任务。

（1）程序目标

第一项任务是以程序目标的形式清楚地定义要解决的问题。

（2）预期输出

接下来，在考虑所需的输入之前，关注所需的输出。

（3）输入数据

一旦定义了输出，就确定必要的输入数据和数据的来源。

（4）处理需求

接下来，确定使用输入产生输出所需的步骤（处理需求）。

（5）程序规范文档

最后的任务是创建一个规范文档来记录此步骤的程序目标、输出、输入和处理需求。

3. 步骤 2：程序设计

在程序设计步骤中，最好使用结构化编程技术来设计解决方案，包括以下内容。

（1）自顶向下程序设计

在自顶向下的程序设计中，主要的处理步骤被称为程序模块或模块。

（2）伪代码

伪代码是将要编写的程序的逻辑大纲。

（3）流程图

程序流程图是解决程序设计问题所需步骤的图形表示。

（4）逻辑结构

逻辑结构是编程语句的排列。三种类型是：

- 顺序——一个程序语句后面跟着另一个程序语句。
- 选择(IF-THEN-ELSE)——当必须做出一个选择时。

- 循环——条件为真时,过程被重复。

4. 步骤 3：程序代码

编码就是编写程序。编写程序有几个重要方面,以下是其中的两个方面。

（1）优秀程序

优秀的程序是可靠的,已查明明显和常见的错误,并有良好的文档。创建优秀的程序的最佳方法是使用步骤 2 中提出的三种基本逻辑结构编写结构化程序。

（2）编码

有数百种不同的程序设计语言。程序设计语言指示计算机执行具体的操作。C++ 语言是一种使用广泛的编程语言。

5. 步骤 4：程序测试

调试是一个测试程序和消除程序错误的过程。语法错误和逻辑错误是两种程序设计错误类型。

（1）语法错误

语法错误违反程序设计语言的规则。例如,在 C++ 语句末尾遗漏分号就是语法错误。

（2）逻辑错误

逻辑错误是不正确的计算或过程。例如,在工资程序中未能计算加班时间就是一个逻辑错误。

（3）测试过程

测试语法错误和逻辑错误的 5 种方法是:

- 桌面检查(代码审查)——仔细阅读程序的打印输出件。
- 手动测试——使用计算器和样本数据进行手工测试,以测试正确的编程逻辑。
- 尝试使用翻译程序——使用翻译程序来运行程序以标识语法错误。
- 测试样本数据——用样本数据运行程序和测试程序的逻辑错误。
- 用户测试(beta 测试)——最后一步是让潜在的用户使用程序并提供反馈。

6. 步骤 5：程序文档

程序文档包括程序的书面描述和运行规程。使用文档的人员包括:

- **用户**,他们需要知道如何使用这个程序。一些组织机构提供培训课程,另一些组织机构希望用户从书面文档中学习。
- **操作员**,他们需要知道如何执行程序以及如何标识和纠正错误。
- **程序员**,他们在将来可能需要更新和维护程序。文档可以包括文本和程序流程图、程序列表和样本输出。

7. 步骤 6：程序维护

程序维护旨在确保程序正确、有效和高效地运行。维护活动分为以下两类。

（1）运行

运行活动包括发现错误和纠正错误、提高可用性和软件标准化。软件更新称为**补丁**。重要的补丁被称为**软件升级**。

（2）修改需求

组织机构随着时间的推移而变化,它们的程序必须随着时间的推移而改变。**敏捷开发**

从核心程序功能开始,并扩展到客户对结果满意为止。

8. 计算机辅助软件工程和面向对象程序设计

（1）计算机辅助软件工程

计算机辅助软件工程（CASE）工具在程序设计、编码和测试方面提供自动化和帮助。

（2）面向对象程序设计

传统的系统开发侧重于过程来完成具体的目标。

面向对象的软件开发较少关注于过程,而更多地关注于以前定义的过程和对象之间的关系。面向对象程序设计（OOP）将程序划分为称为对象的模块,每个对象都包含执行任务所需的数据和处理操作。

9. 程序设计语言的发展

程序设计语言的级别或世代范围从低到高。低级语言更接近于由 0 和 1 组成的计算机机器语言。较高层次的语言更接近人类的语言。

10. IT 职业生涯

程序员创建程序、测试程序并排除程序故障。他们还更新和修复现有的程序。要求拥有计算机科学或信息系统专业本科学历。年薪为 51 000～64 000 美元。

13.14　专业术语

贝塔测试（beta testing）

编程语言,程序设计语言（programming language）

编码（coding）

编译器（compiler）

补丁（patches）

操作人员（operator）

查询语言（query language）

程序（program）

程序编码器（program coder）

程序定义（program definition）

程序分析（program analysis）

程序规范,程序规格说明（program specification）

程序流程图（program flowchart）

程序模块（program module）

程序设计（program design）

编程（programming）

程序维护（program maintenance）

程序文档（program documentation）

程序员（programmer）

代码（code）

代码审查（code review）

第三代语言（third-generation language,3GL）

第四代语言（fourth-generation language,4GL）

第五代语言（fifth-generation language,5GL）

对象（object）

对象代码（object code）

过程性语言（procedural language）

汇编语言（assembly language）

机器语言（machine language）

级别（level）

计算机辅助软件工程工具（computer-aided software engineering (CASE) tool）

交互式财务计划系统（IFPS）

结构化编程技术（structured programming

technique)

结构化程序(structured program)

解释器(interpreter)

可移植语言(portable language)

逻辑错误(logic error)

逻辑结构(logic structure)

面向对象编程,面向对象程序设计(object-oriented programming,OOP)

面向对象软件开发(object-oriented software development)

面向任务的语言(task-oriented language)

敏捷开发(agile development)

模块(module)

目标(objective)

软件升级(software updates)

软件工程师(software engineer)

软件开发(software development)

软件开发生命周期(software development

life cycle,SDLC)

顺序结构(sequential structure)

调试(debugging)

维护程序员(maintenance programmer)

伪代码(pseudocode)

文档(document)

选择结构(selection structure)

选择结构(IF-THEN-ELSE structure)

循环结构(loop structure)

应用程序生成器(application generator)

用户(user)

语法错误(syntax error)

源代码(source code)

重复结构(repetition structure)

桌面检查(desk checking)

自顶向下程序设计(top-down program design)

自然语言(natural language)

13.15　习　　题

一、选择题

圈出正确答案的字母。

1. 程序是计算机处理(　　)的指令列表。

　　a. 数据　　　　　　b. 直接逻辑　　　　c. 硬件　　　　　d. 软件

2. 自顶向下程序设计中确定的主要处理步骤称为:

　　a. 汇编　　　　　　b. 指令　　　　　　c. 模块　　　　　d. 逻辑

3. 一个程序语句跟随另一个程序语句的是(　　)逻辑结构。

　　a. 循环　　　　　　b. 重复　　　　　　c. 选择　　　　　d. 顺序

4. 使用基本的三种基本逻辑结构编写有效程序的最佳方法之一是:

　　a. 代码审查　　　　b. 模块化的语言　　c. 伪代码　　　　d. 结构化程序

5. 在程序设计的 6 个步骤中,哪个步骤涉及桌面检查和查找语法错误和逻辑错误?

　　a. 程序设计　　　　b. 程序文档　　　　c. 程序维护　　　d. 程序测试

6. 6 步程序开发过程中的哪一步是最后一步?

　　a. 程序设计　　　　b. 程序文件　　　　c. 程序测试　　　d. 程序的维护

7. 与传统的系统开发不同,这种软件开发方法更多地侧重于定义以前定义的过程之间的关系,而不是侧重于过程。

　　a. 第二代语言　　　b. 上下文标记　　　c. 模块　　　　　d. 面向对象

8. 自然语言被认为是：

　　a. 高级语言　　　　b. 低级语言　　　　c. 中级语言　　　　d. 过程性语言

9. 编译器将程序员的过程性语言程序（称为源代码）转换为称为（　　）的机器语言代码。

　　a. 解释器代码　　　b. 目标代码　　　　c. 结构化代码　　　d. 自顶向下代码

10. 使用某些容易理解的命令而不需要编写程序就能从数据库中搜索和生成报告的一种 4GL 语言是：

　　a. 查询　　　　　　b. 应用程序生成器　c. C++　　　　　d. COBOL

二、匹配题

将左侧以字母编号的术语与右侧以数字编号的解释按照相关性进行匹配，把答案写在画线的空格处。

a. 调试　　　　　　　　____1. 6 个步骤的过程，也称为软件开发。

b. 文档　　　　　　　　____2. 要写的程序逻辑的大纲。

c. 较高级　　　　　　　____3. 逻辑结构，也称为 IF-THEN-ELSE 结构，基于选择控

d. 解释器　　　　　　　　　　制程序流。

e. 机器语言　　　　　　____4. 接近人类语言的编程语言。

f. 自然语言　　　　　　____5. 测试过程，然后消除程序错误。

g. 程序开发　　　　　　____6. 程序步骤，包括创建程序的说明和过程，以及如何使

h. 伪代码　　　　　　　　　　用它。

i. 选择　　　　　　　　____7. 第一代程序设计语言，由 1 和 0 组成。

j. 第 5 代程序设计语言　____8. 在执行过程语言之前，每次只将一条语句转换为机器

　　　　　　　　　　　　　　　代码。

　　　　　　　　　　　　____9. 计算机语言的一代，使人能够向系统提供问题和一些

　　　　　　　　　　　　　　　约束，然后请求解决办法。

　　　　　　　　　　　　____10. 第 5 代程序设计语言允许与程序进行更直接的人际

　　　　　　　　　　　　　　　交流。

三、开放式问题

回答下列问题。

1. 标识并讨论程序开发的 6 个步骤。

2. 描述计算机辅助软件工程工具和面向对象程序设计。如何用计算机辅助软件工程帮助程序员？

3. 什么是程序设计语言的"世代"？低级语言和高级语言有什么区别？

4. 编译器和解释器有什么区别？

5. 什么是逻辑结构？描述三种逻辑结构类型之间的差异。

四、讨论题

回答以下每一个问题。

1. 扩展知识：源代码生成器

一般而言，一个成功软件项目的人力资源是其最大的单项支出。设计和测试应用程序

是一项耗时的任务。最近,源代码生成器在处理一些更常规的编程任务方面已经非常流行。研究网络上的源代码生成器,并回答以下问题:①什么是源代码生成器?②源代码生成器是如何工作的?③源代码生成器最适合哪些编程任务?为什么?④哪些编程任务超出了源代码生成器所能完成的范围?为什么?

2. 技术写作:软件 bug

几年前,由于受到医疗器械过量的辐射,两人死亡,一人致残。直到第二次事故发生之后,问题才被发现——控制机器的软件中有一个 bug。考虑在危及生命的情况下软件失败可能造成的后果,回答以下问题:①软件错误是不道德的吗?给出你的答案。②任何复杂程度极高的程序,都不可能得到合理的全面测试。什么时候宣称软件"测试足够"是合乎道德的?③软件在某个领域失败时,程序员负有什么责任?他或她工作的软件公司呢?消费者是否负有责任?给出你的答案。

3. 技术写作:安全与隐私

安全和隐私是任何信息系统开发中的重要问题。回答以下问题:①在软件开发过程中,你期望谁负责确定安全和隐私问题?②在软件开发生命周期的哪个阶段,将确定安全和隐私问题?

附录 术 语

阅读或下载本书术语，请扫描二维码：